自分でつくる
Access
販売・顧客・帳票 管理システム
かんたん入門
2016/2013/2010 対応

きたみあきこ●著

ご注意

● 本書の動作確認環境はAccess 2016、2013、2010で行っており、画像は2016で撮影しています。
  これ以外の環境については操作が異なる場合がありますのでご注意ください。
● 本書に登場するソフトウェアやURLの情報は、2017年5月段階での情報に基づいて執筆されています。
  執筆以降に変更されている可能性があります。
● 本書の制作にあたっては正確な記述につとめましたが、著者や出版社のいずれも、
  本書の内容に関して何らかの保証をするものではなく、
  内容に関するいかなる運用結果についても一切の責任を負いません。
  あらかじめご了承ください。
● 本書中の会社名や商品名は、該当する各社の商標または登録商標です。
  本書中では™および®は省略させていただいております。

はじめに

　たくさんのデータが飛び交う企業活動の中で、業務を円滑に進めるために、煩わしいデータ管理を効率化したいと思ったことはないでしょうか。そのためには、データを体系立てて整理し、データベース化する必要があります。さらに、そのデータベースを部署内のみんながスムーズに操作できるように、システム化する必要もあります。

　そのような目的を叶えてくれるのが、Microsoft（マイクロソフト）社の「Access」（アクセス）です。Accessは一般のパソコン向けのデータベースソフトなので、小規模な企業や部署、事務所、商店などで、気軽に低コストで利用できます。

　しかし、データベースの知識やAccessの操作方法を身に付けても、自分の業務に合ったデータベースシステムを作り上げるのは難しいものです。Accessの個々の機能を組み合わせて1つの大きなシステムにするには、実際のデータベースの設計や開発の経験がものを言うからです。

　本書は、1冊を通してデータベースシステムの開発を体験していただくAccessの入門書です。「商品管理システム」「顧客管理システム」といった比較的単純なデータベースから始めて、最終的にはそれらを統合した「販売管理システム」を作成します。データを効率よく運用するための考え方はもちろん、だれもが便利に使えるような操作性のよいシステムに仕上げるための方法を解説します。

　実際に手を動かしながら「販売管理システム」を作成することで経験を積み、ご自身の業務用データベースシステムの開発に活かしていただければ、著者として望外の幸せです。

2017年6月　きたみあきこ

CONTENTS

本書の読み方 010
サンプルデータのダウンロード 012

Chapter 1 Access基礎編
Accessの基礎知識

01 Accessを使って自作データベースアプリを実現！ 014
Excelでのデータ管理には限界がある／Accessを使えばこんなに便利！／
本書で作成する販売管理システムの概要

02 データベースとは？ 020
データベースとは／リレーショナルデータベースとは／
データベースを構成するオブジェクト／オブジェクトの関係／
データベースアプリケーションとは／「販売管理システム」作成の流れ

03 Accessの起動と画面構成 026
Accessを起動してデータベースファイルを作成する／
データベースファイルを開く／Accessの画面構成

Column Access 2016の入手方法 032

Chapter 2 Access基礎編
商品管理システムを作ろう

01 全体像をイメージしよう 034
必要なオブジェクトとデータの流れを考える／
作成するオブジェクトを具体的にイメージする／画面遷移を考える

02 テーブルの構成を理解する 038
テーブルの構成／テーブルのビュー

03 商品テーブルを作成する 040
商品データを洗い出す／各フィールドのデータ型を決める／
主キーを決める／テーブルを作成する

04 テーブルを開く・ビューを切り替える 046
テーブルを開く／ビューを切り替える

05 データを入力・編集する 048
データシートビューでデータを入力する

06 入力操作を楽にする 052
入力モードのオン・オフを自動切り替えする／
新規レコードに「¥0」が表示されないようにする／
ドロップダウンリストから選択できるようにする／
データシートビューで動作を確認する

07 商品登録フォームを作成する 058
オートフォームを利用して単票フォームを自動作成する／
フォームを開いてデータを入力する

08 商品一覧フォームを作成する 062
オートフォームで表形式のフォームを自動作成する／
フォームビューを確認する／
[StepUp] コントロールレイアウトを理解する

09 商品一覧レポートを作成する 068
レポートウィザードを利用してレポートを作成する／
デザインビューでレポートのデザインを調整する

10 画面遷移用のボタンを作成する 074
デザインビューでレイアウトを調整する／
レポートを開くボタンを作成する／フォームを閉じるボタンを作成する／
詳細情報を表示するボタンを作成する／フォームのプロパティを設定する／
商品登録フォームに［閉じる］ボタンを配置する／ボタンの動作を確認する

Column ナビゲーションウィンドウの操作 084

Chapter 3

Access基礎編
顧客管理システムを作ろう

01 全体像をイメージしよう 086
必要なオブジェクトとデータの流れを考える／
作成するオブジェクトを具体的にイメージする／画面遷移を考える

02 Excelの表から顧客テーブルを作成する 090
Excelの表をテーブルとして取り込む／
テーブルのデザインを適切に設定し直す／
[StepUp] CSVファイルをインポートするには

03 ふりがなと住所を自動入力する ……… 098
入力した氏名のふりがなを自動入力する／
郵便番号から住所を自動入力する／データシートビューで動作を確認する／
［StepUp］住所から郵便番号の逆自動入力をオフにするには

04 顧客登録フォームを作成する ……… 104
オートフォームで単票フォームを作成する／
年齢表示用のテキストボックスを追加する／コントロールソースと関数／
年齢を計算してテキストボックスに表示する／
入力不要なテキストボックスを飛ばして移動できるようにする／
フォームを閉じるボタンを作成する／フォームビューでデータを入力する

05 クエリを使用してデータを探す ……… 112
選択クエリを作成する／抽出条件を指定する／複数の条件で抽出する／
並べ替えを設定する／［StepUp］抽出条件の設定例

06 宛名ラベルを作成する ……… 120
宛名ラベルウィザードでレポートを作成する／
郵便番号の書式と氏名のフォントサイズを調整する

07 顧客一覧フォームを作成する ……… 126
表形式のフォームを作成する／マクロとは／
詳細情報を表示するボタンを作成する／
［StepUp］編集機能のあるフォームから詳細画面を呼び出すには

08 顧客一覧フォームに検索機能を追加する ……… 136
検索用のテキストボックスとボタンを追加する／
［検索］ボタンのマクロを作成する／［解除］ボタンのマクロを作成する／
［閉じる］ボタンのマクロを作成する／
［StepUp］条件が未入力の場合に入力を促すには

Column データベースオブジェクトの操作 ……… 144

Chapter 4

データベース構築編
販売管理システムを設計しよう

01 全体像をイメージしよう ……… 146
販売管理システムの構成／受注管理に必要なオブジェクトを考える

02 販売管理システムのテーブルを設計する ……… 148
伝票をもとにフィールド構成を考える／
〈Step1〉計算で求められるデータを除外する／
〈Step2〉受注データと受注明細データを分割する／

〈Step3〉2つのテーブルを結ぶためのフィールドを設ける／
〈Step4〉顧客情報と商品情報を分割する／〈Step5〉テーブルを吟味する

03　他ファイルのオブジェクトを取り込む ……………………………… 154
商品管理システムをインポートする／顧客管理システムをインポートする／
サブシステムごとに色分けする

04　受注、受注明細テーブルを作成する ……………………………… 158
受注テーブルを作成する／［ステータス］をリストから入力できるようにする／
［顧客ID］をリストから入力できるようにする／
配送伝票番号の入力パターンを設定する／明細受注テーブルを作成する／
［商品ID］をリストから入力できるようにする／
［StepUp］テストデータ削除後にオートナンバーを「1」から始めるには

05　リレーションシップを作成する ……………………………… 168
リレーションシップとは／テーブルの関係を再確認する／
リレーションシップを作成する

06　関連付けしたテーブルに入力する ……………………………… 174
参照整合性とは／参照整合性の設定効果／
受注テーブルにデータを入力する／受注明細テーブルにデータを入力する／
［StepUp］［T_受注明細］テーブルに連結主キーを設定する

Column データベースを最適化する ……………………………… 182

Chapter 5
データベース構築編
受注管理用のフォームを作ろう

01　全体像をイメージしよう ……………………………… 184
このChapterで作成するオブジェクトとデータの流れ／
作成するオブジェクトを具体的にイメージする／画面遷移を考える

02　フォームの基になるクエリを作成する ……………………………… 188
メインフォームの基になる受注クエリを作成する／
受注クエリにデータを入力してみる／
サブフォームの基になる受注明細クエリを作成する／
受注明細クエリにデータを入力してみる

03　メイン／サブフォームを作成する ……………………………… 196
ウィザードを使用してメイン／サブフォームを作成する／
メインフォームのコントロールの配置を調整する／
サブフォームのコントロールの配置を調整する／
［StepUp］販売中の商品だけをドロップダウンリストに表示するには

| 04 | フォームで受注金額を計算する | 206 |

サブフォームで明細欄の金額を合計する／サブフォームの書式を設定する／
サブフォームの小計をもとにメインフォームで計算する／
メイン／サブフォームに入力してみる／
[StepUp] サブフォームに先に入力されるのを防ぐには

| 05 | マクロを利用して使い勝手を上げる | 218 |

メインフォームに顧客登録機能を追加する／
[販売単価]の初期値として[定価]を自動入力する／
[閉じる]ボタンのマクロを作成する／マクロの動作を確認する／
[StepUp] ダイアログボックスで顧客を選択できるようにするには

| 06 | 受注一覧フォームを作成する | 228 |

受注情報を一覧表示するクエリを作成する／
受注IDごとに受注金額を集計する／受注一覧フォームを作成する／
詳細情報を表示するボタンを作成する／[閉じる]ボタンのマクロを作成する／
[StepUp] SQLステートメントを利用してクエリが増えるのを抑える

Column オブジェクトの依存関係を調べる 238

Chapter 6

データベース構築編

納品書発行の仕組みを作ろう

| 01 | 全体像をイメージしよう | 240 |

このChapterで作成するオブジェクト／
作成するオブジェクトを具体的にイメージする／画面遷移を考える

| 02 | 納品書を作成する〈Step1〉 | 242 |

レポートのグループ化とセクション／
受注IDでグループ化したレポートを作成する／
印刷プレビューを確認し、修正箇所を検討する／
各セクションのサイズを整えて改ページを設定する

| 03 | 納品書を作成する〈Step2〉 | 254 |

コントロールの色や枠線を整える／宛先の体裁を整える／
明細行に「1」から始まる連番を振る／請求金額を計算する／
コントロールレイアウトを適用する／コントロールレイアウトの書式を整える／
用紙にバランスよく配置調整して仕上げる／
[F_受注]フォームに[納品書印刷]ボタンを作成する

Column パスワードを使用して暗号化する 269

Chapter 7 販売管理システムを仕上げよう
【データベース構築編】

- **01 全体像をイメージしよう** ……… 272
  作成するオブジェクトを具体的にイメージする／システム全体の画面遷移
- **02 宛名ラベルの印刷メニューを作成する** ……… 274
  宛名ラベルのレコードソースを修正する／メニュー画面を作成する／
  各ボタンのマクロを作成する／
  [Q_顧客住所抽出] クエリの抽出条件を修正する／
  条件に合うレコードがないときに印刷をキャンセルする／
  [StepUp] 顧客が存在する都道府県だけをリストに表示するには
- **03 メインメニューを作成する** ……… 287
  メニュー画面を作成する／各ボタンのマクロを作成する／起動時の設定を行う
- **Column** 誤操作でデザインが変更されることを防ぐ ……… 293

Chapter 8 販売データを分析しよう
【データ分析編】

- **01** 毎日の売上高を集計する [集計クエリ] ……… 296
- **02** 特定の期間の売上高を集計する [Between And演算子] ……… 298
- **03** 毎月の売上高を集計する [Format関数] ……… 299
- **04** 売れ筋商品を調べる [降順の並べ替え] ……… 300
- **05** 特定の期間の売れ筋商品を調べる [Where条件] ……… 301
- **06** 分類と商品の2階層で集計する [複数列の並べ替え] ……… 302
- **07** お買上金額トップ5の顧客を抽出する [トップ値] ……… 304
- **08** 顧客の最新注文日や注文回数を調べる
  [最小、最大、カウント] ……… 305
- **09** 年齢層ごとに平均購入額を調べる [Partition関数、平均] ……… 306
- **10** 月別商品別にクロス集計する [クロス集計クエリ] ……… 309
- **Column** Excelにエクスポートして分析する ……… 313

索引 ……… 314

本書の読み方

本書の構成

本書は以下のChapterで構成されています。

▶ **Access基礎編**

Chapter 1　Accessの基礎知識
Chapter 2　商品管理システムを作ろう
Chapter 3　顧客管理システムを作ろう

Chapter 1では、そもそもAccessとは？ということから起動の仕方、画面構成などの基本を学びます。ご存知の方は飛ばしてください。
Chapter 2〜3では、商品管理システムや顧客管理システムという比較的小規模のデータベースを作りながら、テーブル、フォーム、オブジェクトといった基本機能の操作と、クエリやマクロといったやや高度な機能の操作を学びます。

▶ **データベース構築編**

Chapter 4　販売管理システムを設計しよう
Chapter 5　受注管理用のフォームを作ろう
Chapter 6　納品書発行の仕組みを作ろう
Chapter 7　販売管理システムを仕上げよう

Chapter 4以降は、Chapter2〜3で作成した2つのシステムと、新たに作成する受注管理システムを統合して、1つの販売管理システムを作ります。
Chapter 7では、Accessに不慣れなスタッフでも扱える「メニュー画面」を作成して仕上げます。

▶ **データ分析編**

Chapter 8

販売管理システムに蓄積された売上データを、月ごとや商品ごとに集計して売れ筋などを明らかにすれば、今後の販売戦略に役立ちます。さまざまな集計テクニックを身に付けましょう。

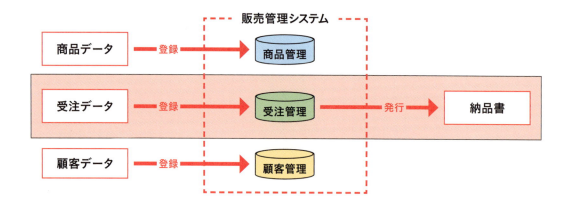

本書の誌面

本書の誌面構成は以下のとおりです。図版を多く入れて操作をイメージしやすくするとともに、豊富なコラムでさまざまな知識が身につきます。

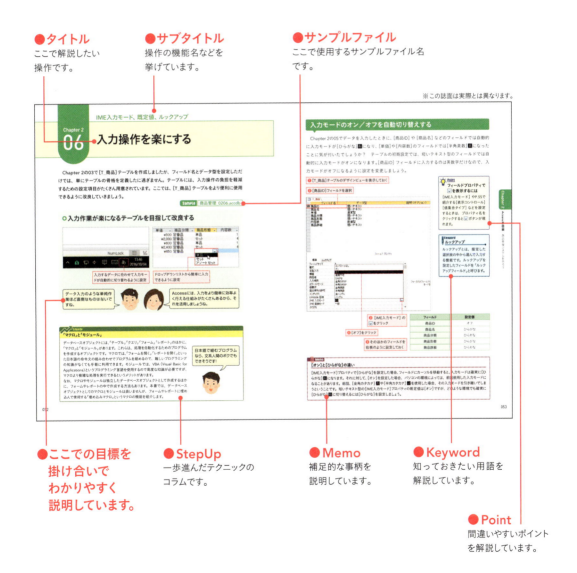

●タイトル
ここで解説したい操作です。

●サブタイトル
操作の機能名などを挙げています。

●サンプルファイル
ここで使用するサンプルファイル名です。

※この誌面は実際とは異なります。

●ここでの目標を掛け合いでわかりやすく説明しています。

●StepUp
一歩進んだテクニックのコラムです。

●Memo
補足的な事柄を説明しています。

●Keyword
知っておきたい用語を解説しています。

●Point
間違いやすいポイントを解説しています。

サンプルデータのダウンロード

URL

https://book.mynavi.jp/supportsite/detail/9784839961510.html

上記URLを、以下の手順どおりにブラウザーのアドレスバーに入力してください。

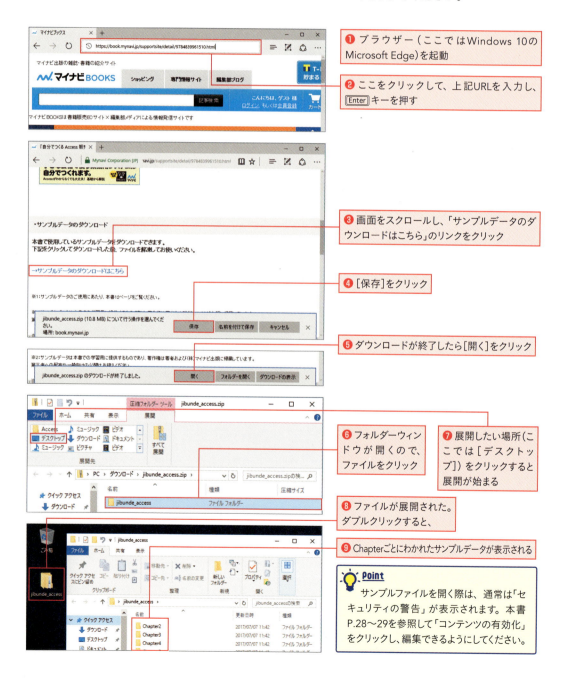

Chapter 1

Access基礎編

Accessの基礎知識

本書では、Microsoft Accessを使用して、業務用のデータベースアプリケーションを作成します。このChapterでは、Accessを使うメリットや、データベースの構成要素、Accessの起動方法など、基本事項を学びましょう。

- 01　Accessを使って自作データベースアプリを実現！ ……014
- 02　データベースとは？ ……020
- 03　Accessの起動と画面構成 ……026
- Column　Access 2016の入手方法 ……032

Accessのメリット

Chapter 1
01 Accessで自作データベースアプリを実現！

● プロローグ

　総合商社の食品部門に在籍するナビオは、サポートを担当する洋食店で、評判のよい「プリン」の通販事業に乗り出しました。常連客を対象に小規模で始めた事業ですが、徐々に売上が伸び、Excelでのデータ管理に限界が見え始め、ナビオは悩みます。

> 顧客情報や商品情報をひっくるめて、受注から納品までを一括管理してくれる販売管理アプリがほしい！

　しかし、アプリケーションの開発を専門業者に発注する予算はありません。社内のIT部門に頼むにもコストがかかります。かといって、市販の販売管理ソフトでは、業務にぴったりマッチするとは限りません。
　そんなとき、同社の社内SEとして活躍する大学時代の先輩マイコにアドバイスをもらいます。

> Accessを使って自作のデータベースアプリを開発してみたら？

　たしかに、自作のアプリなら開発費は抑えられるし、自分たちの業務にピタッとはまる機能を付けることもでき、いいこと尽くめ。

> でも、アプリの開発なんていう難しそうなこと、文系人間のボクにできるでしょうか？

> 大丈夫。Accessはデータベースソフトの中でもユーザーにやさしい使いやすいソフト。手の空いているときに見てあげるから、一緒に開発を進めましょう。

> はい、よろしくお願いします！

　みなさんも、ナビオ君と一緒にマイコ先輩に教わりながら、データベースアプリケーションの開発を体験してみませんか？　作成するのはナビオ君の業務用アプリケーションですが、Accessの習得と並行してアプリケーション開発の進め方を会得できれば、ご自身の業務用アプリケーション開発の礎となるでしょう。

Excel でのデータ管理には限界がある

　販売管理をExcelで行う場合について、考えてみましょう。保管用の受注伝票や商品に同梱する納品書などは、1回分の受注データを1枚の用紙に印刷することを前提として入力するのが普通です。一方、今月どれだけの売上があったのか、どんな商品が売れているのか、といった情報を得るためには、複数の受注データが表形式で入力されているのが理想です。

　伝票と一覧表の両方を作成するには、同じデータを2回入力する、または一方に入力したデータを他方へコピーする、などの手間がかかり面倒です。注文内容の変更があった場合は、両方の表で正しく修正しなければ、データの整合性が取れなくなります。事業が軌道に乗り、受注数が増えてきたら作業ミスが起きかねません。

▶ 印刷用の受注伝票

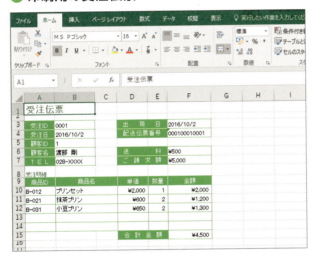

2つの表に同じデータを入力するのは面倒!

2つの表の整合性を保つのは大変!

▶ データ分析用の受注データ

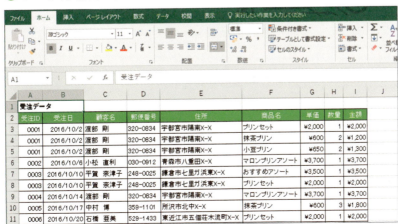

Accessを使えばこんなに便利！

　Accessは、データベース専門のソフトです。大量のデータを蓄積すること、蓄積したデータをさまざまな用途に活用することが得意です。ここでは、ExcelからAccessに乗り換えるメリットを具体的に紹介します。

▶ データを一元管理できる

　Excelでは、基本的に表に入力したデータをそのまま保存、印刷します。一方、Accessでは、データの保管機能と、表示・印刷機能がそれぞれ独立しています。データを入力すると、保管専用の入れ物に入れられます。画面表示や印刷を行うときは、その入れ物からデータが取り出され、あらかじめ設計してあった位置にデータが配置されます。つまり、データを1回入力するだけで、同じデータをさまざまな形で表示、印刷することができるのです。

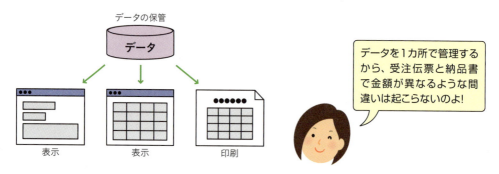

▶ わかりやすい入力画面や見栄えのよい帳票が作れる

　リスト入力、IME自動切り替え、入力チェックなど、入力を補助する機能が充実しており、入力をスムーズに行うための工夫を施した使い勝手のよい入力画面を用意できます。また、表の印刷はもちろん、宛名ラベルやはがき宛名など、用途に合わせた印刷が簡単に行えます。

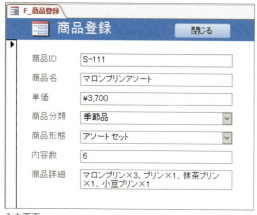

入力画面　　　　　　　　　　　宛名ラベル

▶ プログラミングの知識がなくても簡単に自動化できる

Excelで処理を自動化するには、英字の命令文を並べた難しいプログラムが必要です。一方Accessには日本語の命令文を並べてプログラムを作成する機能があり、だれでも簡単に処理の自動化を図れます。メニュー画面から目的の画面を呼び出せるようにしたり、一覧表に検索機能を付けたりと、アプリケーションの完成度を高めるのに役立ちます。

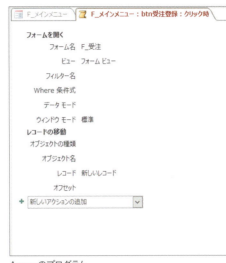

Excelのプログラム　　　　　　　　　　　Accessのプログラム

▶ 大量のデータをサクサク集計してデータ分析できる

Excelはデータ量が多いと処理が非常に重くなりますが、データベースソフトのAccessなら大量のデータ処理もお手の物です。蓄積された中から必要なデータを瞬時に取り出し、商品別、年齢別、月別など、さまざまな項目で集計して、データ分析を行えます。

売れ筋商品を分析　　　　　　　　　　　年齢層別に購入額の傾向を分析

商品別の売上推移を分析

新商品の企画や営業戦略の立案に活かせますね！

本書で作成する販売管理システムの概要

本書では、ナビオ君が手掛けるプリンの通販事業を円滑に進めるための、下図のような機能を持つデータベースアプリケーションを作成します。「商品管理」「顧客管理」「受注管理」を三本柱とする、名付けて「販売管理システム」です。

読者のみなさんが欲しいシステムに当てはまらないかもしれませんが、まずはいったんナビオ君の「販売管理システム」でアプリ開発を経験してみてください。プロの開発者も、いくつかの開発経験を経る中で力を付けていくものです。この経験を通して、ご自身の業務用アプリを開発するための基盤を身に付けていただけると思います。

● 商品データの登録・一覧表示、商品リストの印刷(商品管理)

● 顧客データの登録・一覧表示、宛名ラベルの印刷(顧客管理)

● 受注データの登録・一覧表示、納品書の印刷(受注管理)

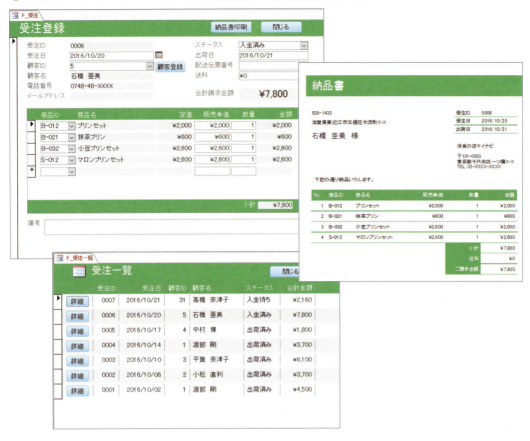

● メインメニューや検索メニューの表示

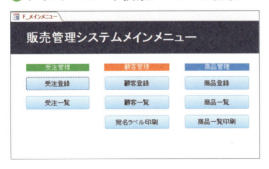

テーブル、クエリ、フォーム、レポート

Chapter 1
02 データベースとは?

　Accessの作業に入る前に、データベースやデータベースを構成する要素について、大まかに理解しておきましょう。

データベースとは

　「データベース」と聞くと、「大量のデータを蓄積したもの」をイメージされることでしょう。狭義の意味では、そのとおり、データの集まりをデータベースと呼びます。ただし、データを雑然と集めただけでは意味がありません。必要なときにすぐに取り出せるように、データを整理して蓄積しなければなりません。広義では、データベースから必要なデータを取り出す仕組みを含めてデータベースと呼びます。広義のデータベースは、「データベース管理システム」とも呼ばれます。

リレーショナルデータベースとは

　データベースは、データを格納する構造や管理方式によって、いくつかの種類に分類されます。その主流は、データを表の形式で管理する「リレーショナルデータベース」です。データを管理する表は「テーブル」と呼ばれます。リレーショナルデータベースでは、複数のテーブルを連携させながらデータを管理します。「リレーショナル」は、この「連携」からくる語です。Accessは、リレーショナルデータベースの1つです。

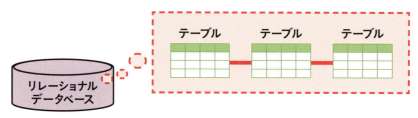

データベースを構成するオブジェクト

Accessでは、1つのデータベースファイルの中に、次の機能を含みます。

- ●テーブル……データの保管機能
- ●クエリ………データの抽出・加工・集計機能
- ●フォーム……データの入力・表示機能
- ●レポート……データを見栄えよく印刷する機能

これらを「データベースオブジェクト」または「オブジェクト」と呼びます。各オブジェクトには、データの表示画面と、表示内容を定義するための設計画面が用意されています。

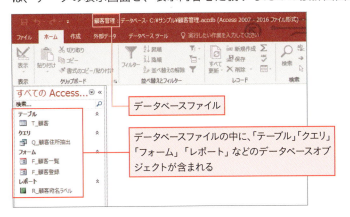

データベースファイル

データベースファイルの中に、「テーブル」「クエリ」「フォーム」「レポート」などのデータベースオブジェクトが含まれる

▶ テーブル

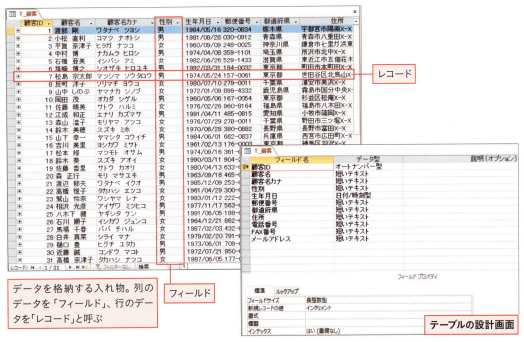

データを格納する入れ物。列のデータを「フィールド」、行のデータを「レコード」と呼ぶ

フィールド

レコード

テーブルの設計画面

● クエリ

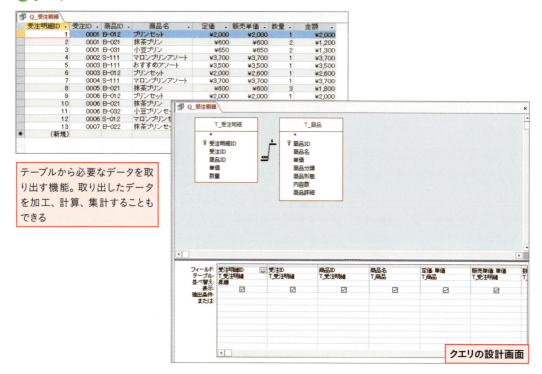

テーブルから必要なデータを取り出す機能。取り出したデータを加工、計算、集計することもできる

● フォーム

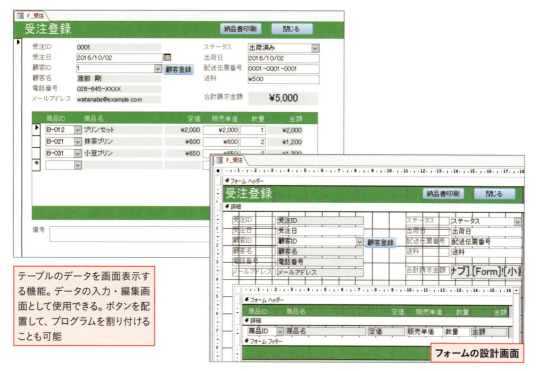

テーブルのデータを画面表示する機能。データの入力・編集画面として使用できる。ボタンを配置して、プログラムを割り付けることも可能

▶ レポート

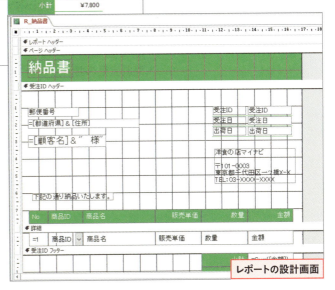

見栄えのよい印刷物を作成する機能。設計画面はフォームと似ているが、改ページ位置の設定など、印刷に関する設定項目が充実している

StepUp 「マクロ」と「モジュール」

データベースオブジェクトには、「テーブル」「クエリ」「フォーム」「レポート」のほかに、「マクロ」と「モジュール」があります。これらは、処理を自動化するためのプログラムを作成するオブジェクトです。マクロでは、「フォームを開く」「レポートを開く」といった日本語の命令文の組み合わせでプログラムを組めるので、難しいプログラミングの知識がなくても手軽に利用できます。モジュールでは、VBA（Visual Basic for Applications）というプログラミング言語を使用するので高度な知識が必要ですが、マクロより複雑な処理を実行できるというメリットがあります。

なお、マクロやモジュールは独立したデータベースオブジェクトとして作成するほかに、フォームやレポートの中で作成する方法もあります。本書では、データベースオブジェクトとしてのマクロとモジュールは扱いませんが、フォームやレポートに埋め込んで使用する「埋め込みマクロ」というマクロの機能を紹介します。

日本語で組むプログラムなら、文系人間のボクでもできそうです！

オブジェクトの関係

　Accessでは、データはすべてテーブルに保管されます。クエリ、フォーム、レポートにもデータが表示されますが、表示されるのはテーブルから取り出されたデータです。また、クエリやフォームではデータの入力を行えますが、入力したデータはテーブルに格納されます。

　フォームやレポートは、テーブルのデータを直接表示することもできますし、テーブルのデータをクエリで抽出・加工してから表示することもできます。クエリのデータを表示するフォームの場合、入力したデータはクエリを経由してテーブルに格納されます。

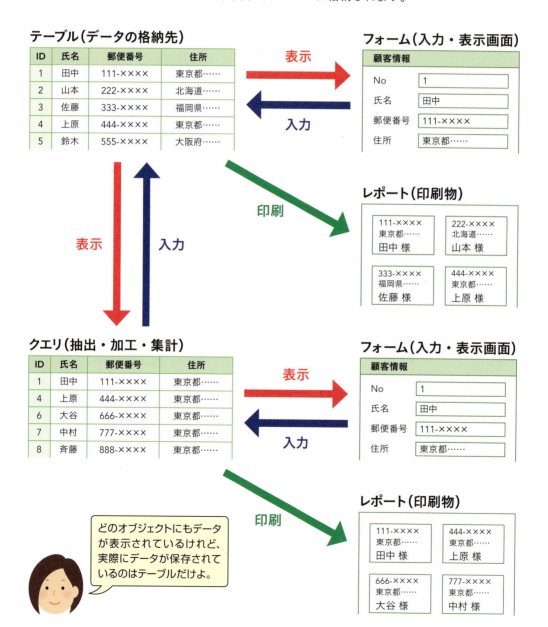

データベースアプリケーションとは

本書では、「販売管理システム」というデータベースアプリケーションを作成します。データベースアプリケーションとは、メニュー画面のようなわかりやすい操作画面を用意したデータベースのことです。データベースをアプリケーション化せずにそのまま使用する場合、Accessの知識がある人でなければデータベースの操作方法がわからないでしょう。しかし、データベースをアプリケーション化すれば、メニュー画面から目的の画面を呼び出したり、ボタンのワンクリックで宛名ラベルを印刷したりと、Accessの知識がない人でも簡単に間違えずにデータベースの操作を行えるようになります。

● データベースをそのまま使用する場合

1月生まれの顧客に誕生日クーポンを送りたいけど、操作がわからない……。

● データベースをアプリケーション化した場合

ワンクリックで1月生まれの顧客の宛名ラベルを印刷できる!

「販売管理システム」作成の流れ

Chapter 1の01で紹介したとおり、販売管理システムは「商品管理」「顧客管理」「受注管理」の3つの管理機能を持ちます。本書では、以下の流れで販売管理システムを作成します。

Chapter 2 ………… 商品管理機能の作成
Chapter 3 ………… 顧客管理機能の作成
Chapter 4～7 ……… 受注管理を含む販売管理システムの仕上げ
Chapter 8 ………… 販売管理システムに蓄積されたデータの分析

起動、終了、ファイルを開く

Chapter 1
03 Accessの起動と画面構成

ここからは実際にAccessを起動して、手を動かしながら作業していきます。この節では、Accessの起動・終了の方法、ファイルを開く方法、画面構成などを説明します。

Access を起動してデータベースファイルを作成する

Accessを起動して、新規のデータベースファイルを作成しましょう。ここでは、Chapter 2で使用する商品管理用のデータベースファイルを作成します。

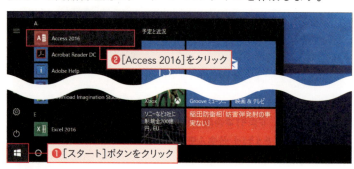

❶[スタート]ボタンをクリック
❷[Access 2016]をクリック

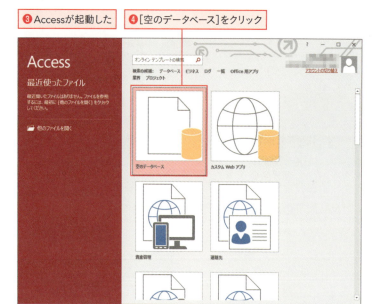

❸Accessが起動した
❹[空のデータベース]をクリック

Memo Windows 8.1/8/7の場合
Windows 8.1/8の場合は、スタート画面に表示されるタイルからAccessを起動します。Windows 7の場合は、[スタート]ボタンをクリックして、[すべてのプログラム]にマウスポインターを合わせ、Accessを選びます。

Memo Access 2013/2010の場合
手順❶の実行後、[Microsoft Office 2013]や[Microsoft Office]をクリックして、[Access 2013]や[Access 2010]をクリックします。

Point 空のデータベース
ここでは、新しいデータベースファイルにテーブルなどのオブジェクトを一から作成したいので、手順❹で[空のデータベース]（Access 2013では[空のデスクトップデータベース]）を選びました。

026

❺ ここをクリックしてファイルの保存先のフォルダーを選択

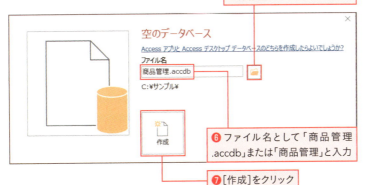

❻ ファイル名として「商品管理.accdb」または「商品管理」と入力

❼ [作成]をクリック

❽ データベースファイルが作成された　❾ 新しいテーブルが表示された

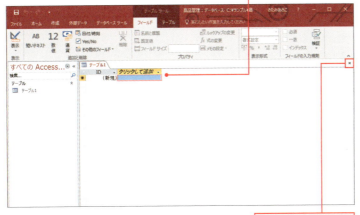

❿ [閉じる]をクリック

⓫ テーブルが閉じた

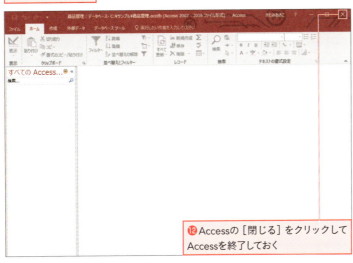

⓬ Accessの[閉じる]をクリックしてAccessを終了しておく

Memo
テンプレートの利用

手順❹の画面には、「連絡先」「資産管理」などのテンプレートがあります。目的に合うものを選べば、空のデータベースから作成するより効率的です。Access 2016/2013のテンプレートのうち、地球儀のマークが入っているものはWeb上で動作する「Webアプリ」です。

Memo
ファイルの作成が必須

WordやExcelでは新規の文書にデータを入力したあとでファイルを保存するかどうかを指定できますが、Accessでは先にファイルを保存しないとデータ入力などの操作を行えません。

オブジェクトの画面右端の×をクリックすると、オブジェクトが閉じるのよ。

Accessの画面右端の×をクリックすると、Accessが閉じるのですね!

データベースファイルを開く

前ページで作成したデータベースファイルを開いてみましょう。ファイルを開くと［セキュリティの警告］が表示されます。セキュリティに問題がないファイルであれば、警告を解除しましょう。

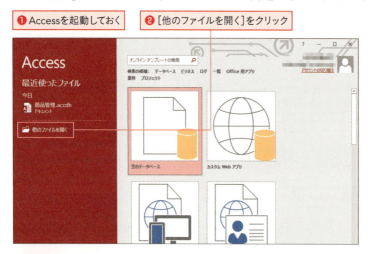

> **Memo**
> **Access 2013の場合**
> 手順❷の実行後に開く画面で［コンピューター］→［参照］をクリックすると、手順❹の画面が開きます。

> **Memo**
> **Access 2010の場合**
> Accessの起動画面で［開く］をクリックすると、手順❹の画面が開きます。

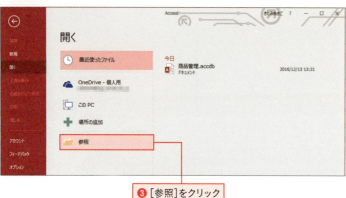

❸［参照］をクリック

❹［ファイルを開く］ダイアログボックスが表示された

❺ 保存先のフォルダーを選択
❻ ファイルを選択
❼［開く］をクリック

> **Memo**
> **エクスプローラーからも開ける**
> データベースの保存先のフォルダーをエクスプローラーで開き、データベースファイルのアイコンをダブルクリックすると、Accessが起動してファイルが開きます。
>
>
> ダブルクリック

❽ ファイルが開いた

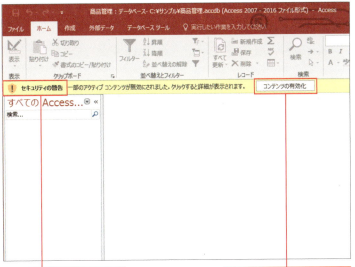

❾ [セキュリティの警告]が表示された

❿ [コンテンツの有効化]をクリック

> **Point**
> **セキュリティの警告**
>
> データベースファイルには、処理を自動化するマクロなどの機能を含めることができますが、そのような機能を悪用して、悪意のある人がファイルにウィルスを忍ばせないとも限りません。そこで、Accessの初期設定では、ファイルを開いたときに、危険となり得る機能（一部のマクロやモジュール、アクションクエリ）が無効になります。[コンテンツの有効化]をクリックすると、無効とされた機能が使えるようになります。

> **Memo**
> **コンテンツの有効化**
>
> 一度[コンテンツの有効化]をクリックすると、次回からそのファイルに[セキュリティの警告]は表示されなくなります。

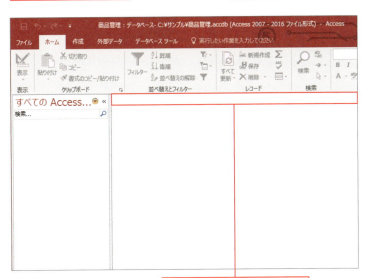

⓫ [セキュリティの警告]が消えた

> 身に覚えのないファイルでは、[コンテンツの有効化]をクリックしないようにしましょう。

> **Memo**
> **セキュリティの設定を確認するには**
>
> [ファイル]タブをクリックして[オプション]をクリックすると、[Accessのオプション]ダイアログボックスが表示されます。左のメニューから[セキュリティセンター]をクリックし、[セキュリティセンターの設定]をクリックすると、今度は[セキュリティセンター]ダイアログボックスが表示されます。続いて左のメニューから[マクロの設定]を選ぶと、Accessのセキュリティの設定を確認できます。初期設定では[警告を表示してすべてのマクロを無効にする]が選ばれており、その場合、ここで紹介したように初めて開くファイルに[セキュリティの警告]が表示されます。

Access の画面構成

今後の操作を円滑に進めるために、Accessの画面構成を確認しておきましょう。

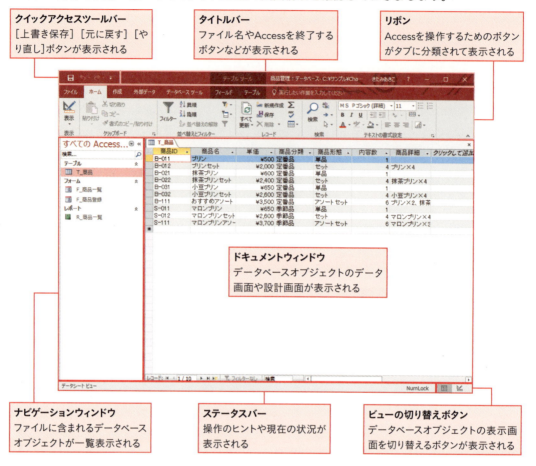

クイックアクセスツールバー
[上書き保存][元に戻す][やり直し]ボタンが表示される

タイトルバー
ファイル名やAccessを終了するボタンなどが表示される

リボン
Accessを操作するためのボタンがタブに分類されて表示される

ドキュメントウィンドウ
データベースオブジェクトのデータ画面や設計画面が表示される

ナビゲーションウィンドウ
ファイルに含まれるデータベースオブジェクトが一覧表示される

ステータスバー
操作のヒントや現在の状況が表示される

ビューの切り替えボタン
データベースオブジェクトの表示画面を切り替えるボタンが表示される

▶ リボン

[ファイル][ホーム][作成][外部データ][データベースツール]の5つのタブはいつも表示されますが、そのほかに、前面に開いているオブジェクトに応じて追加表示されるタブがあります。例えば、テーブルのデータ画面が開いている場合、[テーブルツール]の[フィールド][テーブル]タブが表示されます。なお、Accessの画面のサイズによって、リボンのボタンのサイズや絵柄が変わることがあります。

テーブルのデータ画面が開いているときに表示されるタブ

● ドキュメントウィンドウ

ナビゲーションウィンドウでオブジェクトをダブルクリックすると、ドキュメントウィンドウにオブジェクトが開きます。複数のオブジェクトを開いたときは、タブの部分をクリックすると、前面に表示されるオブジェクトを切り替えられます。

● ビューの切り替え

Chapter 1の02で紹介したとおり、オブジェクトはデータを表示する画面と設計画面を持ちます。それらの画面のことを「ビュー」と呼びます。例えば、テーブルにはデータの表示画面である「データシートビュー」と設計画面である「デザインビュー」があります。ビューを切り替えるには、[ホーム]タブの[表示]ボタンや画面右下の切り替えボタンを使用します。

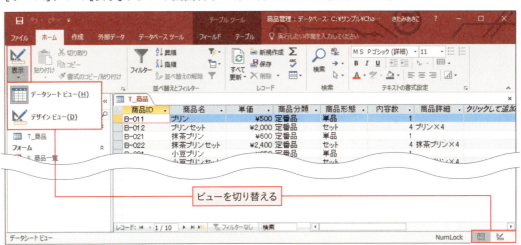

 Accessのメリットやデータベースアプリケーションの意義について、理解できたかしら?

 はい。とても便利だということはわかりました。ただ、初めての用語が多くて、ちょっと不安です。

 今は理解できなくても、これから操作していく中で身に付いていくはずよ。わからなくなったときは、いつでもこのChapterに戻って復習してね。

Access 2016の入手方法

2017年5月現在の最新版であるAccess 2016を入手する方法は、以下のように複数あります。下の用語解説を参考に、自分に合う製品を見つけてください。

個人向けサブスクリプション
Office 365 Solo
- サブスクリプション方式。
- 常に最新版を利用できる。
- インストール可能なパソコンは2台。
- POSA版とダウンロード版がある。
- Accessのほか、Word、Excel、PowerPoint、Outlook、OneNote、Publisherが含まれる。

企業向けサブスクリプション
Office 365
- サブスクリプション方式。
- 常に最新版を利用できる。
- インストール可能なパソコンは1ユーザーにつき最大5台。
- Accessを含むプランは、Office 365 ProPlus／Enterprise E3／Enterprise E5の3つ。

プリインストール版
Office Premium
- プリインストール製品。
- 永続ライセンス。
- 常に最新版を利用できる。
- インストール可能なパソコンはプリインストールされていたパソコンのみ。
- Accessを含むプランはOffice Professional Premiumのみ。Office Personal PremiumとOffice Home & Business PremiumにAccessは含まれない。

買い切り版
Office 2016 / Access 2016
- 永続ライセンス。
- 2016バージョンのみ使用可。最新版へのアップグレード不可。
- インストール可能なパソコンは2台。
- POSA版とダウンロード版がある。
- Accessを含むプランはOffice Professional 2016（ダウンロード版）のみ。Office Personal 2016とOffice Home & Business 2016にAccessは含まれない。なお、Access 2016を単体で購入することも可能。

▶ 用語解説

- **サブスクリプション**：月額や年額で使用料を支払う方式。使用料を支払っている間、OfficeやAccessを使用できる。
- **永続ライセンス**：ライセンスに期限がないこと。OfficeやAccessの料金は最初に支払う。
- **プリインストール**：販売されているパソコンにあらかじめインストールされていること。
- **POSA（ポサ）カード**：OfficeやAccessの提供形態の1つで、店頭で販売される。レジを通すことでカードに記載されたプロダクトキー（製品のインストールに必要な英数字）が有効になる。CDなどのメディアはついておらず、ダウンロードしてインストールする。
- **ダウンロード版**：OfficeやAccessの提供形態の1つで、ネット経由で販売される。ダウンロードしてインストールする。

Chapter 2

Access基礎編

商品管理システムを作ろう

このChapterでは、いよいよAccessを使ったデータベース作りに取り掛かります。まずは、商品情報を管理する小規模なデータベース作りを通して、Accessのオブジェクトに馴染みましょう。

01	全体像をイメージしよう	034
02	テーブルの構成を理解する	038
03	商品テーブルを作成する	040
04	テーブルを開く・ビューを切り替える	046
05	データを入力・編集する	048
06	入力操作を楽にする	052
07	商品登録フォームを作成する	058
08	商品一覧フォームを作成する	062
09	商品一覧レポートを作成する	068
10	画面遷移用のボタンを作成する	074
Column	ナビゲーションウィンドウの操作	084

システムの全体像

Chapter 2 01 全体像をイメージしよう

○ 商品管理システムを作る

 まずは、商品情報を管理するデータベースを作りましょう。

 商品はプリンだけですから、データベースで管理するほどの情報量ではありません。

 情報量がそれほど多くないなら単純なシステムで済むから、むしろ手慣らしのデータベースとして打って付けよ。

 なるほど。

 商品管理システムを作成しながら、テーブル、フォーム、レポートといったオブジェクトの役割や作り方、使い方を見ていきましょう。

必要なオブジェクトとデータの流れを考える

　システムの開発は、システムにどのような機能を持たせるのかを考えるところから始めます。商品管理システムに必要な機能を考えていきましょう。

　新製品の追加に備えて、商品登録機能は必須です。また、どのような商品があるのかを一覧できる表示画面と印刷機能も必要です。商品登録機能と一覧表示機能はフォーム、一覧印刷機能はレポートを使用して作成します。そして、大元となる商品情報は、テーブルに格納します。

▶ 商品管理システム

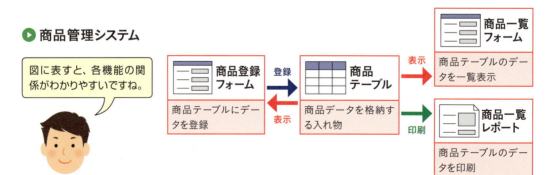

作成するオブジェクトを具体的にイメージする

商品管理システムに必要なオブジェクトとデータの流れが決まったら、それを実現するための各オブジェクトの具体的な機能をイメージします。

● 商品テーブル

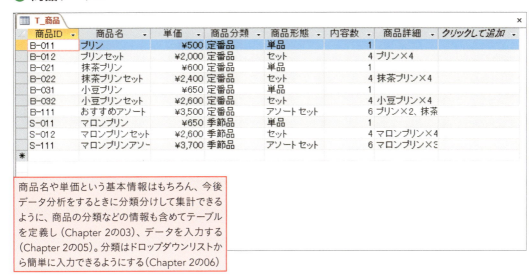

商品名や単価という基本情報はもちろん、今後データ分析をするときに分類分けして集計できるように、商品の分類などの情報も含めてテーブルを定義し（Chapter 2の03）、データを入力する（Chapter 2の05）。分類はドロップダウンリストから簡単に入力できるようにする（Chapter 2の06）

● 商品登録フォーム

商品テーブルの1件分のレコードを1画面に表示。データの表示と入力に使用する（Chapter 2の07）

▶ 商品一覧フォーム

商品ID	商品名	単価	商品分類	商品形態
B-011	プリン	¥500	定番品	単品
B-012	プリンセット	¥2,000	定番品	セット
B-021	抹茶プリン	¥600	定番品	単品
B-022	抹茶プリンセット	¥2,400	定番品	セット
B-031	小豆プリン	¥650	定番品	単品
B-032	小豆プリンセット	¥2,600	定番品	セット
B-111	おすすめアソート	¥3,500	定番品	アソートセット
S-011	マロンプリン	¥650	季節品	単品
S-012	マロンプリンセット	¥2,600	季節品	セット
S-111	マロンプリンアソート	¥3,700	季節品	アソートセット

商品テーブルの一部のフィールドを表形式で表示（Chapter 2の08）。データの編集機能は持たせない。ほかのフィールドのデータを確認したいときやデータを編集したいときのための［詳細］ボタンを用意し、商品登録フォームが表示される仕組みを付ける。また、［印刷］ボタンを用意し、商品印刷レポートの印刷プレビューが表示される仕組みを付ける（Chapter 2の10）

▶ 商品一覧レポート

商品一覧

商品ID	商品名	単価	商品分類	商品形態	内容数	商品詳細
B-011	プリン	¥500	定番品	単品	1	
B-012	プリンセット	¥2,000	定番品	セット	4	プリン×4
B-021	抹茶プリン	¥600	定番品	単品	1	
B-022	抹茶プリンセット	¥2,400	定番品	セット	4	抹茶プリン×4
B-031	小豆プリン	¥650	定番品	単品	1	
B-032	小豆プリンセット	¥2,600	定番品	セット	4	小豆プリン×4
B-111	おすすめアソート	¥3,500	定番品	アソートセット	6	プリン×2、抹茶プリン×2、小豆プリン×2
S-011	マロンプリン	¥650	季節品	単品	1	
S-012	マロンプリンセット	¥2,600	季節品	セット	4	マロンプリン×4
S-111	マロンプリンアソート	¥3,700	季節品	アソートセット	6	マロンプリン×3、プリン×1、抹茶プリン×1、小豆プリン×1

商品テーブルの全データを表形式で印刷する（Chapter 2の09）

画面遷移を考える

　最後に、画面遷移を考えましょう。画面遷移とは、フォームやレポートの画面が切り替わる流れのことです。このChapterでは、下図のような画面遷移を持つシステムを作成します。商品一覧フォームには、商品登録フォームに遷移するための[詳細]ボタンと、商品一覧レポートに遷移するための[印刷]ボタンを用意します。画面の流れをイメージし、その流れを円滑に進めるためのボタンを用意することで、操作性のよいデータベースアプリケーションになります。

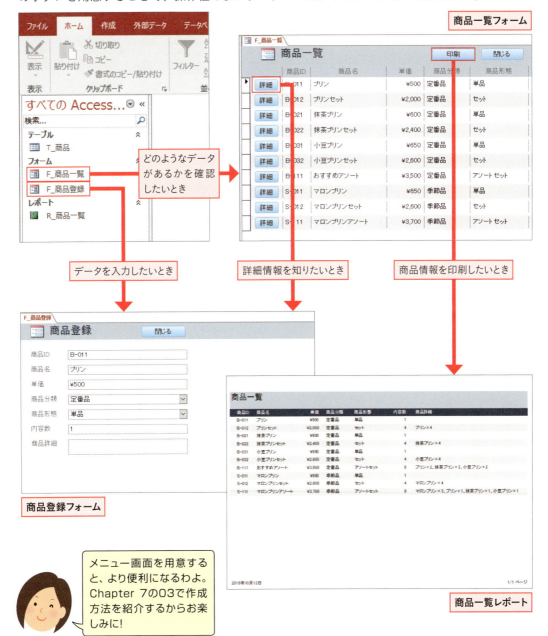

メニュー画面を用意すると、より便利になるわよ。Chapter 7の03で作成方法を紹介するからお楽しみに！

テーブルの構成、テーブルのビュー

Chapter 2
02 テーブルの構成を理解する

テーブルの作成を始める前に、テーブルの画面構成と基本用語を確認しておきましょう。

テーブルの構成

テーブルは、データを保存するためのオブジェクトです。テーブルに保存されているデータは、「データシート」と呼ばれるマス目状のシートに表形式で表示されます。表の行に当たるデータを「レコード」、列に当たるデータを「フィールド」、フィールドの名称を「フィールド名」と呼びます。データシートには、レコードやフィールドを選択するセレクターや、レコードを切り替えるボタンなどが用意されています。

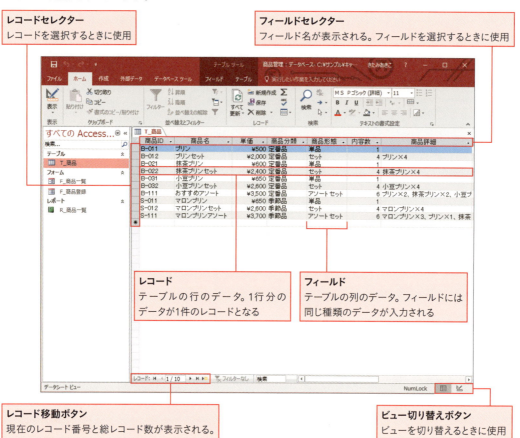

レコードセレクター
レコードを選択するときに使用

フィールドセレクター
フィールド名が表示される。フィールドを選択するときに使用

レコード
テーブルの行のデータ。1行分のデータが1件のレコードとなる

フィールド
テーブルの列のデータ。フィールドには同じ種類のデータが入力される

レコード移動ボタン
現在のレコード番号と総レコード数が表示される。レコード間を移動するときに使用

ビュー切り替えボタン
ビューを切り替えるときに使用

テーブルのビュー

　テーブルには、データを表示するデータシートのほかに、テーブルの構造を定義するための設計画面が用意されています。データシートの表示画面を「データシートビュー」、設計画面を「デザインビュー」と呼びます。各ビューの使い方は、このあとのSectionで紹介します。ここでは、テーブルに2つのビューがあることを覚えておいてください。

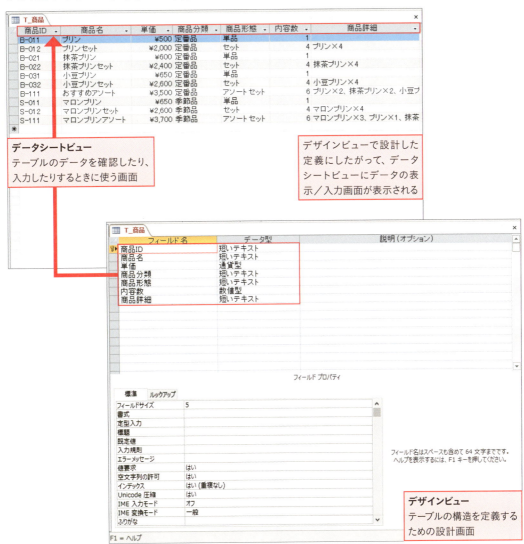

データシートビュー
テーブルのデータを確認したり、入力したりするときに使う画面

デザインビューで設計した定義にしたがって、データシートビューにデータの表示／入力画面が表示される

デザインビュー
テーブルの構造を定義するための設計画面

データシートって、Excelのワークシートと同じ見た目ですよね。Excelに設計画面なんてありませんけど……!?

データの蓄積は堅牢な"入れ物"があってこそだから、テーブルの設計はデータベースの根幹をなす大仕事。専用の設計画面できっちり定義する必要があるのよ。

Chapter 2 03 商品テーブルを作成する

テーブルの作成、データ型、主キー

商品情報入力用のテーブルを作成しましょう。ここで言う「テーブルの作成」は、「データを入力した表の作成」ではなく、「テーブルの設計」のことです。データの入れ物となるテーブルを事前にきっちり設計しておくことが、データのスムーズな入力と運用につながります。

Sample 商品管理_0203.accdb

● デザインビューでテーブルの構造を定義する

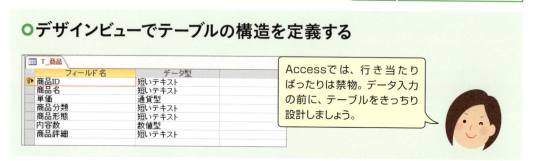

Accessでは、行き当たりばったりは禁物。データ入力の前に、テーブルをきっちり設計しましょう。

商品データを洗い出す

テーブルを効率よく運用するには、最初の設計が肝心です。商品テーブルの作成を始める前に、テーブルにどんな種類のデータを入力するのかを洗い出しましょう。文字データの場合は、何文字くらいのデータを入れるのかを見積もっておきます。数値データの場合は、通貨、整数、実数（小数）の3種類に分類しておきます。そして、それぞれのデータにわかりやすいフィールド名を考えます。

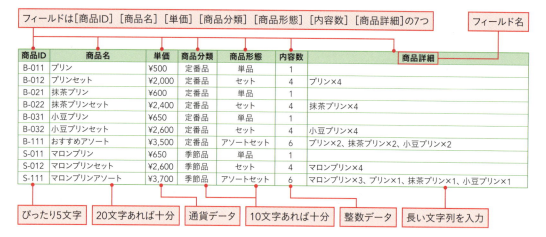

各フィールドのデータ型を決める

　テーブルを作成するときは、「[商品名]は短いテキスト型、[単価]は通貨型、…」という具合に、各フィールドに入力するデータの種類を定義します。データの種類のことを「データ型」と呼びます。Accessの主なデータ型を次表にまとめます。

▶ Accessに用意されている主なデータ型

データ型		格納するデータ
短いテキスト		「氏名」「住所」などの文字列や、「内線番号」のような計算に使わない数字データを格納。255文字までの範囲で、格納するデータの文字数を指定
長いテキスト		255文字を超える長い文字列
数値型	バイト型	0～255の整数
	整数型	-32,768～32,767の整数
	長整数型	-2,147,483,648～2,147,483,647の整数
	単精度浮動小数点型	最大有効桁数7桁の実数。-3.4×10^{38}～3.4×10^{38}
	倍精度浮動小数点型	最大有効桁数15桁の実数。-1.797×10^{308}～1.797×10^{308}
日付／時刻型		日付と時刻
通貨型		通貨データ。整数部15桁、小数部4桁
オートナンバー型		レコードごとに異なる値が自動で入力されるデータ型。初期設定では「1、2、3…」と連番が振られる。手動での入力、変更は不可
Yes／No型		YesかNoのいずれかの値を格納。「入金済み」「販売中止」など、YesかNoで答えられるデータに使う
ハイパーリンク型		WebサイトのURL、メールアドレスなど。入力したデータをクリックすると、Webサイトやメールの作成画面が表示される
添付ファイル		写真などのファイルを格納

※Access 2010では、「短いテキスト」は「テキスト型」、「長いテキスト」は「メモ型」と呼びます。

「バイト型」「整数型」「長整数型」…。こんなにたくさん、覚えきれませんよ（涙）。

最初から全部覚える必要はないわ。必要なときにこのページに戻って確認すればいいのよ!

> **Point**
> ### 数値データのデータ型の決め方
> 数値データを格納するデータ型には複数の種類があります。次の基準でデータ型を決めましょう。
>
> **短いテキスト**…郵便番号や内線番号など、数字を並べたデータには、短いテキスト型を設定します。数値として計算に使用するわけではない数字データは、Accessでは文字列として扱います。
> **通貨型**…通貨を格納するフィールドには、必ず通貨型を設定しましょう。通貨型は、計算の誤差が抑えられる仕組みになっています。
> **長整数型**…通貨以外の数値のうち、整数のみを格納するフィールドには長整数型を設定するのが一般的です。
> **倍精度浮動小数点型**…通貨以外の数値のうち、小数が入力される可能性があるフィールドには倍精度浮動小数点型を設定するのが一般的です。

▶ [商品]テーブルの各フィールドに設定するデータ型

フィールド	データ型
商品ID	短いテキスト(5文字)
商品名	短いテキスト(20文字)
単価	通貨型
商品分類	短いテキスト(10文字)
商品形態	短いテキスト(10文字)
内容数	数値型(長整数型)
商品詳細	短いテキスト(255文字)

指定したデータ型のデータしか入力できないなんて、不便じゃないですか？

そんなことないわ。データの種類を限定することで、誤入力を防げるし、データを正しく活用するための道筋ができるのよ。

主キーを決める

「主キー」とは、テーブルに入力するレコードを明確に区別するためのフィールドのことです。身近な例でも、顧客を区別するために顧客番号を割り当てたり、注文を区別するために注文番号を振ったりするでしょう。テーブルでも、レコードを管理しやすくするために、レコード固有の値を持つ主キーフィールドを用意します。

[商品]テーブルでは、商品1つ1つに重複のないように割り当てられた[商品ID]フィールドを主キーとするのが適切です。

主キーのルール
・ほかのレコードと重複しない値にすること
・必ず値を入力すること(未入力は許されない)

商品ごとに異なる値が割り当てられている[商品ID]フィールドを主キーに決める

商品ID	商品名	単価	商品分類	商品形態	内容数	商品詳細
B-011	プリン	¥500	定番品	単品	1	
B-012	プリンセット	¥2,000	定番品	セット	4	プリン×4
B-021	抹茶プリン	¥600	定番品	単品	1	
…	…	…	…	…	…	
S-111	マロンプリンアソート	¥3,700	季節品	アソートセット	6	マロンプリン×3、プリン×1、抹茶プリン×1、小豆プリン×1

📎 **Memo**

どのフィールドを主キーにすればいい？

上の[商品]テーブルの[商品ID]のように、主キーにふさわしいフィールドがあれば、そのフィールドを主キーにします。ない場合は、主キー用のフィールドを新たに追加してオートナンバー型を設定しておくと、レコードを入力するたびに自動的に「1」「2」「3」…と連番が振られていきます。

ID	氏名	…
1	田中	…
2	中尾	…
3	水谷	…
…	…	…

オートナンバー型のフィールドを追加して主キーにする

テーブルを作成する

ここからは、実際に手を動かしながらテーブルを作成していきます。Chapter 1の03で作成したデータベースを開いて作業を開始してください。

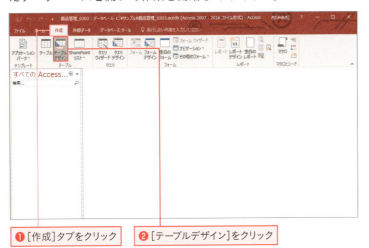

❶[作成]タブをクリック　❷[テーブルデザイン]をクリック

> **Memo**
> **デザインビューでの作成方法を覚えよう**
>
> 本書では、デザインビューを使って新規テーブルを作成する方法を紹介します。データシートビューで作成する方法もありますが、その場合、設定できる機能が限られており、詳細な設定をするためにデザインビューに切り替える必要が出てきます。それなら最初からデザインビューで作成したほうが覚える操作も少なくて済みます。

❸新しいテーブルのデザインビューが表示された

この画面に、P.42の表のフィールドを入力していくわよ!

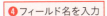

❹フィールド名を入力

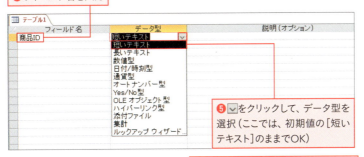

❺☑をクリックして、データ型を選択(ここでは、初期値の[短いテキスト]のままでOK)

❻そのほかのフィールドも入力しておく

> **Memo**
> **Access 2010の場合**
>
> [短いテキスト]は、Access 2010では[テキスト型]という名称になります。[短いテキスト]を[テキスト型]に読み替えて進めてください。

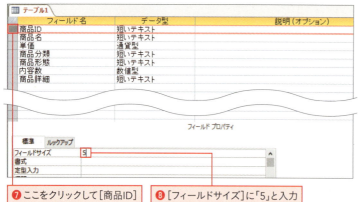

❼ ここをクリックして[商品ID]フィールドを選択

❽ [フィールドサイズ]に「5」と入力

❾ 同様に、P.42の表にしたがって短いテキスト型のフィールドの文字数を設定しておく

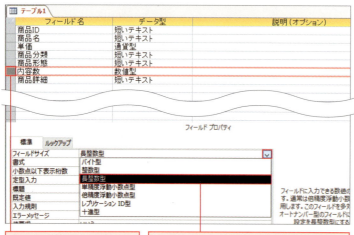

❿ ここをクリックして[内容数]フィールドを選択

⓫ [フィールドサイズ]で数値の種類を選択(ここでは、初期値の[長整数型]のままでOK)

⓬ [商品ID]フィールドを選択

⓭ [デザイン]タブをクリック

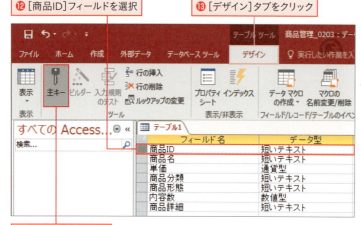

⓮ [主キー]をクリック

> **Point**
> **フィールドの選択**
>
> フィールドの設定を行うときは、事前にフィールドを選択します。行頭の[フィールドセレクター] □ をクリックすると、クリックした行のフィールドを選択できます。

> **Keyword**
> **フィールドサイズ**
>
> [フィールドサイズ]は、文字数や数値の種類を指定するための設定項目です。短いテキストの場合、「255」までの範囲で文字数を入力します。初期値は「255」です。数値型の場合、一覧からデータの種類を選択します。初期値は[長整数型]です。

文字数は初期値の「255」のままではダメなんですか?「大は小を兼ねる」って言うじゃないですか。

「255」のままでもデータベースを運用できるけど、必要十分な文字数を設定することで、ファイルのサイズがムダに大きくなるのを防げるのよ。

データ型とフィールドサイズを設定したら、次は主キーの設定よ。

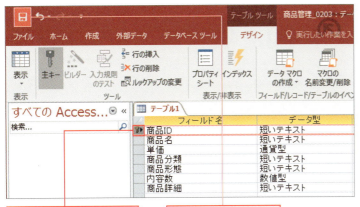

⓯ カギのマークが表示された
⓰ [上書き保存]をクック

⓱「T_商品」と入力
⓲ [OK]をクリック

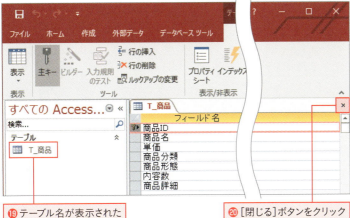

⓳ テーブル名が表示された
⓴ [閉じる]ボタンをクリック

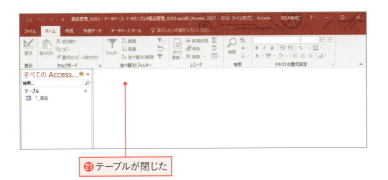

㉑ テーブルが閉じた

> **Memo**
> **カギのマークが表示される**
>
> 主キーを設定したフィールドのフィールドセレクターには、カギのマーク が表示されます。

「主キー」は、レコードを区別するためのフィールドのことでしたね。

> **Point**
> **[上書き保存]でオブジェクトを保存する**
>
> WordやExcelでは[上書き保存]ボタン 🖫 をクリックすると編集中のファイルが保存されますが、Accessの場合は編集中のオブジェクトが保存されます。

> **Point**
> **テーブルの命名**
>
> Accessではファイルの中に複数のオブジェクトを保存します。自分なりにわかりやすい命名規則を考えて名前を付けましょう。本書では、テーブルに「T_」、クエリに「Q_」、フォームに「F_」、レポートに「R_」という接頭語を付けます。「_」（アンダーバー）は、Shiftキーを押しながらひらがなの「ろ」のキーを押して入力します。

Chapter 2 Access基礎編 商品管理システムを作ろう

045

テーブルを開く、ビューの切り替え

Chapter 2 04 テーブルを開く・ビューを切り替える

レコードの入力を始める前に、テーブルの開き方とビューの切り替え方を確認しておきましょう。この先、テーブルでの作業をするうえで大切な操作です。

Sample 商品管理_0204.accdb

テーブルを開く

ナビゲーションウィンドウには、データベースに保存されているオブジェクトが一覧表示されます。オブジェクトをダブルクリックすると、ドキュメントウィンドウにオブジェクトが開きます。

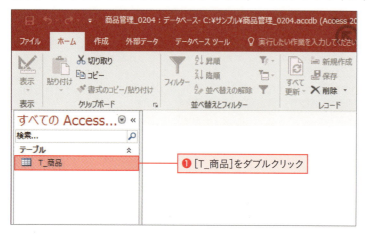

❶ [T_商品]をダブルクリック

Chapter 2の03で作成した[T_商品]テーブルを開いてみましょう。

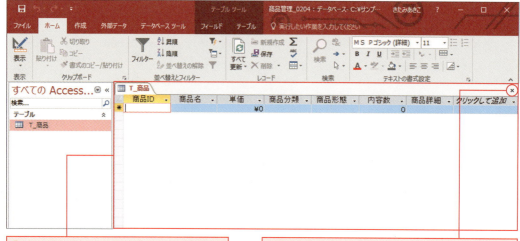

❷ [T_商品]テーブルのデータシートビューが開いた

❸ [閉じる]をクリックすると、テーブルを閉じることができる

ビューを切り替える

テーブルには、「データシートビュー」と「デザインビュー」がありましたね。ビューを切り替えるには、[ホーム]タブなどにある[表示]ボタンを使います。

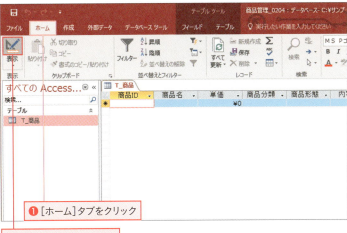

❶ [ホーム]タブをクリック
❷ [表示]ボタンをクリック

Memo

最初からデザインビューを開くには

ナビゲーションウィンドウでテーブルを右クリックして❶、[デザインビュー]をクリックすると❷、最初からテーブルのデザインビューを開くことができます。

❸ デザインビューに切り替えられた

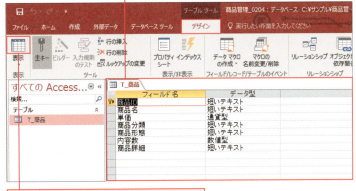

❹ [デザイン]タブの[表示]をクリックすると、データシートビューに切り替えることができる

Memo

ビューの切り替えボタン

ビューを切り替えるためのボタンは複数あり、どのボタンを使用してもかまいません。

●デザインビューへの切り替え
・[ホーム]タブ
・[フィールド]タブ
・Accessのウィンドウ右下(P.30参照)

●データシートビューへの切り替え
・[ホーム]タブ
・[デザイン]タブ
・Accessのウィンドウ右下(P.30参照)

この絵柄はデザインビューへの切り替えボタンですね。

この絵柄はデータシートビューへの切り替えボタンよ。

レコードの入力・保存・削除

Chapter 2
05 データを入力・編集する

Chapter 2の03で作成した[T_商品]テーブルにデータを入力してみましょう。テーブルのデータシートビューを表示して、入力作業を行います。

Sample 商品管理_0205.accdb

○ データシートビューでデータを入力する

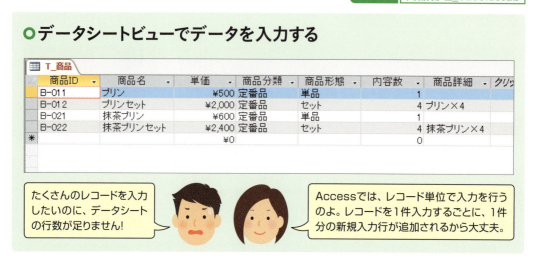

データシートビューでデータを入力する

データシートビューの行頭にあるレコードセレクターには、レコードの状態を表す記号が表示されます。新規レコードや編集中のレコードを表す記号に注目しながら、入力しましょう。

❶ [T_商品]テーブルのデータシートビューを表示しておく

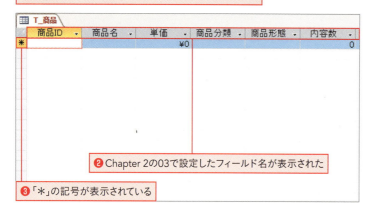

❷ Chapter 2の03で設定したフィールド名が表示された

❸ 「*」の記号が表示されている

Point レコードセレクターの記号

編集中のレコード

新規レコード

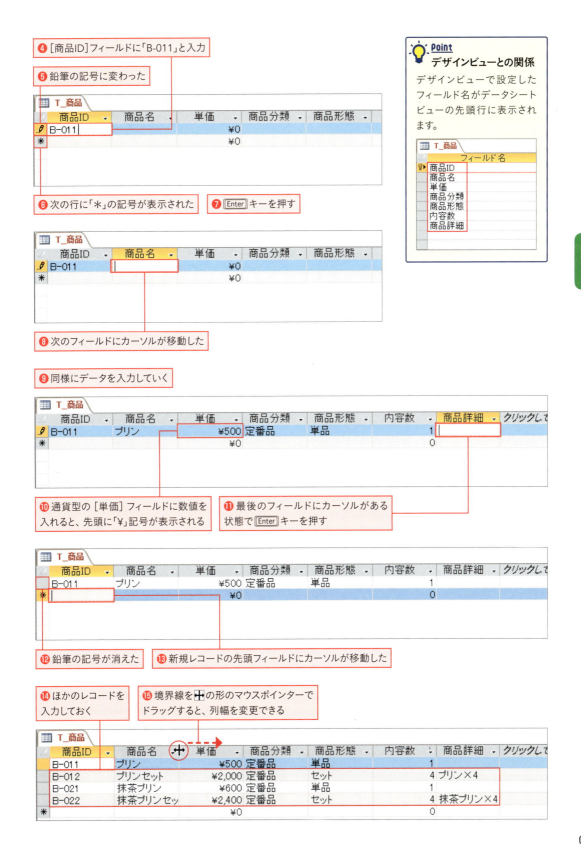

Point
レコードの保存

テーブルに入力したレコードは、次のタイミングで自動的に保存されます。

・カーソルを別のレコードに移動したとき
・テーブルを閉じるとき

レコードを意図的に保存したい場合は、レコードセレクター をクリックします。レコードが保存されると、レコードセレクターから鉛筆の記号が消えます。

マイコ先輩、大変です。データの変更や削除の練習をしていたら、そのまま保存されちゃいました!! [上書き保存] ボタン🖫 を押した覚えはないのに……（涙）。

やれやれ……。泣きたいのはこっちのほう。WordやExcelのファイルは自分で保存操作をしない限り保存されないけれど、Accessのデータは自動的に保存されるのよ。

Memo
入力や編集を取り消すには

レコードセレクターに鉛筆の記号 が表示されているときなら、Escキーを1回押すと、現在カーソルのあるフィールドの入力や編集を取り消せます。
1回押してもまだ鉛筆の記号 が表示されている場合は、もう1回Escキーを押すと、同じレコードのすべてのフィールドの入力や編集を取り消せます。
レコードセレクターが無地の場合は、すでにレコードが保存されています。保存直後なら、クイックアクセスツールバーの [元に戻す] ボタン↺ をクリックすると、保存を取り消して編集前の状態に戻せます。

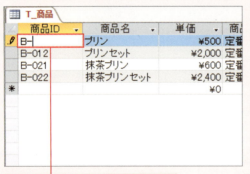

❶ データを編集して Esc キーを押すと、　　❷ 編集が取り消される

Memo
新規レコードは最下行に追加する

新しいレコードは、必ず最下行にある新規入力行（＊が表示された行）に入力します。テーブルを開き直すと、主キーの値の昇順に並べ替えられます。

入力し忘れたレコードを2行目に追加したいんですけど、[挿入] ボタンが見当たりません! [削除] ボタンならあるのに。

Excelと違って、途中の行に空行を挿入することはできないのよ。新しいレコードは、最下行に入力してね。

Memo

レコードを削除するには

の形のマウスポインターでレコードセレクターをクリック、またはドラッグすると、レコードを選択できます❶。[ホーム]タブの❷[削除]をクリックするか Delete キーを押すと❸、削除確認のメッセージが表示され❹、[はい]をクリックすると❺、選択したレコードが削除されます。削除したレコードは、[元に戻す]ボタンで元に戻せないので、慎重に操作しましょう。

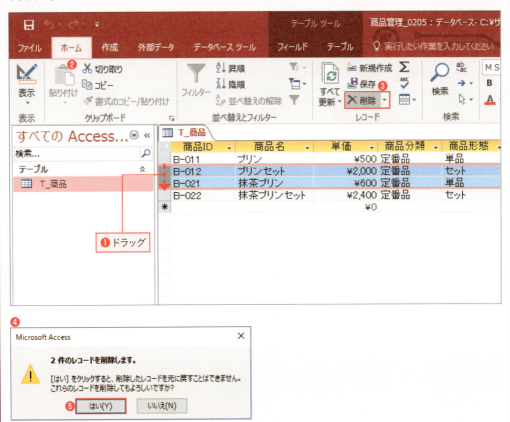

Memo

テーブルを閉じるときに表示される保存確認はどういう意味?

テーブルのデータシートビューを閉じるときに、保存確認のメッセージが表示されることがあります。入力したレコードは自動的に保存されますが、それ以外の操作、例えば列幅の変更などの操作は自動では保存されません。保存したい場合は、[上書き保存]ボタンをクリックして保存するか、閉じるときに表示される保存確認のメッセージで、[はい]をクリックして保存します。

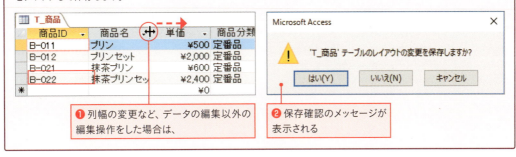

IME入力モード、既定値、ルックアップ

Chapter 2 06 入力操作を楽にする

　Chapter 2の03で[T_商品]テーブルを作成しましたが、フィールド名とデータ型を設定しただけでは、単にテーブルの骨格を定義したに過ぎません。テーブルには、入力操作の負担を軽減するための設定項目がたくさん用意されています。ここでは、[T_商品]テーブルをより便利に使用できるように改良していきましょう。

Sample 商品管理_0206.accdb

入力作業が楽になるテーブルを目指して改良する

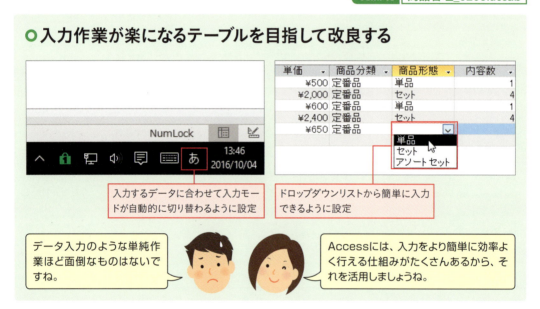

入力するデータに合わせて入力モードが自動的に切り替わるように設定

ドロップダウンリストから簡単に入力できるように設定

データ入力のような単純作業ほど面倒なものはないですね。

Accessには、入力をより簡単に効率よく行える仕組みがたくさんあるから、それを活用しましょうね。

Point 使い勝手を上げる決め手は「フィールドプロパティ」の活用

テーブルのデザインビューでフィールドを選択すると、選択したフィールドのデータ型に応じた設定項目が、画面下部にたくさん表示されます。これらの設定項目のことを「フィールドプロパティ」と呼びます。「プロパティ」とは、「特性」「性質」「属性」などを表す言葉です。フィールドプロパティを上手に利用することが、テーブルの使い勝手を上げる決め手となります。

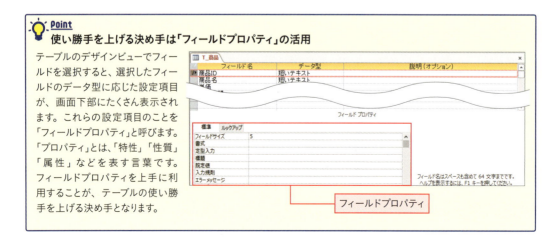

フィールドプロパティ

入力モードのオン／オフを自動切り替えする

　Chapter 2の05でデータを入力したときに、[商品ID]や[商品名]などのフィールドでは自動的に入力モードが[ひらがな]あになり、[単価]や[内容数]のフィールドでは[半角英数]Aになったことに気が付いたでしょうか？ テーブルの初期設定では、短いテキスト型のフィールドでは自動的に入力モードがオンになります。[商品ID]フィールドに入力するのは英数字だけなので、入力モードがオフになるように設定を変更しましょう。

❶ [T_商品]テーブルのデザインビューを表示しておく

❷ [商品ID]フィールドを選択

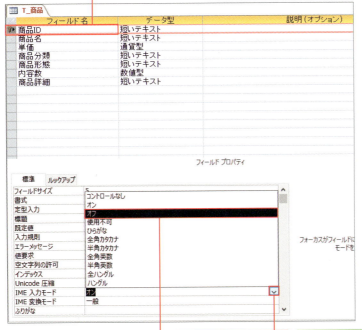

❸ [IME入力モード]の ▽ をクリック

❹ [オフ]をクリック

❺ そのほかのフィールドを右表のように設定しておく

Point フィールドプロパティで ▽ を表示するには
[IME入力モード]やP.55で紹介する[表示コントロール][値集合タイプ]などを設定するときは、プロパティ名をクリックすると ▽ ボタンが現れます。

Memo [オフ]と[使用不可]の違い
[IME入力モード]プロパティには、[オフ]と[使用不可]という似た項目があります。[オフ]は[半角英数]Aのことで、手動で[ひらがな]あに切り替えられます。それに対して、[使用不可]では手動での切り替えができません。

フィールド	設定値
商品ID	オフ
商品名	ひらがな
商品分類	ひらがな
商品形態	ひらがな
商品詳細	ひらがな

Memo [オン]と[ひらがな]の違い
[IME入力モード]プロパティで[ひらがな]を設定した場合、フィールドにカーソルを移動すると、入力モードは確実に[ひらがな]あになります。それに対して、[オン]を設定した場合、パソコンの環境によっては、前回使用した入力モードになることがあります。前回、[全角カタカナ]カや[半角カタカナ]カを使用した場合、その入力モードを引き継いでしまうということです。短いテキスト型の[IME入力モード]プロパティの既定値は[オン]ですが、どのような環境でも確実に[ひらがな]あに切り替えるには[ひらがな]を設定しましょう。

新規レコードに「¥0」が表示されないようにする

　通貨型や数値型のフィールドでは、新規レコードに「¥0」や「0」が表示されます。[T_商品]テーブルでは、通貨型の[単価]フィールドや数値型の[内容数]フィールドに「0」を入力する可能性はありません。「0」が最初から表示されていると煩わしいので、表示されないように設定を変更しましょう。

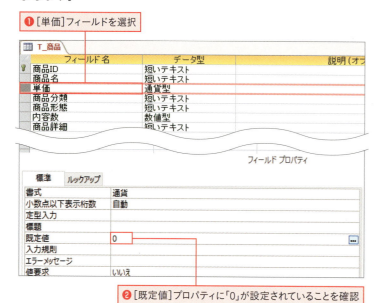

この「¥0」が表示されないようにしましょう。

❶ [単価]フィールドを選択

❷ [既定値]プロパティに「0」が設定されていることを確認

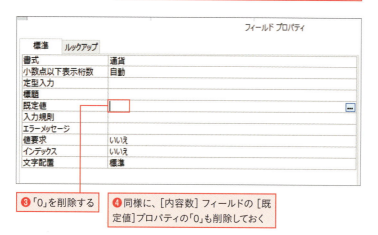

❸「0」を削除する　❹ 同様に、[内容数]フィールドの[既定値]プロパティの「0」も削除しておく

> **Memo**
> **Access 2010の場合**
> Access 2010で作成したテーブルでは、通貨型や数値型のフィールドの[既定値]プロパティに「0」は自動設定されません。本書のサンプルはAccess 2016で作成したものなので、[既定値]に「0」が設定されています。

StepUp
[既定値]プロパティの使い道

[既定値]プロパティには、新規レコードのフィールドにあらかじめ入力しておく値を設定します。レコードに入力された既定値は、データシートビューで自由に変更できます。例えば、顧客からの入金を管理するテーブルで、[入金ステータス]フィールドの[既定値]プロパティに「入金待ち」と設定すると、新規取引のレコードの[入金ステータス]フィールドに「入金待ち」と表示されます。入金が確認できた時点で「入金済み」に入力し直せばよいので簡単です。

ドロップダウンリストから選択できるようにする

　［商品分類］フィールドに入力されるデータは、「定番品」と「季節品」の2種類です。また、［商品形態］フィールドに入力されるデータは、「単品」「セット」「アソートセット」の3種類です。このように入力されるデータの種類が限られている場合は、ドロップダウンリストから入力できるようにしておくと入力の負担を軽減できます。

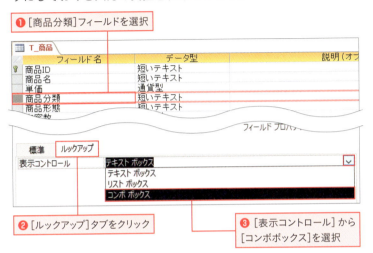

❶［商品分類］フィールドを選択
❷［ルックアップ］タブをクリック
❸［表示コントロール］から［コンボボックス］を選択

こんなリストを表示させましょう。

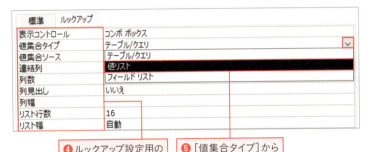

❹ ルックアップ設定用のプロパティが表示された
❺［値集合タイプ］から［値リスト］を選択

Keyword ルックアップ

ルックアップとは、指定した選択肢の中から選んで入力する機能です。ルックアップを設定したフィールドを「ルックアップフィールド」と呼びます。

❻［値集合ソース］欄に「定番品;季節品」と入力
❼［値リストの編集の許可］で［いいえ］を選択

Point 選択肢を「;」で区切る

リストに表示する選択肢を設定するには、［値集合タイプ］プロパティで［値リスト］を選択し、［値集合ソース］に選択肢を半角セミコロン「;」で区切って入力します。なお、［値リストの編集の許可］についてはP.160を参照してください。

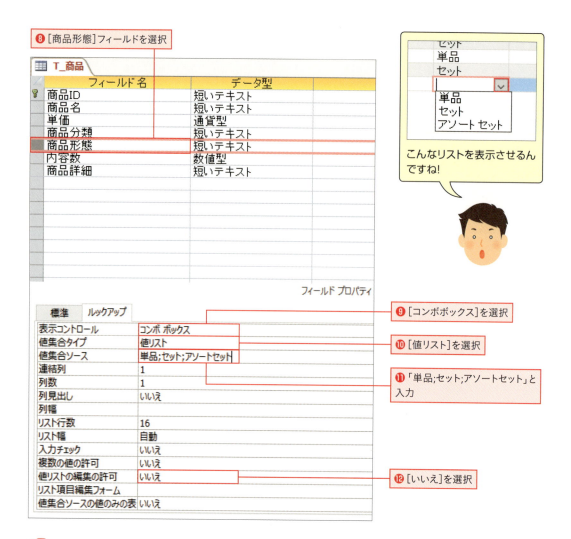

Memo
ルックアップを解除するには

[表示コントロール]プロパティで[テキストボックス]を選択すると、ルックアップフィールドを解除できます。

StepUp
[表示コントロール]って何？

[表示コントロール]プロパティで[リストボックス]か[コンボボックス]を選択すると、フィールドがルックアップフィールドになります。いずれの場合も、テーブルのデータシートビューではドロップダウンリストが表示されます。違いが出るのは、テーブルを基にフォームを作成したときです。[表示コントロール]の設定に応じて、フォームに表示される入力欄がリストボックスまたはコンボボックスになります。リストボックスでは、常に選択肢の一覧が表示されます。コンボボックスでは、∨をクリックしたときに選択肢の一覧が表示され、入力欄に手入力することもできます。

●リストボックス

●コンボボックス

データシートビューで動作を確認する

データシートビューに切り替えて、フィールドプロパティの設定の効果を確認してみましょう。入力がグンと楽になるはずです。

Point ビューの切り替えには保存が必要
デザインビューでテーブルの設定を変更したりしたあとは、テーブルを保存しないとデータシートビューに切り替えられません。必ず上書き保存しましょう。

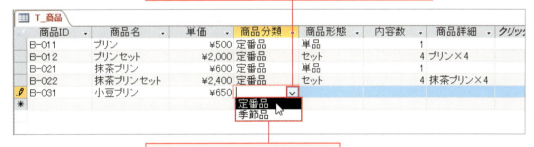

Chapter 2 - 07　商品登録フォームを作成する

オートフォーム、レイアウトビュー

　Accessには、データ入力・表示用のオブジェクトである「フォーム」が用意されています。フォームには、「1件のレコードを1画面に見やすく表示できる」「コントロールと呼ばれるさまざまな入力用の部品を使える」「ボタンを配置して処理の自動化を行える」……など、テーブルでは太刀打ちできないさまざまなメリットがあります。ここでは手始めに、1件のレコードを1画面に表示する「単票形式」と呼ばれるフォームを作成します。

Sample 商品管理_0207.accdb

● フォームを通してテーブルにデータを入力する

フォームビュー
データの入力・表示画面

商品テーブルのデータを表示するフォームを作りましょう。テーブルとフォームは双方向だから、フォームでデータを入力すると、テーブルに格納されるのよ。

● レイアウトビューでフォームの設計を調整する

レイアウトビュー
データを表示した状態で入力欄の配置を調整できるフォームの設計画面

入力欄の位置やサイズは、レイアウトビューで調整するんですね。

オートフォームを利用して単票フォームを自動作成する

　フォームの作成方法は複数ありますが、1レコードのすべてのデータを1画面に表示するフォームを作成するなら、オートフォーム機能を利用するのが便利です。ナビゲーションウィンドウでテーブルを選択し、[作成]タブの[フォーム]ボタンをクリックするだけで作成できます。

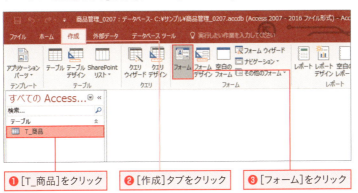

❶ [T_商品]をクリック
❷ [作成]タブをクリック
❸ [フォーム]をクリック

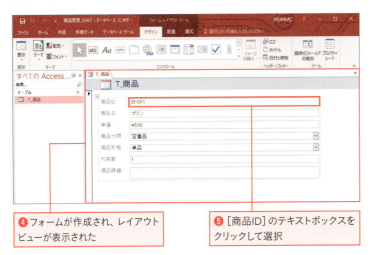

❹ フォームが作成され、レイアウトビューが表示された
❺ [商品ID]のテキストボックスをクリックして選択

❻ テキストボックスの右境界線にマウスポインターを合わせ、⇔の形になったらドラッグ

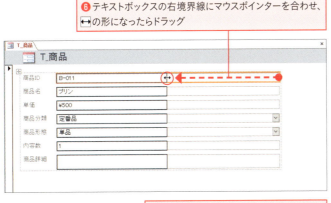

❼ すべてのコントロールのサイズが変わる

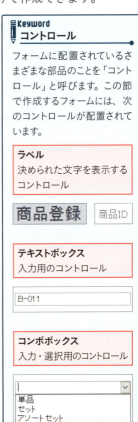

Keyword
コントロール

フォームに配置されているさまざまな部品のことを「コントロール」と呼びます。この節で作成するフォームには、次のコントロールが配置されています。

ラベル
決められた文字を表示するコントロール

テキストボックス
入力用のコントロール

コンボボックス
入力・選択用のコントロール

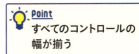

Point
すべてのコントロールの幅が揃う

オートフォーム機能で作成したフォームは、左にフィールド名、右に入力欄が整列して並ぶ「集合形式」と呼ばれるレイアウトになります。集合形式の入力欄は、すべて同じ幅に揃います。

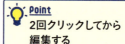

Point
2回クリックしてから編集する

フォームを作成するとラベルにテーブル名が表示されますが、適切なタイトルに変更しましょう。1回クリックするとラベルが選択され、もう1回クリックするとラベル内にカーソルが表示されます。その状態で文字を編集して、Enterキーで確定します。

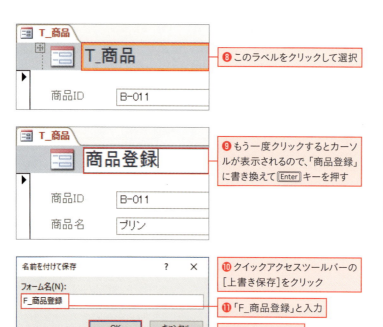

❽ このラベルをクリックして選択

❾ もう一度クリックするとカーソルが表示されるので、「商品登録」に書き換えてEnterキーを押す

❿ クイックアクセスツールバーの[上書き保存]をクリック

⓫ 「F_商品登録」と入力

⓬ [OK]をクリック

Memo
フォームの設計画面

フォームには、データを表示した状態でレイアウトの調整を行える「レイアウトビュー」と、方眼紙のような画面で詳細な設定を行える「デザインビュー」の2つの設計画面があります。テキストボックスのサイズの設定は、データを見ながら調整が行えるレイアウトビューが便利です。

⓭ ナビゲーションウィンドウとタブにフォーム名が表示された

フォームを開いてデータを入力する

フォームビューを開いて、データを入力してみましょう。テーブルで設定した入力モードやルックアップの設定は、そのまま引き継がれていることも確認しましょう。

❶ [デザイン]タブ、または[ホーム]タブにある[表示]をクリック

Memo
ビューの見分け

レイアウトビューとフォームビューは、ほとんど同じ見た目です。ビューを見分けるには、リボンを確認しましょう。レイアウトビューが表示されているときは、[フォームレイアウトツール]のタブが表示されます。

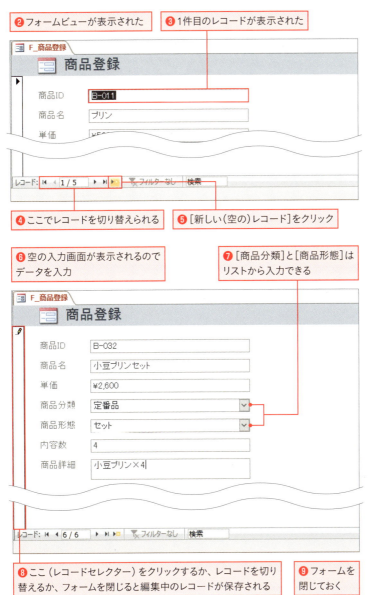

❷フォームビューが表示された
❸1件目のレコードが表示された
❹ここでレコードを切り替えられる
❺[新しい(空の)レコード]をクリック
❻空の入力画面が表示されるのでデータを入力
❼[商品分類]と[商品形態]はリストから入力できる
❽ここ(レコードセレクター)をクリックするか、レコードを切り替えるか、フォームを閉じると編集中のレコードが保存される
❾フォームを閉じておく

Memo
閉じているフォームを開くには

ナビゲーションウィンドウでフォームをダブルクリックすると、フォームビューが開きます。

Point
テーブルの設定が継承される

Chapter 2の06で行ったフィールドの設定は、フォームに継承されます。レコードを入力するときに入力モードが自動的に切り替わります。また、[商品分類]と[商品形態]はリストから入力できます。

Memo
フォームビューでレコードを削除するには

レコードセレクター(手順❽の縦長のバー)をクリックして、レコードを選択します。[ホーム]タブの[削除]をクリックするか Delete キーを押すと、削除確認のメッセージが表示されます。[はい]をクリックすると、選択したレコードが削除されます。

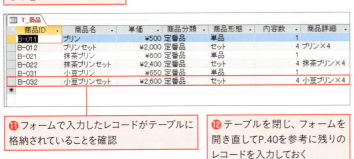

❿[T_商品]テーブルを開く
⓫フォームで入力したレコードがテーブルに格納されていることを確認
⓬テーブルを閉じ、フォームを開き直してP.40を参考に残りのレコードを入力しておく

オートフォーム、コントロールレイアウト

Chapter 2
08 商品一覧フォームを作成する

1画面に1レコードずつ表示する「単票形式」に対して、1行に1レコードずつ表示するフォームの体裁を「表形式」と呼びます。ここでは、テーブルに格納されている商品を一画面で確認できるように、表形式のフォームを作ります。

Sample 商品管理_0208.accdb

○ 表形式のフォームを作成する

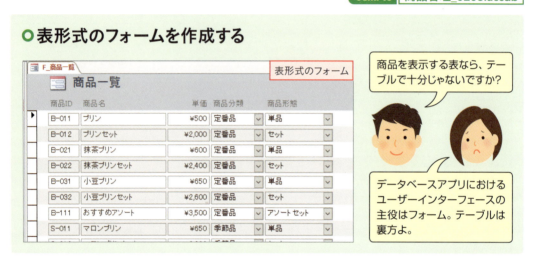

オートフォームで表形式のフォームを自動作成する

オートフォーム機能を使用して表形式のフォームを作成すると、コントロールが「表形式」と呼ばれるレイアウトになります。表形式レイアウトでは、コントロールが自動で表の形に整列するのでレイアウト作業が簡単です。

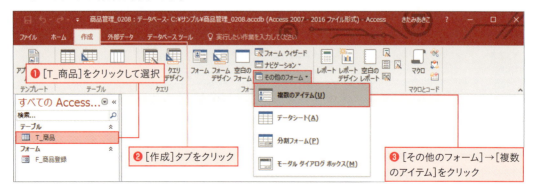

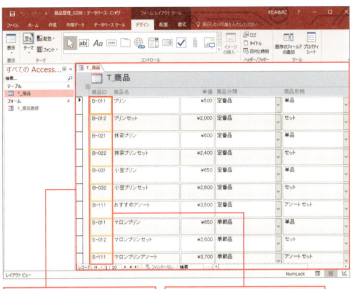

❹ 表形式のフォームが作成され、レイアウトビューが表示された

❺ 任意のテキストボックスをクリック

Memo
フォームのビュー

フォームには、フォームビュー、レイアウトビュー、デザインビューがあります。[表示]の下側のボタンをクリックして、表示されるメニューから、切り替えるビューを選べます。

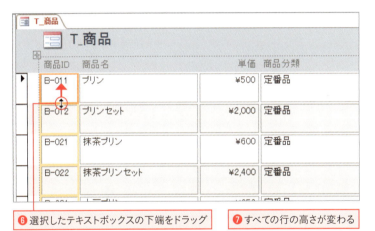

❻ 選択したテキストボックスの下端をドラッグ

❼ すべての行の高さが変わる

Point
列全体が選択される

表形式のフォームでコントロールをクリックすると、そのコントロールを含む列全体が選択されます。

Point
すべての行の高さが揃う

表形式レイアウトでは、1カ所でコントロールの高さを変更すると、すべての行のすべてのコントロールの高さが変更されます。

❽ [商品名]のテキストボックスをクリックして選択

❾ 右端をドラッグ

コントロールの配置が自動調整されて、常に表の体裁が整うのよ。便利でしょ！

> **Point**
> **列幅を変えると配置が自動調整される**
>
> 1カ所でコントロールの幅を変更すると、上端にあるラベルも同じ幅に変わります。同時に、変更した右の列のテキストボックスが自動的にずれて、配置もきれいに調整されます。

❿ [商品名] の列幅が変更された

⓫ [単価] 以降の列が自動的にずれた

⓬ 同様にほかの列の幅も調整しておく

⓭ [内容数] のラベルをクリック

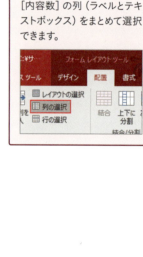

> **Memo**
> **そのほかの選択方法**
>
> [内容数] のラベルを選択した後、[配置] タブにある [列の選択] をクリックすると、[内容数] の列 (ラベルとテキストボックス) をまとめて選択できます。

⓮ [Shift] キーを押しながらテキストボックスをクリックすると、[内容数] のラベルと全テキストボックスが選択される

⓯ [Delete] キーを押す

⓰ [内容数] の列が削除され、その右の列が自動的にずれた

⓱ 同様に、[商品詳細] の列も削除しておく

> **Point**
> **不要な列を削除する**
>
> オートフォームでフォームを作成すると、基となるテーブルの全フィールドが配置されます。列の削除は簡単に行えるので、全フィールドを表示する必要がない場合でもオートフォームを利用するのが便利です。

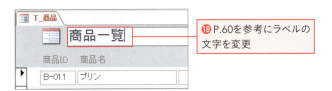

⑱ P.60を参考にラベルの文字を変更

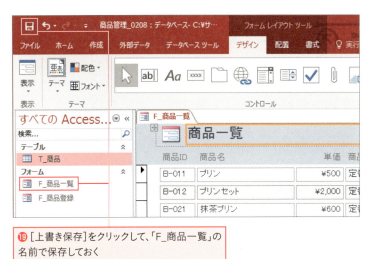

⑲[上書き保存]をクリックして、「F_商品一覧」の名前で保存しておく

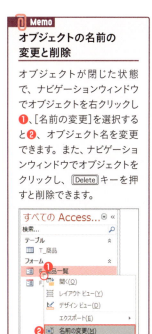

> **Memo**
> **オブジェクトの名前の変更と削除**
>
> オブジェクトが閉じた状態で、ナビゲーションウィンドウでオブジェクトを右クリックし❶、[名前の変更]を選択すると❷、オブジェクト名を変更できます。また、ナビゲーションウィンドウでオブジェクトをクリックし、[Delete]キーを押すと削除できます。

フォームビューを確認する

フォームビューに切り替えて、データを確認しましょう。

❶[表示]をクリック

❷フォームビューが表示された

❸フォームを閉じておく

> **Memo**
> **移動ボタン**
>
> 一画面に収まらないほどレコード数が多い場合は、フォーム下端に表示される移動ボタンを使うと、先頭や末尾のレコードに一気にジャンプできます。

StepUp コントロールレイアウトを理解する

フォームやレポートには、「コントロールレイアウト」と呼ばれるコントロールのグループ化の機能があります。コントロールレイアウトの種類は、「集合形式レイアウト」と「表形式レイアウト」の2種類です。コントロールレイアウトが適用されたコントロールは、常に自動的に整列します。

▶ コントロールレイアウトが適用されているかどうかを見分ける

フォームやレポートの作成方法は複数あり、作成方法によって、コントロールレイアウトが適用される場合とされない場合があります。適用されている場合、コントロールを1つ選択したときに、コントロールレイアウト全体が点線で囲まれ、左上に田マークが表示されます。

▶ コントロールレイアウトを設定するには

コントロールレイアウトが適用されていないコントロールにコントロールレイアウトを設定するには、まず、[Shift]キー＋クリックで設定対象のコントロールをすべて選択し、[配置]タブにある[集合形式]または[表形式]をクリックします。なお、あらかじめコントロール同士である程度の配置が揃っていないと、ラベルとテキストボックスの対応がうまく認識されず、コントロールレイアウトが思い通りに設定できない場合があります。

❹表形式レイアウトが適用され、コントロールが整列した

● コントロールレイアウトを解除するには

コントロールレイアウトはコントロールを整列させたいときは便利ですが、反面、配置の自由がききません。個別にサイズ変更したり、独自の配置にしたい場合は、コントロールレイアウトを解除しましょう。デザインビューに切り替え、コントロールレイアウトを選択して、[配置]タブにある[レイアウトの解除]をクリックします。なお、コントロールレイアウトを選択するには、レイアウト内のコントロールをクリックして、田をクリックします。

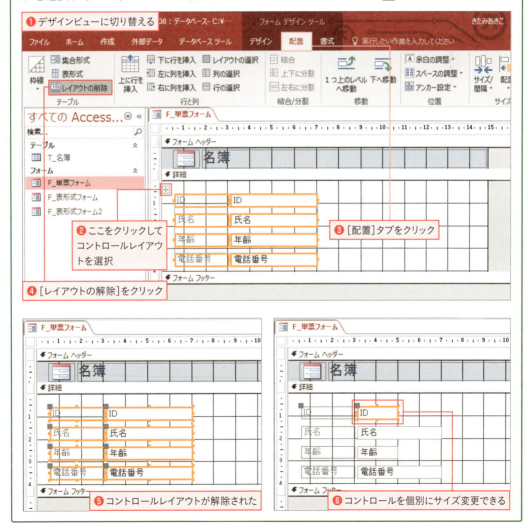

Chapter 2

09 商品一覧レポートを作成する

レポートウィザード、デザインビュー

決まった大きさの用紙に印刷することが前提のレポートでは、フォーム以上にサイズ調整が重要です。このSectionでは、「レポートウィザード」機能でレポートを作成し、デザインビューでサイズを調整する方法を解説します。

Sample 商品管理_0209.accdb

○ 印刷用にレポートを作成する

商品テーブルのデータを印刷する

フォームやレポートのレイアウトの調整は、根気のいる力仕事。少しでも要領よく作業するコツをつかみましょう！

レポートウィザードを利用してレポートを作成する

レポートウィザードを使用すると、印刷するフィールドやレコードの並び順、用紙の向きなどを順に設定しながらレポートを作成できます。

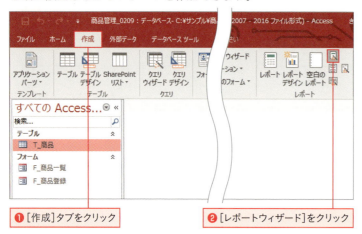

❶ [作成] タブをクリック
❷ [レポートウィザード] をクリック

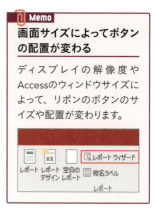

Memo
画面サイズによってボタンの配置が変わる

ディスプレイの解像度やAccessのウィンドウサイズによって、リボンのボタンのサイズや配置が変わります。

❸ レポートの基になるテーブル(ここでは[T_商品])を選択

手順❸の画面では、レポートに表示するフィールドを選びましょう。

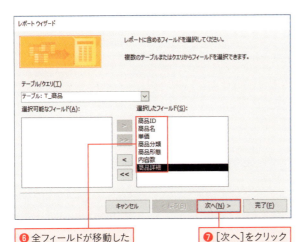

❹ [T_商品]の全フィールドが表示された

❺ [>>]ボタンをクリック

❻ 全フィールドが移動した

❼ [次へ]をクリック

❽ 次の画面では何も指定せずに[次へ]をクリック

❾ レコードの並び順として[商品ID]の[昇順]を選択

❿ [次へ]をクリック

Memo
一部のフィールドを印刷するには

手順❸の画面で左の一覧からフィールドを選択し、[>]をクリックして右のボックスに移動します。この操作を繰り返して、印刷するフィールドを指定します。

Memo
グループレベルの設定

手順❼の次に、グループレベルの選択画面が表示されます。グループレベルを指定すると、特定のフィールドでグループ化されたレポートが作成されます。例えば、[商品分類]を指定した場合、レコードが「季節品」と「定番品」に分かれて印刷されます。

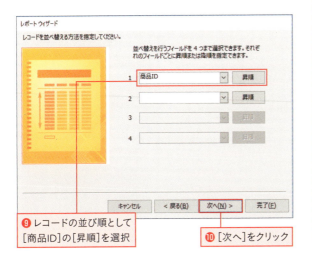

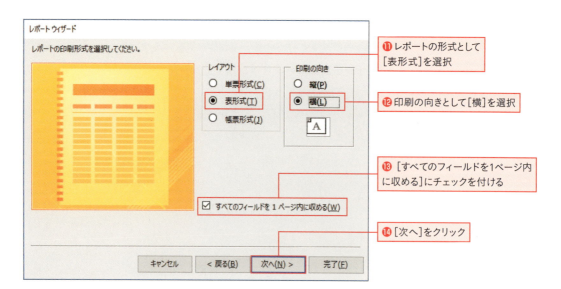

⓫ レポートの形式として[表形式]を選択

⓬ 印刷の向きとして[横]を選択

⓭ [すべてのフィールドを1ページ内に収める]にチェックを付ける

⓮ [次へ]をクリック

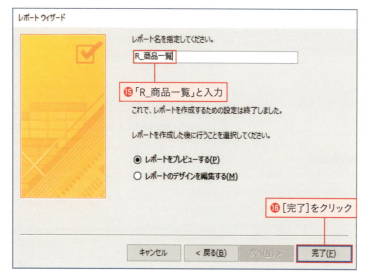

⓯ 「R_商品一覧」と入力

⓰ [完了]をクリック

Point
列幅の調整は必須

手順⓭の設定を行うと、1ページに収まるように列幅が自動調整されます。場合によってはデータが途切れることがあるので、レポートの作成後に列幅の調整が必要になります。

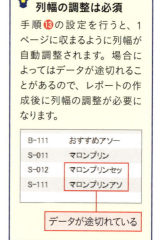

データが途切れている

⓱ レポートが作成され、印刷プレビューが表示された

⓲ [印刷プレビューを閉じる]をクリック

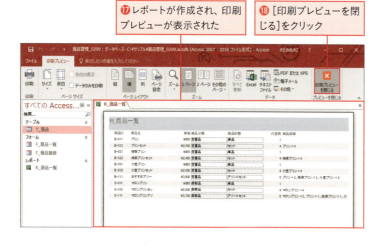

Memo
ズーム機能を利用する

[印刷プレビュー]タブの[1ページ]をクリックすると、1ページ全体を表示できます。また、[ズーム]の上側をクリックすると、🔍や🔍のマウスインターで見たい部分を拡大／縮小できるようになります。

デザインビューでレポートのデザインを調整する

　印刷プレビューを閉じると、デザインビューが表示されます。フォームやレポートのデザインを設定するビューには、レイアウトビューとデザインビューがあり、各ビューの使い方は基本的にフォームとレポートで共通しています。ここでは、デザインビューの使い方の解説を兼ねて、デザインの調整方法を紹介します。デザインビューにはデータの枠のみが表示され、データ自体は表示されません。設定を行うときは、適宜、印刷プレビューに切り替えて設定効果を確認しましょう。

❶ デザインビューが表示された

❷ [フィールドリスト]やグループ化の画面が表示される場合は閉じておく

❸ [デザイン]タブか[ホーム]タブにある[表示]の一覧からビューを切り替えられる

❹ 必要に応じて[ページ設定]タブで用紙の設定を行う

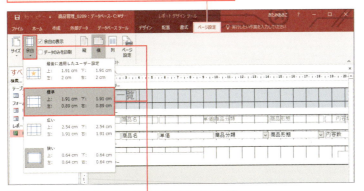

❺ ここでは[余白]から[標準]を選び、余白を広げる

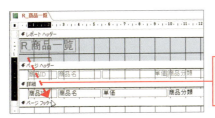

❻ 無地の部分にマウスポインターを合わせ、ラベルとテキストボックスを含むようにドラッグ

Point
コントロールの複数選択

・ ルーラー

「ルーラー」(デザインビューの上端と左端に表示される目盛り)上を ↓ や → のマウスポインターでクリックすると、矢印の方向にあるコントロールを一括選択できます。

・ ドラッグ

デザインビューの無地の部分を ⇲ のマウスポインターで斜めにドラッグすると、ドラッグした領域に含まれるコントロールを一括選択できます。

・ Ctrl +クリック

1つ目のコントロールをクリックし、2つ目以降のコントロールを Ctrl +クリックすると、複数のコントロールを選択できます。この方法は、レイアウトビューでも使えます。

Memo
コントロールのサイズ調整

コントロールのサイズ調整は、P.66を参考に表形式レイアウトを設定してから行うと自動調整機能が働くので便利ですが、ここではコントロールレイアウトが適用されていない状態でのコントロールの扱い方を紹介するため、あえて表形式レイアウトを適用せずに進めます。

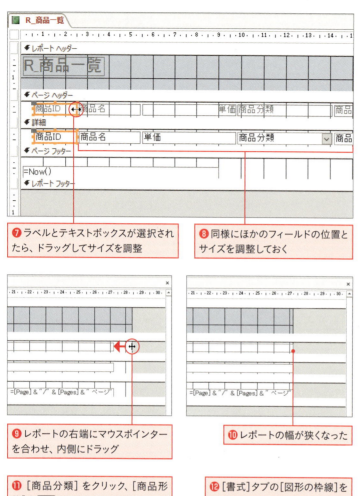

❼ ラベルとテキストボックスが選択されたら、ドラッグしてサイズを調整

❽ 同様にほかのフィールドの位置とサイズを調整しておく

❾ レポートの右端にマウスポインターを合わせ、内側にドラッグ

❿ レポートの幅が狭くなった

⓫ [商品分類] をクリック、[商品形態] を Ctrl +クリックして選択

⓬ [書式] タブの [図形の枠線] をクリック

⓭ [透明] をクリック

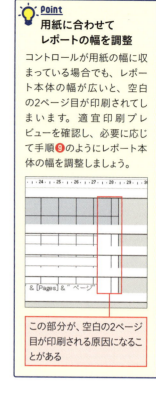

Point
用紙に合わせてレポートの幅を調整

コントロールが用紙の幅に収まっている場合でも、レポート本体の幅が広いと、空白の2ページ目が印刷されてしまいます。適宜印刷プレビューを確認し、必要に応じて手順❾のようにレポート本体の幅を調整しましょう。

この部分が、空白の2ページ目が印刷される原因になることがある

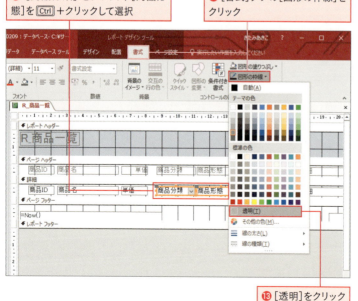

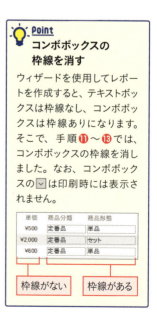

Point
コンボボックスの枠線を消す

ウィザードを使用してレポートを作成すると、テキストボックスは枠線なし、コンボボックスは枠線ありになります。そこで、手順⓫〜⓭では、コンボボックスの枠線を消しました。なお、コンボボックスの ▽ は印刷時には表示されません。

枠線がない　　枠線がある

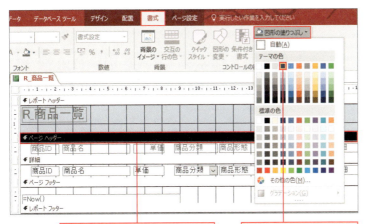

⓮ [ページヘッダー]バーをクリック

⓯ [書式]タブの[図形の塗りつぶし]から色を選択

Keyword
セクション

フォームやレポートは、「セクション」と呼ばれる複数のエリアから構成されます。各セクションの上に表示されるセクションバーをクリックするとセクションが選択され、セクション全体の書式などを設定できます。手順⓯ではフィールド名が配置されている[ページヘッダー]に色を付けました。

⓰ ここを➡の形のマウスポインターでクリックすると、矢印の方向にあるすべてのラベルが選択される

⓱ [フォントの色]から文字の色を選択

Memo
レポートのセクション

レポートには基本的に、レポートヘッダー、ページヘッダー、詳細、ページフッター、レポートフッターの5つのセクションがあります。そのうち、詳細セクションはレコードの表示領域で、印刷時にはレコードの数だけ繰り返し表示されます。セクションについてはP.243で詳しく解説します。

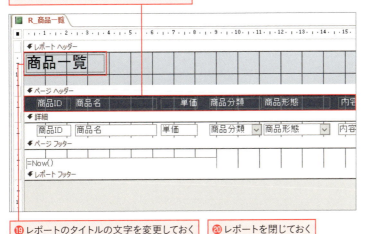

⓲ [ページヘッダー]セクションの背景色とラベルの文字色が変わった

⓳ レポートのタイトルの文字を変更しておく

⓴ レポートを閉じておく

フムフム。コントロールの書式は、WordやExcelの図形と同じ要領で設定できるんだな。

コマンドボタンウィザード

Chapter 2-10 画面遷移用のボタンを作成する

部署の複数のメンバーで利用するデータベースでは、誰が使ってもわかりやすい操作性のよいシステムに仕上げることが大切です。このSectionでは、フォームにボタンを配置して、ワンクリックでフォームやレポートを開く仕組みを作ります。

Sample 商品管理_0210.accdb

● 商品一覧フォームにボタンを配置する

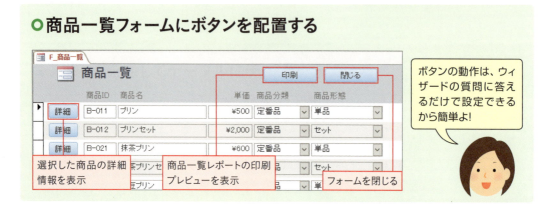

ボタンの動作は、ウィザードの質問に答えるだけで設定できるから簡単よ！

デザインビューでレイアウトを調整する

［F_商品一覧］フォームをデザインビューで開き、ボタンを配置するための準備としてコントロールのレイアウトを調整しておきましょう。また、フォームのサイズを変更する方法も知っておきましょう。

❶［F_商品一覧］フォームをデザインビューで開く
❷ ラベルの幅を調整してボタンの場所を空ける
❸ ラベルとテキストボックスをまとめて選択して、［→］キーを押して右にずらし、ボタンの場所を空ける

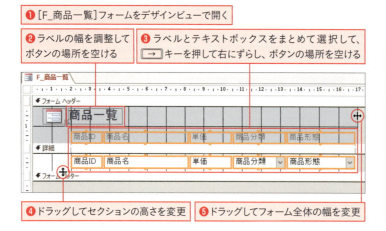

❹ ドラッグしてセクションの高さを変更
❺ ドラッグしてフォーム全体の幅を変更

StepUp フォームの幅

デザインビューのフォームの幅が画面より広い場合、フォームビューの下端に水平スクロールバーが表示されます。無意味なスクロールバーが表示されるのを避けるために、フォームの幅はコントロールが収まるギリギリの幅にしておきましょう。

レポートを開くボタンを作成する

フォームヘッダーに［印刷］ボタンを配置して、ボタンのクリックで［R_商品一覧］レポートの印刷プレビューが開くように設定します。

❶［デザイン］タブをクリック
❷［コントロール］グループの［その他］をクリック

Keyword コントロールウィザード
コントロールウィザードとは、コントロールの作成時にウィザードで各種設定を行える機能です。ウィザードとは、対話形式で質問に答えながら設定を進める機能です。

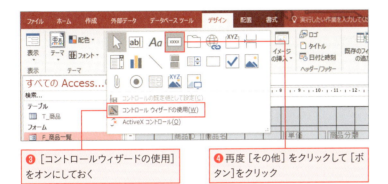

❸［コントロールウィザードの使用］をオンにしておく
❹ 再度［その他］をクリックして［ボタン］をクリック

Keyword フォームヘッダー
フォームヘッダーは、フォームの上端に表示されるセクションです。

❺ マウスポインターが になったら、フォームヘッダーの無地の部分をクリック

Keyword 詳細セクション
詳細セクションは、表形式のフォームの場合、フォームビューにレコードの数だけ繰り返し表示されます。

❻［コマンドボタンウィザード］が表示された

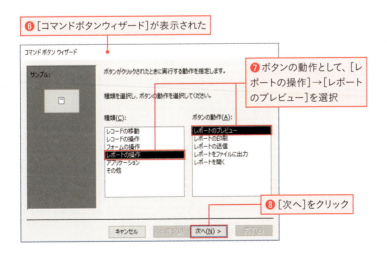

❼ ボタンの動作として、［レポートの操作］→［レポートのプレビュー］を選択

❽［次へ］をクリック

コマンドボタンウィザードが起動しない場合は、ボタンを削除して、もう一度手順❶からやり直してね。

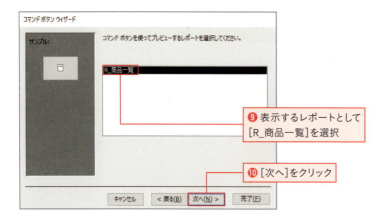

⑨ 表示するレポートとして[R_商品一覧]を選択

⑩ [次へ]をクリック

Memo
直接印刷するには

ここでは、[印刷]ボタンに、[R_商品一覧]の印刷プレビューを開く動作を設定します。プレビューせずに直接印刷したい場合は、手順⑦で[レポートの操作]→[レポートの印刷]を選択してください。

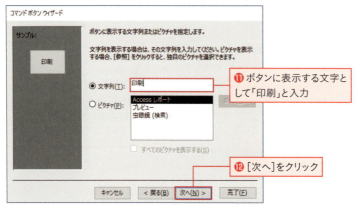

⑪ ボタンに表示する文字として「印刷」と入力

⑫ [次へ]をクリック

Memo
絵柄を表示することも可能

手順⑪で[ピクチャ]から選択すると、絵柄入りのボタンを作成できます。

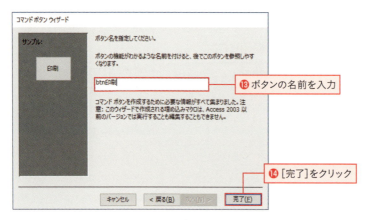

⑬ ボタンの名前を入力

⑭ [完了]をクリック

⑮ ボタンが作成されるので、サイズと配置を整えておく

Memo
ボタンの名前

ここでは印刷用のボタンであることがわかるように「btn印刷」と名付けましたが、この先の操作にボタン名が影響することはないので、初期値の「コマンド36」のような名前のままでも構いません。

フォームを閉じるボタンを作成する

[印刷]ボタンの横にもう1つボタンを配置して、フォームを閉じる機能を割り付けます。

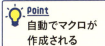

Point 自動でマクロが作成される

コマンドボタンウィザードの設定を進めると、指定した動作を実行するためのマクロが自動作成されて、ボタンに割り付けられます。マクロとは、Accessの動作を自動実行するためのプログラムです。

❶ [デザイン]タブの[コントロール]グループから[ボタン]をクリック

❷ フォームヘッダーの無地の部分をクリック

❸ ボタンの動作として、[フォームの操作]→[フォームを閉じる]を選択

❹ [次へ]をクリック

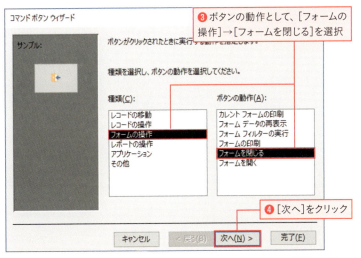

❺ 次画面でボタンに表示する文字として「閉じる」と入力して[次へ]をクリック

❻ 次画面でボタンの名前として「btn閉じる」と入力して[完了]をクリック

❼ ボタンが作成されるので、サイズと配置を整えておく

StepUp 複数のボタンのレイアウトを揃えるには

複数のボタンを選択して❶、[配置]タブにある[サイズ/間隔]ボタンのメニューや[配置]ボタンのメニューから❷、サイズや位置を揃えることができます。

詳細情報を表示するボタンを作成する

詳細セクションに[詳細]ボタンを配置して、[F_商品登録]フォームに現在のレコードが表示されるように設定します。

❶[デザイン]タブの[コントロール]グループから[ボタン]をクリック

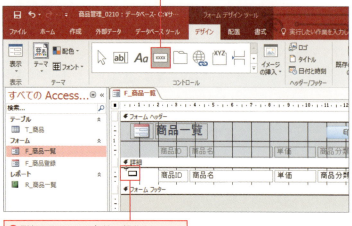

❷ 詳細セクションの無地の部分をクリック

Point
各行にボタンが表示される

デザインビューの詳細セクションは1行ですが、フォームビューに切り替えると、詳細セクションがレコードの数分だけ繰り返し表示されます。詳細セクションにボタンを配置すると、各行にボタンが表示されます。

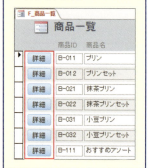

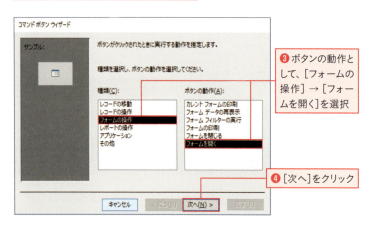

❸ ボタンの動作として、[フォームの操作]→[フォームを開く]を選択

❹[次へ]をクリック

Memo
指定した動作に応じて設定画面が変わる

コマンドボタンウィザードの最初の画面で指定した動作に応じて、2画面目以降の設定項目が変わります。

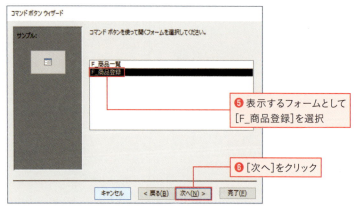

❺ 表示するフォームとして[F_商品登録]を選択

❻[次へ]をクリック

質問に答えていくだけでプログラムを作成できるなんて、便利だなぁ♪

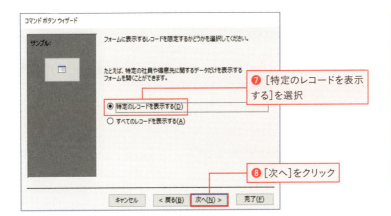

❼ [特定のレコードを表示する]を選択

❽ [次へ]をクリック

❾ [F_商品一覧]から[商品ID]を選択

❿ [F_商品登録]から[商品ID]を選択

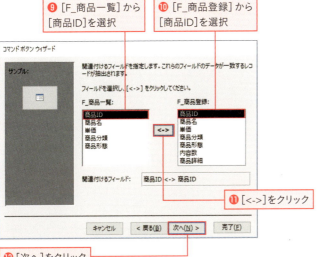

⓫ [<->]をクリック

⓬ [次へ]をクリック

⓭ 次画面でボタンに表示する文字として「詳細」と入力して[次へ]をクリック

⓮ 次画面でボタンの名前として「btn詳細」と入力して[完了]をクリック

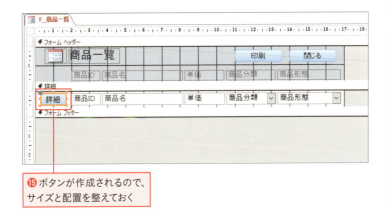

⓯ ボタンが作成されるので、サイズと配置を整えておく

Point
抽出条件の指定画面が表示される

手順❼で[特定のレコードを表示する]を選択した場合は、次の手順❾の画面でレコードの抽出条件を指定します。手順❼で[すべてのレコードを表示する]を選択した場合は、手順❾の画面が表示されずに手順⓭に進みます。

Point
クリックした行のレコードを表示する

手順❾～⓫の操作により、「[F_商品一覧]の[商品ID]と同じ値を持つレコードを[F_商品登録]から抽出する」という抽出条件が設定され、クリックしたボタンの行のレコードが[F_商品登録]に表示されます。例えば、[商品ID]が「B-012」の行の[詳細]ボタンをクリックすると、[F_商品登録]に[商品ID]が「B-012」であるレコードが表示されます。

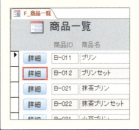

Memo
詳細セクションのサイズも整える

前ページの手順❷でクリックした位置によっては、詳細セクションの縦方向のサイズが自動で広がることがあります。その場合は、P.74の手順❹で紹介した方法で調整しましょう。

フォームのプロパティを設定する

このChapterでは2つのフォームを作成しましたが、商品データの入力・編集は[F_商品登録]フォームに任せるものとして、[F_商品一覧]フォームでレコードの追加と編集ができないように設定します。さらに、入力できないことが見た目で判断できるように、テキストボックスの書式を変更します。

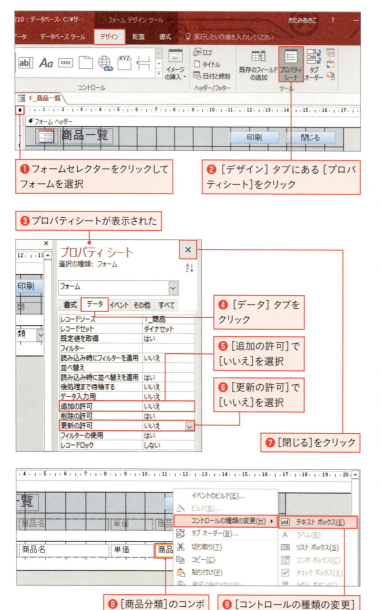

Keyword フォームセレクター

フォームの左上端にある四角形□をフォームセレクターと呼びます。フォームセレクターをクリックすると表示が■に変わり、フォームが選択されます。

Keyword プロパティシート

プロパティシートは、フォームやコントロールの詳細な設定を行うための画面です。プロパティシートには、フォーム上で選択されているものの設定項目が表示されます。

Point [追加の許可]と[更新の許可]

[追加の許可]と[更新の許可]に[いいえ]を設定することにより、フォームでレコードの追加と更新ができなくなります。

Point コントロールの種類の変更

レコードの更新を禁止したにもかかわらずフォーム上にコンボボックスが存在すると、データを変更できるとの誤解を与えかねません。そこで、手順❽〜❿ではコンボボックスをテキストボックスに変更しました。

❶ レイアウトビューに切り替えておく

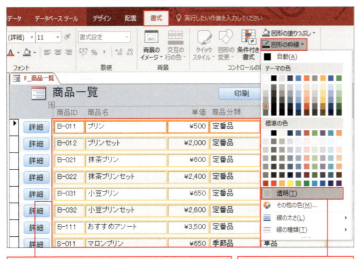

> **Memo** 適宜ビューを切り替える
> 手順⓬以降の操作はデザインビューでも行えますが、レイアウトビューの方が設定効果を確認しながら作業できるので便利です。

⓬ [商品ID]のテキストボックスをクリックし、続いて[商品形態]のテキストボックスを Shift キーを押しながらクリックして、全テキストボックスを選択

⓭ [書式]タブの[図形の枠線]から[透明]を選択

> **Point** 書式を効果的に設定する
> 職場のさまざまな人が使用するデータベースシステムでは、画面の設定状態や操作方法が感覚的に理解できるのが理想です。このフォームではデータの変更ができないにもかかわらず、フォームの見た目が初期設定のままだと、入力可能に見えてしまいます。そこで、手順⓬以降では、テキストボックスが入力欄に見えないように書式を変更しています。

⓮ テキストボックスの枠線が透明になった

⓯ 任意のテキストボックスを選択後、レイアウトセレクター ⊞ をクリックしてコントロールレイアウトを選択

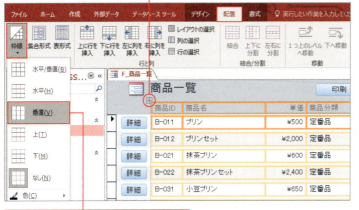

⓰ [配置]タブの[枠線]から[垂直]を選択

> **Point** コントロールレイアウトの枠線
> [配置]タブにある[枠線]は、コントロールレイアウト専用の枠線機能です。コントロール自体の枠線とは別に、コントロール間に枠線を引くことができます。下図では、テキストボックスに青線、コントロール間に垂直の赤線を引いています。

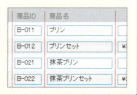

Point 文字配置

ラベルを選択して[ホーム]タブの[中央揃え]をクリックすると、ラベルの文字配置を中央揃えにできます。

❶ テキストボックスの境界に縦線が表示された

❷ ラベルの文字を中央揃えにしておく

❸ フォームを上書き保存して閉じておく

Point フォームを更新不可にした理由

フォームでデータの変更ができないように設定した理由の1つに、[詳細]ボタンのクリック時の挙動を安定させる目的があります。[F_商品一覧]でデータを変更後❶、レコードを保存しないまま[詳細]をクリックした場合❷、[F_商品登録]フォームにデータの変更が反映されません❸。そのような矛盾が生じないように、ここでは[F_商品一覧]でデータの変更ができないようにしました。なお、P.134で紹介するように自分でマクロを組めば、データの変更を反映させるようにプログラミングすることも可能です。

商品登録フォームに[閉じる]ボタンを配置する

商品登録フォームをデザインビューで開き、[閉じる]ボタンを配置しましょう。

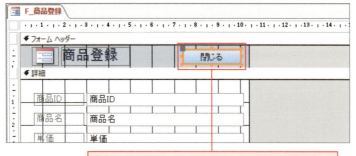

❶ [F_商品登録]にも同様に[閉じる]ボタンを配置しておく

P.77と同じように操作すればいいんだな。

ボタンの動作を確認する

[F_商品一覧]フォームを開き、ボタンの動作を確認しましょう。

以上で、商品管理システムの作成は終了よ。

ほんの数個の商品データが、登録、表示、印刷機能を備えた立派なシステムに変身して感激です！

Chapter 7の03で紹介するメインメニューを追加するとより使いやすくなるから、いつか挑戦してね。

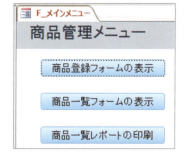

ナビゲーションウィンドウの操作

ナビゲーションウィンドウには、データベースファイルに含まれるオブジェクトが一覧表示されます。ここでは、ナビゲーションウィンドウの表示に関する操作を確認しましょう。

▶ ナビゲーションウィンドウの折りたたみ

ナビゲーションウィンドウの右上にある «をクリックすると❶、ナビゲーションウィンドウが閉じ❷、オブジェクトの表示領域が広がります❸。横長の表を表示したいときに便利です。»をクリックすると❹、ナビゲーションウィンドウが再表示されます。

▶ オブジェクトの表示方法の切り替え

オブジェクトは、通常、[テーブル] [フォーム] [レポート] などの種類ごとに分類されて表示されます❶。そうならない場合は、▼をクリックし❷、[オブジェクトの種類] をクリックして❸、[すべてのAccessオブジェクト] を選択しましょう❹。

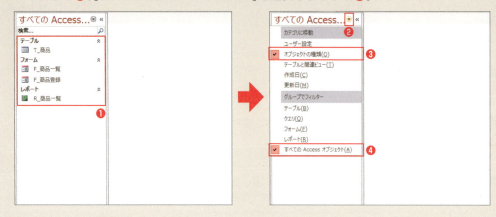

Chapter 3

Access基礎編

顧客管理システムを作ろう

商品管理システムの作成を経験して、Accessの操作に慣れてきたのではないでしょうか？このChapterでは、顧客情報を管理するデータベースを作成します。前Chapterで作成したテーブル、フォーム、レポートに加えて、クエリとマクロを活用します。

01	全体像をイメージしよう	086
02	Excelの表から顧客テーブルを作成する	090
03	ふりがなと住所を自動入力する	098
04	顧客登録フォームを作成する	104
05	クエリを使用してデータを探す	112
06	宛名ラベルを作成する	120
07	顧客一覧フォームを作成する	126
08	顧客一覧フォームに検索機能を追加する	136
Column	データベースオブジェクトの操作	144

Chapter 3
01 全体像をイメージしよう

システムの全体像

○ 顧客管理システムを作る

次は、顧客情報を管理するデータベースを作るわよ。

商品管理データベース作成の経験がありますから、僕一人でも大丈夫。バッチリ任せてください！

ホントに大丈夫？ 氏名・住所入力の便利ワザや宛名印刷など、顧客データ特有の機能を紹介したいし、クエリやマクロといった機能も新しく出てくるから、一緒に作業しましょう。

なるほど、そうですね。よろしくお願いします。

商品管理システムの作成で身に付けた操作を再確認しつつ、発展的な操作にもチャレンジしていきましょう！

必要なオブジェクトとデータの流れを考える

　顧客管理システムの中心となるオブジェクトは、顧客情報を格納するための「顧客テーブル」です。顧客テーブルにレコードを登録するための「顧客登録フォーム」、顧客データを一覧表示するための「顧客一覧フォーム」も必要です。顧客にイベント情報を通知する際に使用する宛名ラベルの印刷機能も必須で、イベントの対象地域に住んでいる顧客を抽出するのに「住所抽出クエリ」、ラベルシートに宛名を印刷するのに「宛名ラベルレポート」を使用します。

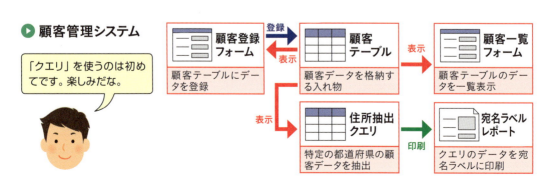

作成するオブジェクトを具体的にイメージする

顧客管理システムに必要なオブジェクトとその使用目的が決まったら、それを実現するための各オブジェクトの具体的な機能をイメージします。

▶ 顧客テーブル

顧客の氏名や連絡先の情報を保存する。バースデークーポンの企画や年齢層による売上分析などに備えて、生年月日も含める。Excelで作成した顧客名簿をAccessに取り込んで利用する（Chapter 3の02）。顧客名を入力するとふりがなが、郵便番号を入力すると住所が自動入力されるようにする（Chapter 3の03）。

▶ 顧客登録フォーム

顧客テーブルの1件分のデータを1画面に表示。生年月日から年齢を計算して表示。顧客ID（オートナンバー型とする）と年齢は自動入力されるので、Tabキーによるカーソルの移動順から外す。レコードの表示と入力に使用する（Chapter 3の04）

▶ 顧客一覧フォーム

顧客データの一覧性に重点を置き、顧客テーブルの一部のフィールドを表形式で表示。データの編集機能は持たせない。ほかのフィールドのデータを確認したいときやデータを編集したいときのための［詳細］ボタンを用意し、顧客登録フォームが表示される仕組みを付ける（Chapter 3の07）。また、テキストボックスに顧客名の一部を入力すると、該当者が抽出される仕組みを付ける（Chapter 3の08）

▶ 住所抽出クエリ

顧客テーブルから、都道府県が東京都、埼玉県、千葉県、神奈川県である顧客の氏名と住所データを抽出する（Chapter 3の05）

▶ 商品一覧レポート

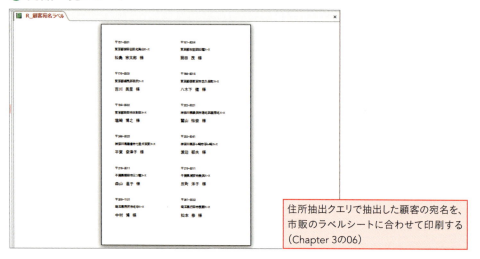

住所抽出クエリで抽出した顧客の宛名を、市販のラベルシートに合わせて印刷する（Chapter 3の06）

画面遷移を考える

最後に、画面の流れを整理しましょう。どのようなときにどの画面をどのような流れで使うのかを、ユーザー側の目線で考えます。

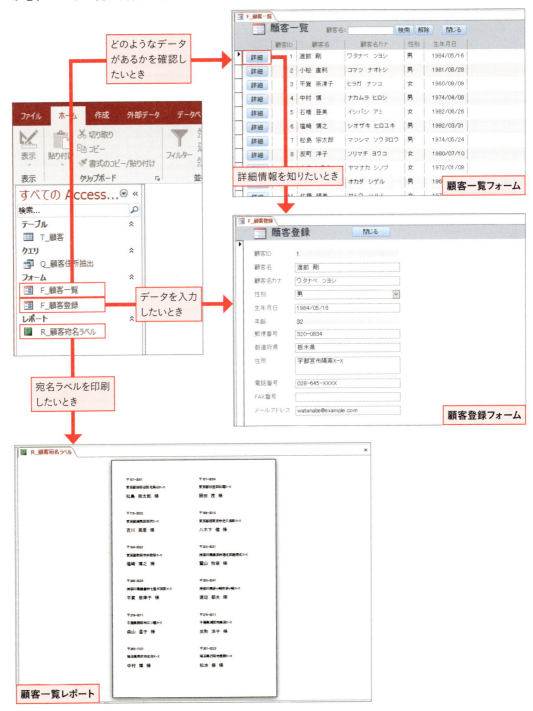

インポート

Chapter 3 02 Excelの表から顧客テーブルを作成する

Excelで管理していたデータをAccessのシステムに移行する場合、テーブルを一から作り直す必要はありません。「インポート」という機能を利用すれば、Excelの表から簡単にAccessのテーブルを作成できます。

Sample 顧客管理_0302.accdb／顧客名簿.xlsx

○ Excelで入力した表からテーブルを作成する

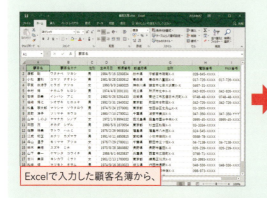
Excelで入力した顧客名簿から、

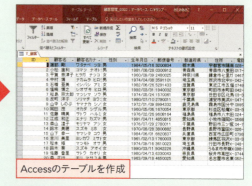
Accessのテーブルを作成

顧客テーブルの作成に取り掛かろうっと。Excelで作った顧客名簿を見ながらデータを入力すればいいな……。

テーブルを一から作るなんてナンセンス！「インポート」を利用すれば、あっという間にテーブルを作れるわよ。

数字データ

Excelのデータをインポートするときに、自動的にデータの種類が判別されます。今回インポートする郵便番号には❶、Excelで［文字列］の表示形式を設定してあるので❷、Accessでは短いテキスト型と判断されます。なお、［文字列］の表示形式を設定していない数字の並びのデータはAccessでは数値型と判断されるので、P.92手順⓰の画面でデータ型を適宜［短いテキスト］に設定してください。

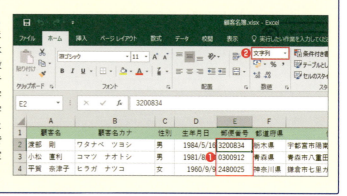

Excelの表をテーブルとして取り込む

Accessの「インポート」という機能を使用すると、Excelの表をテーブルとして取り込めます。[ワークシートインポートウィザード]という設定画面の指示にしたがって操作していけばよいので簡単です。

❶ P.26を参考に「顧客管理」の名前で空のデータベースを作成しておく

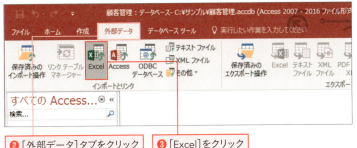

❷ [外部データ]タブをクリック　❸ [Excel]をクリック

Keyword
インポート

別のファイルのデータを自ファイルに取り込むことを「インポート」と呼びます。Excelからインポートを行うと、データがAccessの形式に変換されて取り込まれます。

❹ 設定画面が表示された

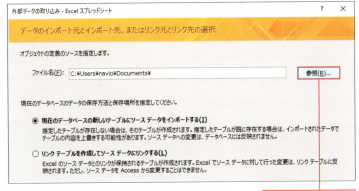

❺ [参照]をクリック

Point
表を整形しておこう

インポートする表の周りに関係のないデータが入力されていると、うまくいかない可能性があります。インポートする前に、表のタイトルなど、余分なデータは削除しておきましょう。

❻ 取り込むファイルの保存場所を指定

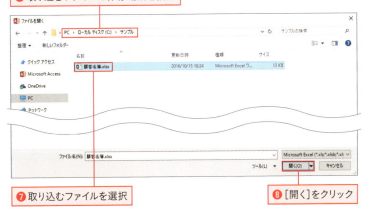

❼ 取り込むファイルを選択　❽ [開く]をクリック

Memo
数式の結果が取り込まれる

数式が入力されているフィールドを取り込むと、計算結果が取り込まれます。インポート元のワークシートのB列には❶、ふりがなを求める「PHONETIC」という関数が入力されていますが❷、AccessにはPHONTIC関数の式ではなくふりがなの文字列が取り込まれます。

❾ 指定したファイル名が表示された

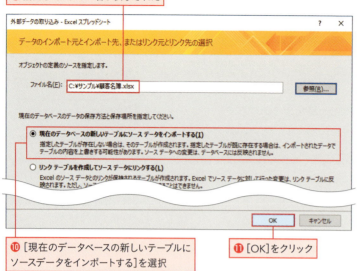

❿ [現在のデータベースの新しいテーブルにソースデータをインポートする]を選択

⓫ [OK]をクリック

Memo
既存テーブルに追加することもできる

Accessのファイルにテーブルが含まれている場合、手順❿の画面に[レコードのコピーを次のテーブルに追加する]という選択肢が追加されます。これを選ぶと、Excelのデータを既存のテーブルに追加できます。

⓬ [スプレッドシートインポートウィザード]が表示された

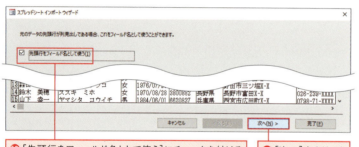

⓭ [先頭行をフィールド名として使う]にチェックを付ける

⓮ [次へ]をクリック

Memo
複数のワークシートがある場合

指定したExcelのファイルにワークシートが複数ある場合、手順⓬の前にワークシートの選択画面が表示されるので、取り込むワークシートを指定します。

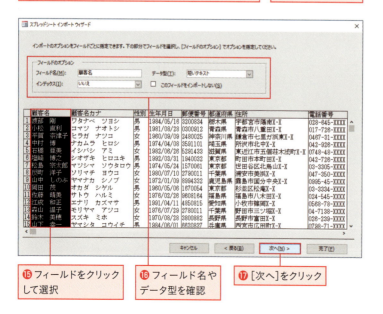

⓯ フィールドをクリックして選択

⓰ フィールド名やデータ型を確認

⓱ [次へ]をクリック

Memo
フィールドのオプションを設定する

手順⓰では、フィールド名、データ型、インポートするかどうかなどを確認・設定します。各フィールドを順に選択して設定を確認し、必要に応じて変更しましょう。不要なフィールドは、[このフィールドをインポートしない]にチェックを付けると、インポートされません。

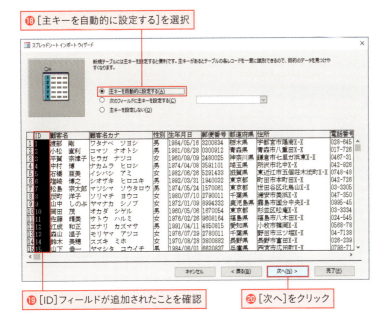

⑱ [主キーを自動的に設定する]を選択

⑲ [ID]フィールドが追加されたことを確認

⑳ [次へ]をクリック

> **Memo**
> **主キーの設定**
>
> 主キーにふさわしいデータがExcelの表にない場合は、手順⑱の画面で[主キーを自動的に設定する]を選ぶと、テーブルに「ID」という名前のオートナンバー型のフィールドが追加され、[ID]フィールドが主キーになります。ふさわしいデータがある場合は、[次のフィールドに主キーを設定する]を選び、主キーとするフィールドを指定しましょう。

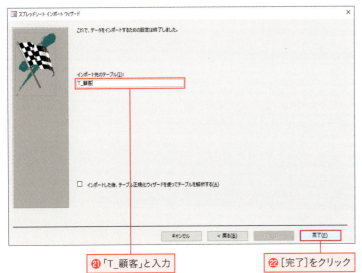

㉑ 「T_顧客」と入力

㉒ [完了]をクリック

> **Point**
> **エラーメッセージが表示されたら**
>
> インポートがうまくいかない場合、エラーメッセージが表示されるので、その内容にしたがって対応しましょう。指定したデータ型が不適切、主キーに指定したフィールドに重複する値が入力されていることなどが、エラーの原因になります。

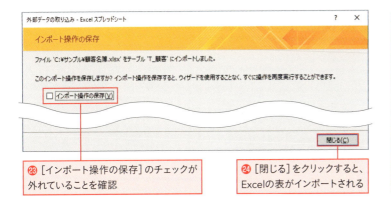

㉓ [インポート操作の保存]のチェックが外れていることを確認

㉔ [閉じる]をクリックすると、Excelの表がインポートされる

> **Memo**
> **インポート手順の保存**
>
> 今後、同じワークシートを何度もインポートする場合は、手順㉓でチェックを付けてインポート手順を保存しておくと便利です。次回からは、[外部データ]タブにある[保存済みのインポート操作]ボタンから、素早くインポートを行えます。

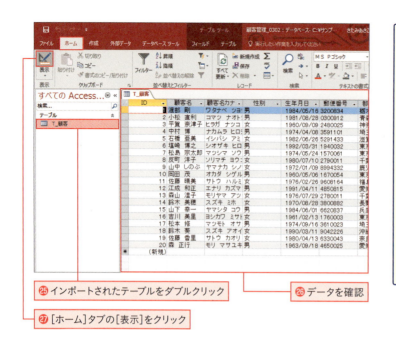
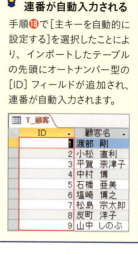

㉕ インポートされたテーブルをダブルクリック
㉖ データを確認
㉗ [ホーム]タブの[表示]をクリック

テーブルのデザインを適切に設定し直す

　新しいテーブルにデータをインポートすると、短いテキスト型のフィールドサイズは既定値の「255」になります。ディスクスペースを無駄にしないためにも、フィールドサイズを適切に設定し直しましょう。ここではさらに、日本語入力の自動切り替えとルックアップフィールドの設定も行います。

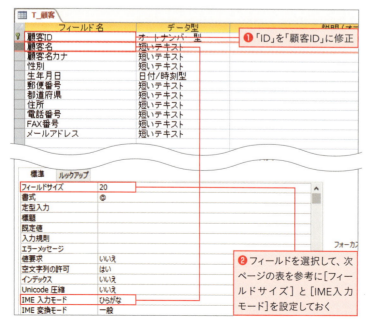

❶「ID」を「顧客ID」に修正
❷ フィールドを選択して、次ページの表を参考に[フィールドサイズ]と[IME入力モード]を設定しておく

フィールド	フィールドサイズ	IME入力モード
顧客名	20	ひらがな
フリガナ	20	全角カタカナ
性別	1	ひらがな
郵便番号	7	オフ
都道府県	4	ひらがな
住所	50	ひらがな
電話番号	15	オフ
FAX番号	15	オフ
メールアドレス	30	オフ

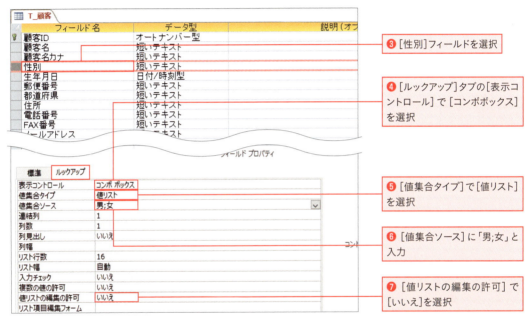

❸ [性別]フィールドを選択

❹ [ルックアップ]タブの[表示コントロール]で[コンボボックス]を選択

❺ [値集合タイプ]で[値リスト]を選択

❻ [値集合ソース]に「男;女」と入力

❼ [値リストの編集の許可]で[いいえ]を選択

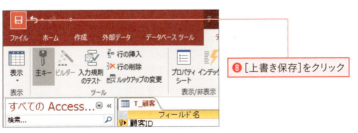

❽ [上書き保存]をクリック

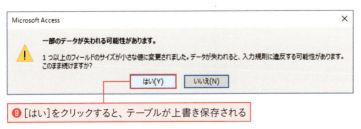

❾ [はい]をクリックすると、テーブルが上書き保存される

Memo

メッセージの意味

手順❾で「一部のデータが失われる可能性があります」と表示されるのは、手順❷でフィールドサイズの文字数を少なく設定し直したためです。実際にテーブルに入力されているデータの文字数が設定し直した文字数に収まっている場合はデータが失われることはないので、安心して[はい]をクリックしてください。

CSVファイルをインポートするには

「CSVファイル」とは、レコード内の各データがカンマ「,」で区切られたテキストファイルで、データを受け渡す際によく利用されます。ここでは、「顧客名簿_追加分.csv」のデータを[T_顧客]テーブルに追加してみましょう。

Sample 顧客管理_0302-S.accdb／顧客名簿_追加分.csv

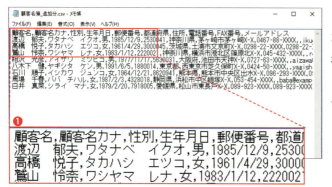

CSVファイルには、データがカンマ「,」で区切られて入力されています❶。メモ帳で開くと、CSVファイルの様子を確認できます。

Accessの[外部データ]タブをクリックし❷、[テキストファイル]をクリックします❸。

[参照]ボタンをクリックして取り込むファイルを指定します❹。[レコードのコピーを次のテーブルに追加する]を選択して、[T_顧客]を選択し❺、[OK]をクリックします❻。

[テキストインポートウィザード]が表示されたら、[区切り記号付き-カンマやタブなどでフィールドが区切られている]を選択して❼、[次へ]をクリックします❽。

フィールドを区切る記号として[カンマ]を選択し❾、[先頭行をフィールド名として使う]にチェックを付けて❿、[次へ]をクリックします⓫。次画面で[完了]をクリックし、次画面で[閉じる]をクリックすると、インポートが完了します。

[T_顧客]テーブルを開いて、CSVファイルのデータが追加されたことを確認します⓬。

ふりがな、住所入力支援

Chapter 3
03 ふりがなと住所を自動入力する

　テーブルで氏名や住所を入力する際に、氏名からふりがな、郵便番号から住所が自動入力されると入力の手間が軽減されて大変便利です。このSectionでは、そのような便利な設定を行います。

Sample 顧客管理_0303.accdb

ふりがなと住所を自動入力する

氏名を入力するとふりがなが自動入力される

郵便番号を入力すると住所が自動入力される

土地勘のない地域の住所って、読み方がわからなくて入力に苦労するんですよね。

郵便番号がわかれば、住所を自動入力できるから大丈夫♪

StepUp
テーブルのコピー

テーブルの設定を変更するときなどに、バックアップとして変更前のテーブルをコピーしておくと、万が一のときに安心です。テーブルを選択して❶、[ホーム] タブの [コピー] ❷、[貼り付け] を順にクリックします❸。表示される画面でテーブル名を入力し❹、コピー内容として [テーブル構造とデータ] を選択して❺ [OK] をクリックするとコピーできます❻。

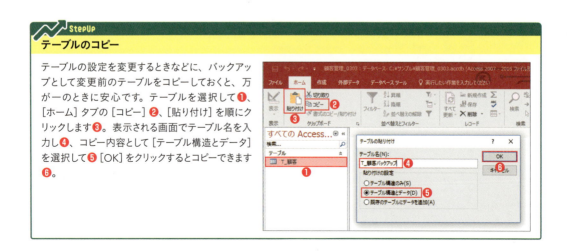

入力した氏名のふりがなを自動入力する

Accessで氏名データを管理するときは、漢字の氏名と一緒に読み方を記録するのが原則です。短いテキスト型には、[ふりがな] というフィールドプロパティがあります。これを利用すると、フィールドに入力した氏名の読みを別のフィールドに自動入力できます。

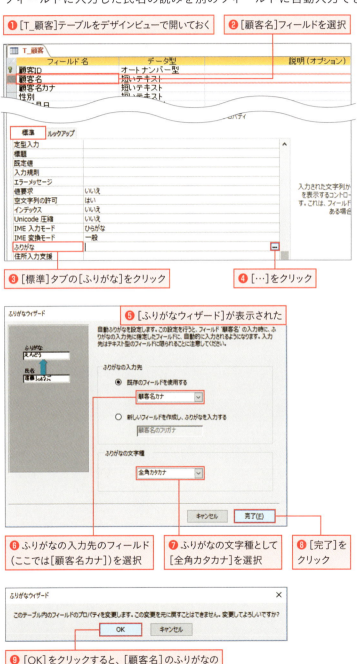

Point ふりがなの文字種

手順❼の[ふりがなの文字種]では、[全角ひらがな][全角カタカナ][半角カタカナ]から選択できます。選択した文字種は、自動的にふりがなの入力先のフィールド(ここでは[顧客名カナ]フィールド)の[IME入力モード]プロパティに設定されます。

Memo ふりがなの自動入力を解除するには

[ふりがなウィザード]の完了後、[顧客名]フィールドの[ふりがな]プロパティに「顧客名カナ」という文字列が設定されます。この文字列を Delete キーで削除すると、ふりがなの自動入力を解除できます。

Point 変換前の読みが自動入力される

ふりがなとして自動入力されるのは、キーボードから入力した変換前の漢字の読みです。例えば、「河野」を「こうの」という読みで変換した場合、ふりがなは「コウノ」になります。実際のふりがなが「カワノ」の場合は、[顧客名カナ]フィールドに自動入力されたふりがなを直接修正してください。

郵便番号から住所を自動入力する

　読み方がわからない地名や長い住所の入力は面倒です。短いテキスト型には［住所入力支援］というフィールドプロパティがあるので、これを利用して郵便番号から住所を自動入力できるようにしましょう。

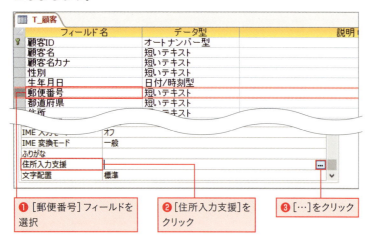

❶［郵便番号］フィールドを選択　❷［住所入力支援］をクリック　❸［…］をクリック

> **Memo**
> **保存確認される場合がある**
>
> テーブルのデザインビューでデザインを編集したあとで［ふりがな］や［住所入力支援］プロパティの［…］をクリックすると、「保存してもよろしいですか?」と書かれたメッセージ画面が表示されます。その場合、［はい］をクリックしてください。

❹［住所入力支援ウィザード］が表示された

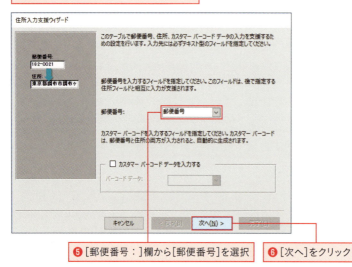

❺［郵便番号：］欄から［郵便番号］を選択　❻［次へ］をクリック

> **Point**
> **郵便番号を入れるフィールドを選択**
>
> 手順❺で［郵便番号：］欄の▼をクリックすると、［T_顧客］テーブルのフィールドが一覧表示されます。その中から、郵便番号の入力先となる［郵便番号］フィールドを選択します。
>
>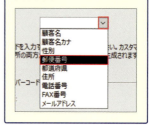

> **Point**
> **郵便番号のハイフン**
>
> ［住所入力支援ウィザード］の設定を行うと、郵便番号から住所だけでなく、住所から郵便番号も自動入力できるようになります。ただし、自動入力されるのはハイフンなしの7桁の郵便番号です。テーブルに入力済みの郵便番号がハイフン入りの場合は、今後入力する郵便番号と統一するために、ウィザードの設定前にハイフンを削除しておきましょう。テーブルのデータシートビューで郵便番号のフィールドを選択し、［ホーム］タブにある［置換］ボタンをクリックします。表示される画面の［検索する文字列］欄に「-」を入力し、［置換する文字列］欄に何も入力せず、［検索条件］欄で［フィールドの一部分］を選択して置換を行うと、「-」を一括削除できます。

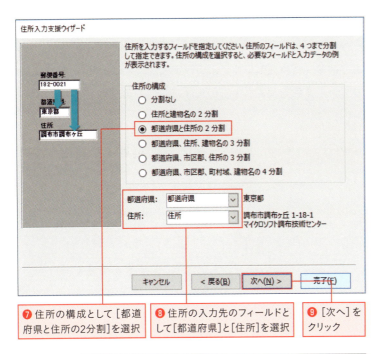

❼ 住所の構成として[都道府県と住所の2分割]を選択

❽ 住所の入力先のフィールドとして[都道府県]と[住所]を選択

❾ [次へ]をクリック

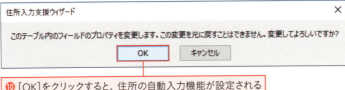

❿ [OK]をクリックすると、住所の自動入力機能が設定される

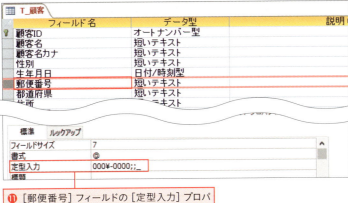

⓫ [郵便番号]フィールドの[定型入力]プロパティに「000¥-0000;;_」が設定されたことを確認

⓬ [書式]プロパティに設定されていた「@」を[Delete]キーで削除

⓭ テーブルを上書き保存しておく

Point
フィールド構成に合わせて選ぶ

手順❼では、テーブルのフィールド構成に合った選択肢を選びます。選択した内容に応じて、手順❽の設定項目が変化します。例えば、[都道府県、市区郡、住所の3分割]を選ぶと、[都道府県][市区郡][住所]の3フィールドの選択欄が表示されます。

Point
郵便番号の定型入力

[定型入力]プロパティは、データの入力パターンを定義して、不適切なデータが入力されることを防ぐ機能です。手順⓫の「000¥-0000;;_」は、次の内容を定義しています。定型入力の詳細は、P.164で解説します。

・数字7桁を入力・保存
・3桁目の後ろに「-」を表示
・入力欄に「_」を表示

Point
[書式]プロパティの「@」

Excelからインポートしてテーブルを作成すると、短いテキスト型の[書式]プロパティに「@」が設定されます。「@」はフィールドに入力された文字列をそのまま表示させるための記号ですが、これが設定されていると定型入力の設定が無視され、郵便番号の3桁目と4桁目の間にハイフン「-」が表示されません。そこで、手順⓬では「@」を削除しました。

データシートビューで動作を確認する

データシートビューに切り替えて、フィールドプロパティの設定の効果を確認しましょう。ふりがなや住所が自動入力されるので、大変便利です。

❶[デザイン]タブの[表示]をクリック

❷郵便番号がハイフン「-」で区切られて表示された

入力作業がラクチン、ラクチン♪

❸氏名を入力するとふりがなが自動入力される

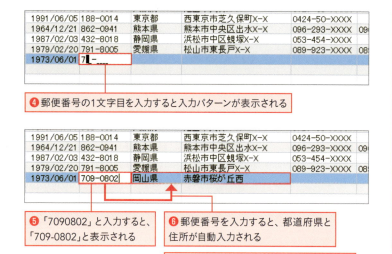

❹郵便番号の1文字目を入力すると入力パターンが表示される

❺「7090802」と入力すると、「709-0802」と表示される

❻郵便番号を入力すると、都道府県と住所が自動入力される

❼動作を確認できたらテーブルを閉じておく

> **Memo**
> **レコードの削除とオートナンバー型**
>
> オートナンバー型のフィールドには連番が入力されますが、レコードを削除すると削除したレコードの番号は欠番になります。また、新規レコードの入力を途中でやめると、そのレコードに振られるはずだった番号も欠番になります。

> **Point**
> **保存される郵便番号データ**
>
> [定型入力]プロパティを設定したことによりデータシートでは郵便番号がハイフン入りで「709-0802」と表示されますが、[郵便番号]フィールドに実際に保存されるのは「7090802」という7桁の数字です。[郵便番号]を抽出するときなどは、抽出条件をハイフンなしの「7090802」とする必要があるので注意してください。

StepUp
住所から郵便番号の逆自動入力をオフにするには

　[住所入力支援ウィザード]の設定を行うと、郵便番号と住所を双方向で自動入力できます。大変便利な反面、「個別郵便番号」のような特殊な住所を入力する場合に、先に入力した郵便番号が後から入力した住所によって書き換えられてしまうケースもまれに発生します。そのような住所を入力するテーブルでは、郵便番号から住所への一方通行にして、住所から郵便番号への自動入力をオフにしておくとよいでしょう。

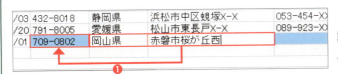

[住所入力支援ウィザード]の設定を行うと、住所から郵便番号が自動入力されます❶。

[郵便番号]フィールドの[住所入力支援]プロパティに設定された「都道府県;住所」は郵便番号から住所を自動入力するための設定なのでそのままにしておきます❷❸。

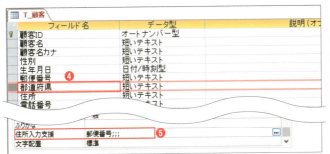

[都道府県]フィールドの[住所入力支援]プロパティに設定された「郵便番号;;;」は住所から郵便番号を自動入力するための設定なので Delete キーで削除します❹❺。

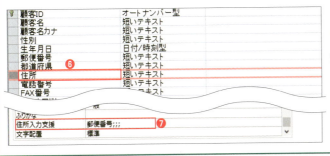

同様に、[住所]フィールドの[住所入力支援]プロパティに設定された「郵便番号;;;」を Delete キーで削除します❻❼。

Chapter 3
04 顧客登録フォームを作成する

テキストボックス、コントロールソース、タブストップ

このSectionでは、顧客情報を入力するフォームを作成します。基本的な作成手順は、Chapter 2の07で作成した商品登録フォームと同じですが、ここでは年齢を計算して表示するテキストボックスを作成する方法や、入力欄だけを次々選択できるような設定方法も紹介します。

Sample 顧客管理_0304.accdb

フォームで年齢を計算する

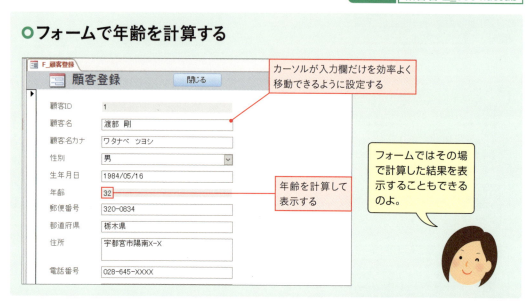

- カーソルが入力欄だけを効率よく移動できるように設定する
- 年齢を計算して表示する
- フォームではその場で計算した結果を表示することもできるのよ。

オートフォームで単票フォームを作成する

オートフォーム機能を利用して、顧客データ登録用の単票フォームを作成しましょう。

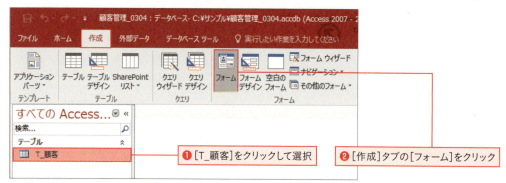

❶ [T_顧客]をクリックして選択
❷ [作成]タブの[フォーム]をクリック

❸ フォームが作成され、レイアウトビューが表示された

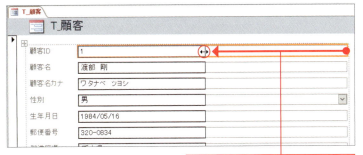

Point 集合形式レイアウトのコントロール幅
[作成]タブの[フォーム]ボタンを使用すると、集合形式レイアウトのフォームが作成されます。集合形式レイアウトでは、コントロールの幅が自動的に同じサイズに揃います。ちなみに、表形式レイアウトでは、コントロールの幅は個別に変更できます。

❹ 任意のテキストボックスを選択し、右端をドラッグして幅を変更

❺ すべてのテキストボックスの幅が変更された

❻ [住所]のテキストボックスをクリックして選択し、下端をドラッグして高さを変更

❼ 下にあるコントロールが自動的にずれる

Point 集合形式レイアウトのコントロールの高さ
集合形式レイアウトでは、コントロールの高さを個別に変更できます。変更すると、下にあるコントロールが自動的にずれて整列します。ちなみに、表形式レイアウトでは、コントロールの高さは自動的に同じサイズに揃います。

❽ ラベルの文字を変更しておく

❾ [上書き保存]をクリックして、「F_顧客登録」の名前で保存しておく

Point ラベルの文字を変更するには
ラベルをクリックして選択し、もう一度クリックすると、ラベルの中にカーソルが表示されます。その状態で文字を編集して、[Enter]キーで確定します。

年齢表示用のテキストボックスを追加する

顧客情報の画面に年齢を表示しておくと、顧客の年齢が一目でわかり便利です。テーブルのフィールド以外のデータをフォームに表示するには、テキストボックスを追加して、計算式を入力します。まずは、テキストボックスを追加しましょう。

❶[デザイン]タブの[コントロール]グループの[その他]をクリック

> **Point コントロールウィザード**
> コントロールウィザードをオンにしてテキストボックスを作成すると、[テキストボックスウィザード]が起動し、フォントや文字配置、IME入力モードなどの設定を行えます。ここでは設定が不要なので、手順❷でオフにします。

❷[コントロールウィザードの使用]をオフにしておく

❸[テキストボックス]をクリック

> **Point レイアウトが自動調整される**
> レイアウトビューで集合形式レイアウトのコントロールの間に新しいコントロールを追加すると、配置が自動調整されます。

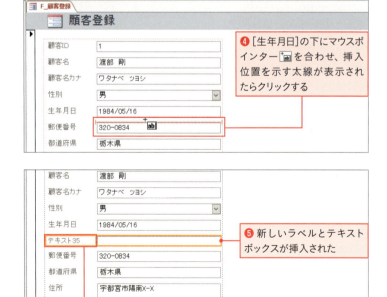

❹[生年月日]の下にマウスポインターを合わせ、挿入位置を示す太線が表示されたらクリックする

❺新しいラベルとテキストボックスが挿入された

❻ラベルの文字を「年齢」に変更しておく

> **Memo デザインビューで追加する場合**
> デザインビューでは、集合形式レイアウトの中にいきなり新しいテキストボックスを追加できません。いったんどこか空いている場所に追加し❶、集合形式レイアウトの中にドラッグすると❷、配置が調整されます。
>
>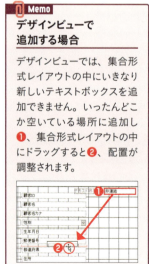

コントロールソースと関数

フォームに年齢表示の機能を追加する前に、予備知識としてコントロールにデータを表示する仕組みについて知っておきましょう。

コントロールに表示するデータは、[コントロールソース]プロパティで設定します。コントロールソースとは、コントロールに表示する内容の情報源のことです。例えば、[顧客名]フィールドの値を表示するテキストボックスでは、[コントロールソース]プロパティにフィールド名の[顧客名]が設定されています。

❶ 顧客名を表示するテキストボックスでは、
❷ [コントロールソース]に[顧客名]が設定されている

あとからフォームに配置したテキストボックスは特定のフィールドに紐付いておらず、そこに表示するデータは[コントロールソース]プロパティで自由に設定できます。[コントロールソース]プロパティに「=式」を設定すると、コントロールに式の結果を表示できます。

式には、関数を使用することもできます。関数とは、複雑な計算や面倒な処理を1つの式で行う仕組みです。関数を設定する場合は、[コントロールソース]プロパティに

=関数名(引数1, 引数2, …)

と入力します。「引数」（ひきすう）は、計算や処理の材料になるデータです。どのような引数がいくつあるかは、関数によって異なります。引数にフィールド名を指定する場合は、フィールド名を半角の角カッコで囲みます。

例えば、引数に指定した日付から月の数値を求めるMonth関数を使用して、[コントロールソース]プロパティに

=Month([生年月日])

を設定すると、[生年月日]フィールドから誕生月を求めることができます。

❸ 生年月日から「誕生月」を表示するには、
❹ [コントロールソース]にMonth関数を設定する

年齢を計算してテキストボックスに表示する

［コントロールソース］について、理解できたでしょうか？ それでは実際に、テキストボックスに計算式を設定して、生年月日から年齢を表示してみましょう。複数の関数を組み合わせるので式が長くなりますが、頑張って入力してください。

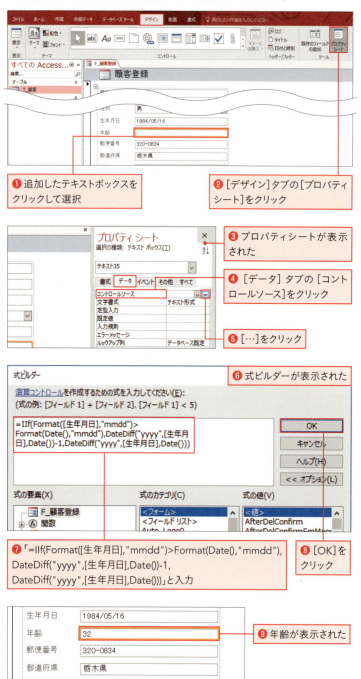

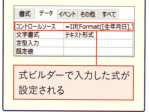

> **Point**
> **年齢の計算**
>
> 年齢の計算にはIIf関数、Format関数、Date関数、DateDiff関数の4つの関数を使用しています。それぞれの関数の構文は以下のとおりです。
>
> **IIf(条件式, 真の場合, 偽の場合)**
> [条件式]が成立する場合は[真の場合]、しない場合は[偽の場合]を返す
>
> **Format(データ, 書式)**
> [データ]に[書式]を適用した文字列を返す。例えば、[データ]が「1984/05/16」、[書式]が「mmdd」の場合、「0516」という4桁の月日データが返される
>
> **Date()**
> 本日の日付を返す
>
> **DateDiff(単位, 日時1, 日時2)**
> [日時1]と[日時2]から[単位]で指定した間隔を求める。[単位]に「"yyyy"」を指定すると、[日時1]と[日時2]間にある1月1日の数がカウントされる
>
> [生年月日]フィールドから年齢を求めるには、[生年月日]の月日と本日の月日を比較して、[生年月日]の月日があとなら誕生日前なので、DateDiff関数で求めた年数から1を引きます。
>
> =IIf(Format([生年月日],"mmdd")>Format(Date(),"mmdd"),
> DateDiff("yyyy",[生年月日],Date())-1,
> DateDiff("yyyy",[生年月日],Date()))

年齢を求める式はAccess定番の公式だから、あまり深く考えずにそのまま入力すればいいわ。

入力不要なテキストボックスを飛ばして移動できるようにする

フォームの設計では、効率よく入力できることと、見た目にわかりやすい画面を作ることが大切です。オートナンバー型の[顧客ID]と計算式が入力されている[年齢]の値は編集できないので、入力欄ではないことを示すために書式を変更しましょう。また、これらのコントロールにカーソルが来ないように設定しましょう。

❶ [顧客ID]のテキストボックスをクリック
❷ [年齢]のテキストボックスを Ctrl +クリック

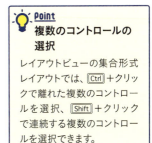

> **Point**
> **複数のコントロールの選択**
>
> レイアウトビューの集合形式レイアウトでは、Ctrl +クリックで離れた複数のコントロールを選択、Shift +クリックで連続する複数のコントロールを選択できます。

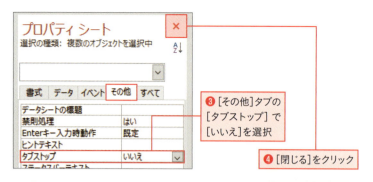

❸ [その他]タブの[タブストップ]で[いいえ]を選択

❹ [閉じる]をクリック

> **Keyword**
> **タブストップ**
>
> [タブストップ]プロパティは、Tabキーでコントロールにカーソルが移動するかどうかを制御します。フォームビューでコントロールにカーソルがある状態でTabキーを押すと、通常はカーソルが次のコントロールに移動しますが、[タブストップ]に[いいえ]を設定すると移動しなくなります。

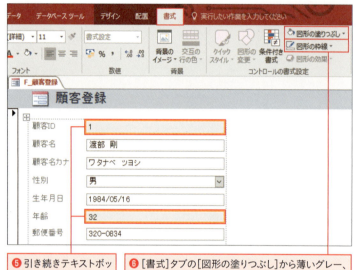

❺ 引き続きテキストボックスを選択しておく

❻ [書式]タブの[図形の塗りつぶし]から薄いグレー、[図形の枠線]から[透明]を選択しておく

[顧客ID]と[年齢]は編集できないから、ほかの入力欄と区別が付くように色分けするのですね!

💡 Point
コントロールのタブストップ

ここでは[顧客ID]と[年齢]の[タブストップ]プロパティを[いいえ]に設定しました。フォームビューを開くと、先頭の[顧客ID]ではなく[顧客名]にカーソルが表示され❶、すぐに入力を開始できます。また、[生年月日]の入力後にTabキーやEnterキーを押すと❷、[年齢]を飛ばして次の入力項目である[郵便番号]にカーソルが移動します❸。入力欄だけを効率よく移動できるので便利です。

なお、[使用可能]プロパティ([データ]タブ)を[いいえ]にしてもカーソルの移動順から外せますが、その場合はテキストボックス内のデータを選択することができなくなり、例えばコピーしてほかで利用するような操作ができなくなります。

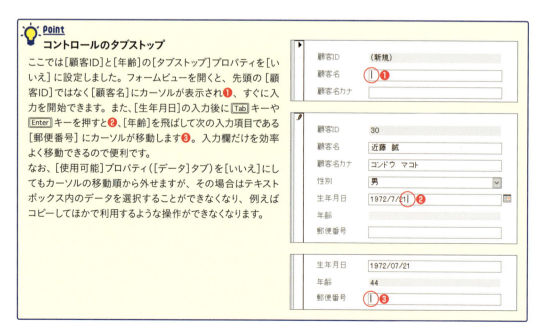

フォームを閉じるボタンを作成する

フォームにボタンを配置して、閉じる機能を割り付けましょう。

❶ デザインビューを表示しておく

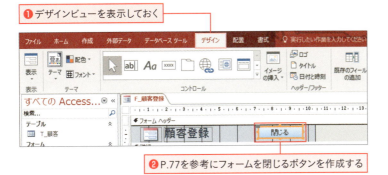

ボタンを配置する前に、[コントロールウィザードの使用]をオンにするのを忘れないでね。

❷ P.77を参考にフォームを閉じるボタンを作成する

フォームビューでデータを入力する

フォームビューに切り替え、データを入力してみましょう。テーブルで設定したフィールドプロパティが引き継がれていることも確認してください。

❶ フォームビューに切り替え、下端にある移動ボタンの をクリックして新規レコードの登録画面を表示しておく

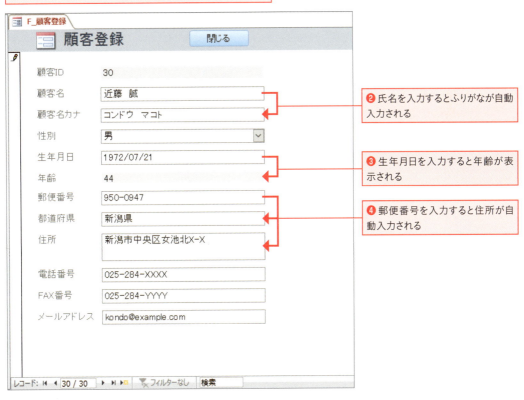

❷ 氏名を入力するとふりがなが自動入力される

❸ 生年月日を入力すると年齢が表示される

❹ 郵便番号を入力すると住所が自動入力される

Chapter 3 05 クエリを使用してデータを探す

クエリの作成、抽出条件、並べ替え

データベースでは、データを蓄積する一方ではあまり意味がありません。蓄積した中から必要なデータを取り出せてこそ、データが価値のある"情報"として役立ちます。この節では、テーブルから目的のデータを取り出すためのオブジェクトである「クエリ」を紹介します。

Sample 顧客管理_0305.accdb

顧客テーブルから特定の都道府県の住所データを取り出す

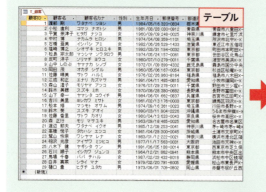

特定の都道府県の顧客名と住所を取り出す

銀座のデパートのスイーツフェアに出店することになったので、近隣のお客様に案内状を送付したいんですが……。

そんなときはクエリの出番よ！ 顧客テーブルから「東京都」在住の顧客を瞬時に探し出せるのよ。

Point クエリとは

「クエリ」とは、テーブルのデータを操作するオブジェクトです。クエリには複数の種類がありますが、この節では「選択クエリ」を使用します。「選択クエリ」では、必要なフィールドと抽出条件を指定して、テーブルからデータを取り出します。

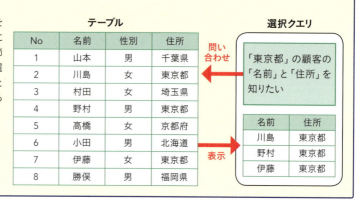

選択クエリを作成する

[T_顧客]テーブルから顧客の住所情報を取り出すクエリを作成しましょう。

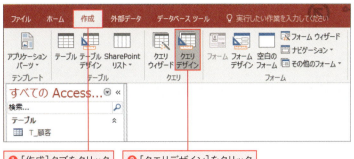

❶ [作成]タブをクリック
❷ [クエリデザイン]をクリック

テーブル、フォーム、レポート、クエリ…。オブジェクトの作成は、すべて[作成]タブからですね！

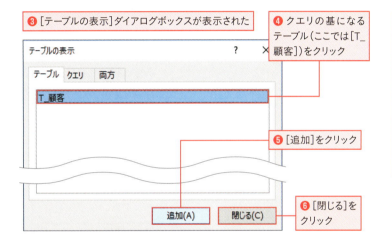

❸ [テーブルの表示]ダイアログボックスが表示された
❹ クエリの基になるテーブル(ここでは[T_顧客])をクリック
❺ [追加]をクリック
❻ [閉じる]をクリック

> **Point**
> **[テーブルの表示]ダイアログボックス**
>
> クエリは、1つまたは複数のテーブルやクエリを基に作成します。基にするテーブルやクエリは、[テーブルの表示]ダイアログボックスの[テーブル]タブや[クエリ]タブから選択します。

❼ クエリのデザインビューが表示された

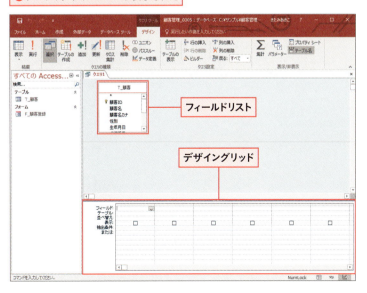

フィールドリスト
デザイングリッド

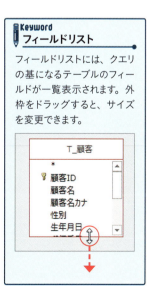

> **Keyword**
> **フィールドリスト**
>
> フィールドリストには、クエリの基になるテーブルのフィールドが一覧表示されます。外枠をドラッグすると、サイズを変更できます。

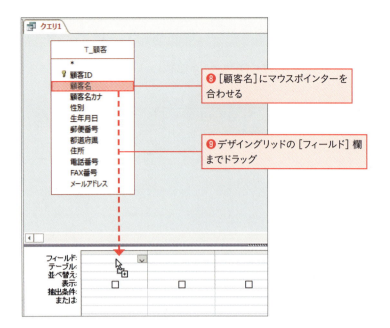

❽ [顧客名]にマウスポインターを合わせる

❾ デザイングリッドの[フィールド]欄までドラッグ

❿ [顧客名]が追加された

⓫ 同様に[郵便番号][都道府県][住所]を追加しておく

⓬ [デザイン]タブの[表示]をクリック

⓭ データシートビューに切り替わり、指定したフィールドが表示された

> **Memo**
> **フィールドの追加方法**
>
> フィールドリストで目的のフィールドをダブルクリックしても、デザイングリッドの[フィールド]欄にフィールドを追加できます。

> **StepUp**
> **クエリの種類**
>
> クエリの種類は複数ありますが、もっとも使用頻度が高いのが、この節で作成する「選択クエリ」です。クエリの種類は、[デザイン]タブのボタンで確認できます。選択クエリの場合は、「選択」がオンの状態で表示されます❶。
>
>

> **Point**
> **データシートビューの表示方法**
>
> 選択クエリの結果は、データシートビューで確認します。デザインビューからデータシートビューに切り替えるには、[デザイン]タブ、または[ホーム]タブにある[表示]をクリックします。選択クエリの場合、[デザイン]タブの[実行]をクリックしても、データシートビューに切り替えられます。
>
>

抽出条件を指定する

　クエリでは、必要なレコードを取り出すための抽出条件を指定できます。ここでは、[都道府県]フィールドに「東京都」と入力されてるレコードを抽出します。

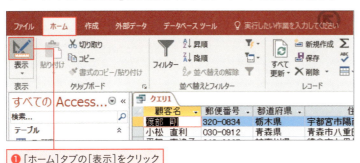

❶ [ホーム]タブの[表示]をクリック

❷ デザインビューが表示された

❸ [都道府県]フィールドの[抽出条件]欄に「東京都」と入力して[Enter]キーを押す

❹ 「東京都」が半角の「"」で囲まれた

❺ [デザイン]タブの[表示]をクリックしてデータシートビューに切り替える

❻ [都道府県]フィールドの値が「東京都」のレコードだけが表示される

> **Point**
> **抽出条件の指定**
>
> 抽出条件は、条件の対象となるフィールドの[抽出条件]欄に入力します。データの種類に応じて、以下のように条件を記号で囲みます。囲まずに入力した場合、[Enter]キーを押して確定した時点で自動的に正しい記号が補われます。
>
> ●数値
>
>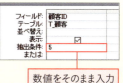
>
> 数値をそのまま入力
>
> ●文字列
>
> 文字列を半角のダブルクォーテーション「"」で囲む
>
> ●日付
>
> 日付を半角のシャープ「#」で囲む

複数の条件で抽出する

クエリでは、レコードの抽出条件を複数指定できます。ここでは、「東京都または埼玉県または千葉県または神奈川県」という条件を指定します。

❶ デザインビューに切り替えておく

❷「"東京都"」の下に「"埼玉県"」「"千葉県"」「"神奈川県"」を入力

❸ データシートビューに切り替える

❹「東京都または埼玉県または千葉県または神奈川県」のレコードが抽出された

> **Point**
> **Or条件は異なる行に入力する**
>
> [抽出条件]行以下の異なる行に複数の条件を入力すると、指定した条件のうちいずれかに当てはまるレコードが抽出されます。このような条件を「Or条件」と呼びます。

> **Point**
> **開き直すと抽出条件の表示が変わる**
>
> クエリを保存して開き直すと、[抽出条件]欄に「"東京都" Or "埼玉県" Or "千葉県" Or "神奈川県"」と表示されます。

> **Point**
> **And条件を設定するには**
>
> 指定した条件のすべてに当てはまるレコードを抽出するには、同じ行に抽出条件を入力します。このような条件を「And条件」と呼びます。「And条件」と「Or条件」を組み合わせた条件を指定することも可能です。

●And条件

性別が男かつ都道府県が東京都

●And条件とOr条件の組み合わせ

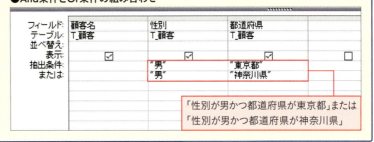

「性別が男かつ都道府県が東京都」または「性別が男かつ都道府県が神奈川県」

並べ替えを設定する

クエリでは、レコードの並べ替えを指定できます。ここでは、並べ替えの設定の練習として、[郵便番号]フィールドの値の小さい順に並べ替えてみましょう。

❶ デザインビューに切り替えておく

❷ [郵便番号]フィールドの[並べ替え]欄をクリックして、表示される[▼]をクリック

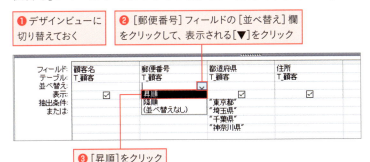

❸ [昇順]をクリック

> **Keyword**
> **昇順と降順**
>
> 昇順は、数値の小さい順、日付の早い順、文字列の文字コード順（五十音順、アルファベット順など）です。降順は、その逆です。文字列は文字コード順になるので、漢字データは読みの順になりません。

❹ データシートビューに切り替える

❺ [郵便番号]フィールドを基準に並べ替えられた

❻ [上書き保存]をクリックして「Q_顧客住所抽出」の名前で保存し、クエリを閉じておく

> **Memo**
> **並べ替えの解除**
>
> 並べ替えの設定を解除するには、[並べ替え]の一覧から[(並べ替えなし)]を選びます。

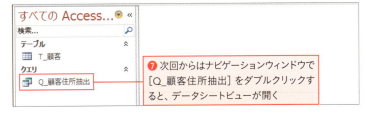

❼ 次回からはナビゲーションウィンドウで[Q_顧客住所抽出]をダブルクリックすると、データシートビューが開く

> **Point**
> **最新のデータでクエリが実行される**
>
> 次回、クエリを表示すると、その時点の[T_顧客]テーブルをもとにレコードが抽出されます。

StepUP
複数のフィールドを基準に並べ替えるには

複数のフィールドで並べ替えの設定を行うと、左のフィールドの並べ替えが優先されます。右図の場合、[性別]の昇順に並べ替えられ、同じ[性別]の中では[生年月日]の降順に並べ替えられます。

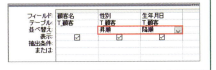

抽出条件の設定例

目的のデータを正確に抽出できるように、さまざまな抽出条件の設定例を知っておきましょう。

▶ 数値や日付の範囲を指定して抽出する

抽出条件として数値や日付の範囲を指定するには、「>=」「>」などの記号を使用します。このような記号を「演算子」と呼びます。例えば、「>=#1990/01/01#」と指定すると、「1990/1/1以降」のデータが抽出されます。「>=」は、半角の「>」と「=」を続けて入力します。「>=19901/1」と入力して Enter キーを押すと、「>=#1990/01/01#」と表示されます。

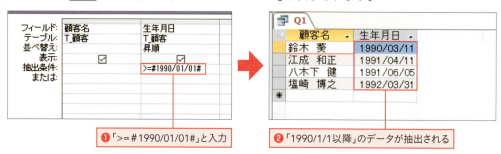

❶「>=#1990/01/01#」と入力
❷「1990/1/1以降」のデータが抽出される

演算子の例			
演算子	意味	使用例	説明
<	より小さい	<100	100より小さい
<=	以下	<=100	100以下
>	より大きい	>100	100より大きい
>=	以上	>=100	100以上
<>	等しくない	<>100	100でない
Between And	○以上○以下	Between 10 And 20	10以上20以下
And	かつ	>=10 And <20	10以上20未満
Or	または	10 Or 20 Or 30	10または20または30
In	いずれか	In (10,20,30)	10または20または30

長い抽出条件を入力するときは、列幅を広げましょう。列上端のグレーの部分の境界線をドラッグすると、列幅を変更できます。

▶ 部分的に一致する文字列を抽出する

「○○を含む」「○○で始まる」「○○で終わる」などの条件で文字列を抽出するには、「ワイルドカード」と呼ばれる記号を使用します。例えば、0文字以上の任意の文字列を意味する「*」を使用して「佐藤*」と入力すると、「佐藤」で始まるデータを抽出できます。なお、「佐藤*」と入力して Enter キーを押すと、条件は「Like "佐藤*"」に変わります。

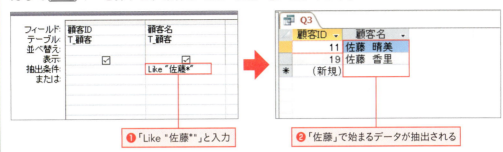

❶「Like "佐藤*"」と入力　❷「佐藤」で始まるデータが抽出される

ワイルドカードの例

記号	意味	使用例	抽出結果の例
*	0文字以上の任意の文字列	*山	山、登山、富士山(「山」で終わる)
?	任意の1文字	??山	富士山(「山」で終わる3文字)
#	任意の1桁の数字	1#3	103、113、123
[]	角カッコ内の1文字	b[ae]ll	ball、bell
[!]	角カッコ内の文字以外	b[!ae]ll	bill、bull
[-]	範囲内の任意の1文字	b[a-c]ll	ball、bbll、bcll

▶ 未入力または入力済みを抽出する

Accessでは、データが入力されていない状態を「Null」（ヌル）と表現します。Null値を探す抽出条件は「Is Null」、Null値でないものを探す抽出条件は「Is Not Null」です。例えば、[FAX番号]フィールドの抽出条件として「Is Null」を指定するとFAX番号が未入力のレコードが、「Is Not Null」を指定するとFAX番号が入力済みのレコードが抽出されます。

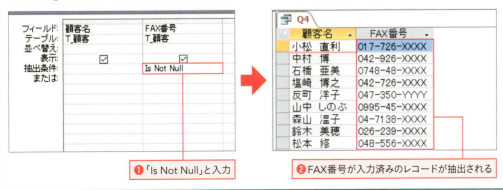

❶「Is Not Null」と入力　❷FAX番号が入力済みのレコードが抽出される

宛名ラベルウィザード、書式

Chapter 3
06 宛名ラベルを作成する

Accessではレポートを使用して、市販のラベルシールや郵便はがきのサイズに合わせた宛名印刷が簡単に行えます。このように、業務に沿った機能を追加できるのも、自前のデータベースシステムを開発する醍醐味です。

Sample 顧客管理_0306.accdb

◉宛名ラベル用のレポートを作成する

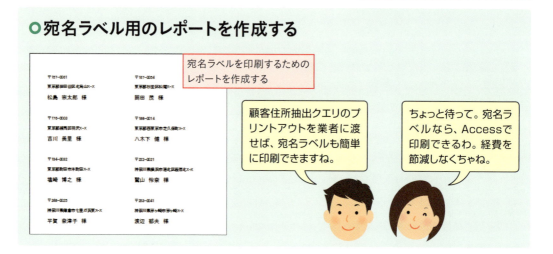

宛名ラベルを印刷するためのレポートを作成する

顧客住所抽出クエリのプリントアウトを業者に渡せば、宛名ラベルも簡単に印刷できますね。

ちょっと待って。宛名ラベルなら、Accessで印刷できるわ。経費を節減しなくちゃね。

宛名ラベルウィザードでレポートを作成する

[宛名ラベルウィザード]を使用すると、ラベルの種類や、宛名データの配置を指定しながら、簡単に宛名ラベル用のレポートを作成できます。

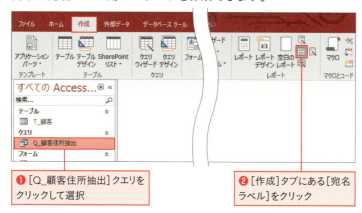

❶[Q_顧客住所抽出]クエリをクリックして選択

❷[作成]タブにある[宛名ラベル]をクリック

> **Point**
> **テーブルかクエリを選択する**
>
> 宛名ラベルを作成するときは、ラベルに印刷するレコードを指定するためのテーブルかクエリを選択します。今回は、東京都、埼玉県、千葉県、神奈川県の顧客宛てのラベルを作成したいので[Q_顧客住所抽出]クエリを選択しました。

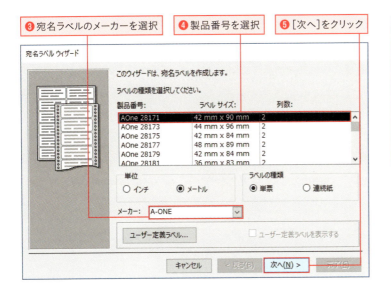

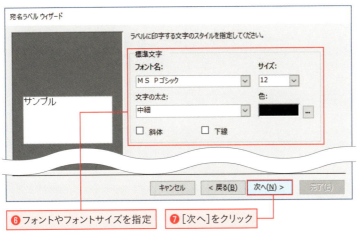

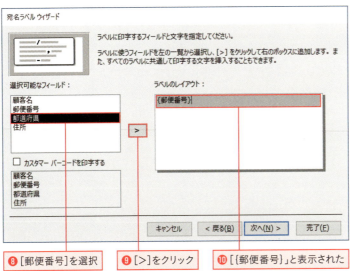

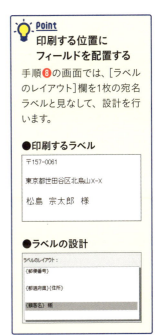

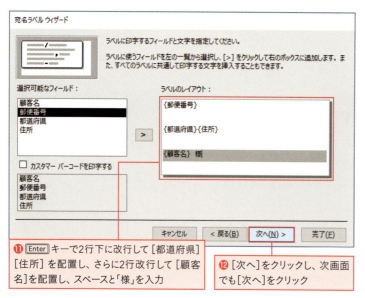

⑪ [Enter]キーで2行下に改行して[都道府県] [住所]を配置し、さらに2行改行して[顧客名]を配置し、スペースと「様」を入力

⑫ [次へ]をクリックし、次画面でも[次へ]をクリック

Memo
並べ替え順を指定できる

手順⑫で[次へ]をクリックすると、並べ替えの設定画面が表示され、並べ替えの基準とするフィールドを選択できます。ここでは、特に並べ替えの設定を行いません。

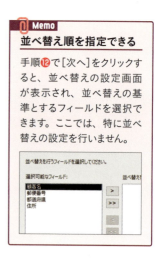

⑬ レポート名(ここでは「R_顧客宛名ラベル」)を入力

⑭ [完了]をクリック

⑮ 宛名ラベルの印刷プレビューが表示された

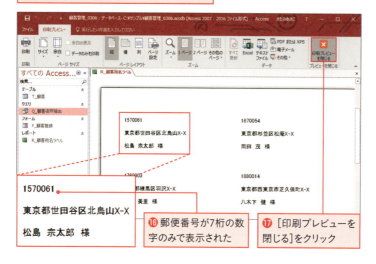

⑯ 郵便番号が7桁の数字のみで表示された

⑰ [印刷プレビューを閉じる]をクリック

Memo
郵便番号の表示

ラベルの郵便番号は、テーブルに格納されている通りに表示されます。Chapter 3の03で[郵便番号]フィールドに定型入力の設定をしたのでテーブルのデータシートビューでは「157-0061」と表示されますが、実際にテーブルに格納されているのは7桁の「1570061」なので、ラベルには「1570061」と表示されます。

●インポート直後

1570061	東京都
2790011	千葉県
8994332	鹿児島県

実際に入力されているのは7桁の数字のみ

●定型入力設定後

157-0061	東京都
279-0011	千葉県
899-4332	鹿児島県

定型入力の設定により、見掛け上、ハイフン「-」が表示される

郵便番号の書式と氏名のフォントサイズを調整する

宛名ラベルのデザインビューには、宛名ラベル1枚分のデザインが表示されます。ここでは、郵便番号を「〒157-0061」形式で表示されるように設定します。また、氏名のフォントサイズを拡大します。

❶ 印刷プレビューを閉じるとデザインビューが表示される

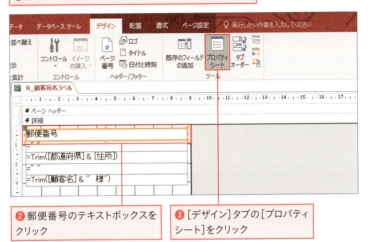

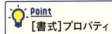

[書式]プロパティ

[書式]プロパティは、テキストボックスに表示されるデータの見た目を設定する機能です。「@」は文字を表す書式指定文字で、「@@@-@@@@」と指定すると、7文字のうち3文字目と4文字目の間にハイフン「-」を表示できます。なお、「〒」は「ゆうびん」と入力して変換してください。

❷ 郵便番号のテキストボックスをクリック
❸ [デザイン]タブの[プロパティシート]をクリック

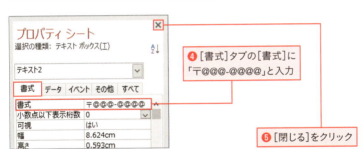

❹ [書式]タブの[書式]に「〒@@@-@@@@」と入力
❺ [閉じる]をクリック

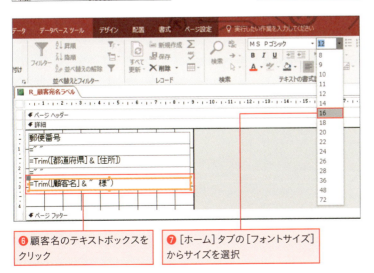

❻ 顧客名のテキストボックスをクリック
❼ [ホーム]タブの[フォントサイズ]からサイズを選択

自由にカスタマイズできる

ラベル上のテキストボックスは、[詳細]セクションの領域内で自由に移動、削除、サイズ変更してかまいません。なお、誤って[詳細]セクションのサイズを変えてしまうと、印刷時にラベルがずれてしまうので注意しましょう。

[詳細]セクションのサイズは変更しないこと

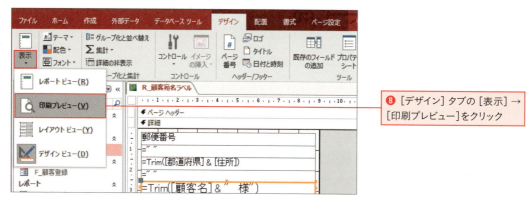

❽ [デザイン] タブの [表示] → [印刷プレビュー] をクリック

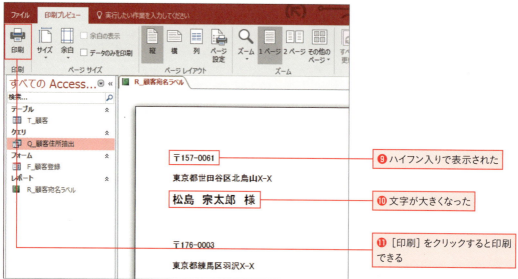

❾ ハイフン入りで表示された

❿ 文字が大きくなった

⓫ [印刷] をクリックすると印刷できる

💡 Point
印刷のずれを調整するには

ラベルのサイズを調整するには、[詳細] セクションのサイズを調整します。ドラッグするより数値で指定したほうが正確です。高さは [詳細] セクションのプロパティシートの [書式] タブの [高さ] で、幅はレポートのプロパティシートの [書式] タブの [幅] で設定できます。

また、デザインビューの [ページ設定] タブから [ページ設定] ダイアログボックスを表示すると、[印刷オプション] タブで上下左右の余白を❶、[レイアウト] タブで行間隔と列間隔を設定できます。設定の単位は「cm」または「mm」です。Accessの内部計算上、入力した数値に端数が付くことがありますが、気にする必要はありません。

StepUp
印刷プレビューを簡単に表示できるようにする

ナビゲーションウィンドウでレポートをダブルクリックすると❶、通常はレポートビューが開きます❷。レポートビューとは、印刷するデータを画面上で確認するためのビューです。用紙イメージでは表示されず、データのみが表示されるため表示が高速で、画面での閲覧に便利です。しかし、実際には印刷プレビューを確認したいことも多いでしょう。レポートのプロパティシートを表示し❸、[書式]タブの[既定のビュー]で[印刷プレビュー]を選択すると❹、次回からダブルクリックで印刷プレビューが表示されるようになります。

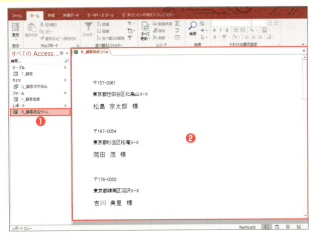

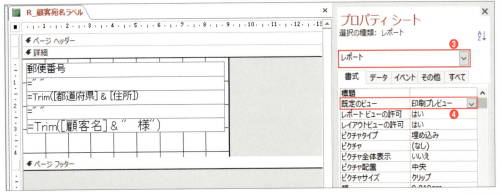

Point
はがき宛名を印刷するには

[作成]タブにある[はがきウィザード]をクリックすると、[はがきウィザード]が起動し、はがき宛名の設定を行えます。年賀状や普通はがき、かもめ～るなど、さまざまなはがきに対応しています。用紙サイズは自動設定されないので、はがきウィザードの終了後、[印刷プレビュー]タブにある[サイズ]ボタンをクリックして、[はがき]を選択してください。

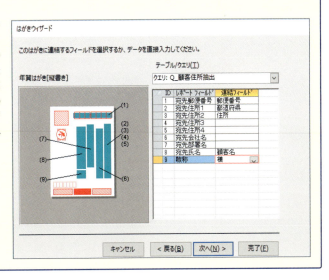

Chapter 3
07 マクロの作成、Where条件式

顧客一覧フォームを作成する

顧客を一覧表示する表形式のフォームを作成しましょう。Chapter 2で作成した商品一覧フォームでは、コマンドボタンウィザードを使用して画面遷移用のボタンを作成しましたが、ここでは「マクロ」というプログラムを自分で一から作成して、画面遷移の仕組みを作ります。

Sample 顧客管理_0307.accdb

○ 指定したレコードの詳細画面を開く

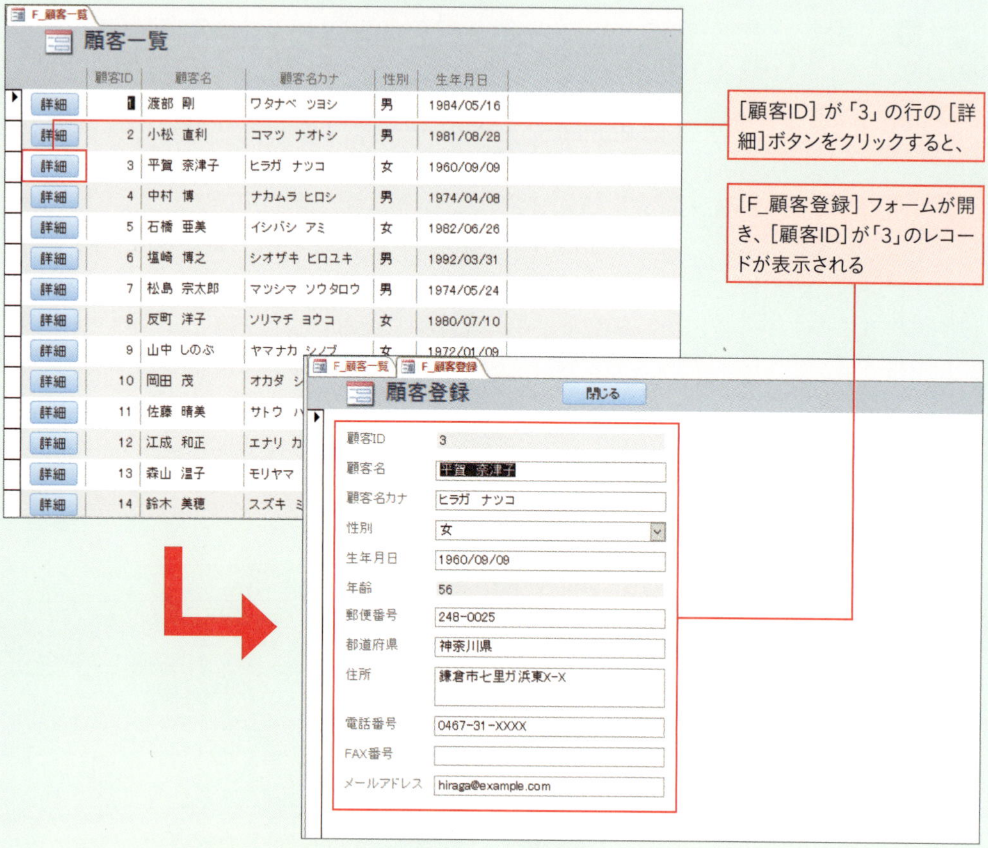

[顧客ID] が「3」の行の [詳細] ボタンをクリックすると、

[F_顧客登録] フォームが開き、[顧客ID] が「3」のレコードが表示される

この仕組みは、確かChapter 2の10で [コマンドボタンウィザード] を利用して作りましたよね。

ええ。でも、ウィザードに頼りっぱなしでは応用が利かないから、自力で作成する方法を学びましょう。

表形式のフォームを作成する

まず、顧客を一覧表示する表形式のフォームを作成します。ボタンを配置する土台となるフォームです。

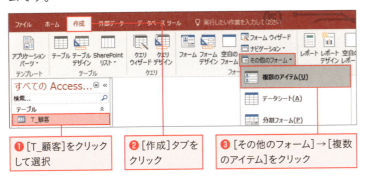

❶ [T_顧客]をクリックして選択
❷ [作成]タブをクリック
❸ [その他のフォーム]→[複数のアイテム]をクリック

表形式のフォームの配置の調整方法は、P.63～64を参考にしてね。

❹ フォームが作成されるので、[顧客ID][顧客名][顧客名カナ][性別][生年月日]以外を削除し、配置を整えておく

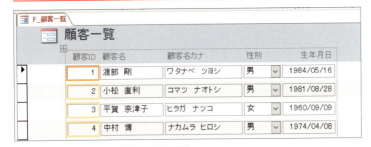

> **Memo**
> **クエリから作成する手もある**
>
> [顧客ID][顧客名][顧客名カナ][性別][生年月日]を含む選択クエリを作成し、作成したクエリをナビゲーションウィンドウで選択して、手順❷～❸を実行して作成する方法もあります。

「F_顧客一覧」の名前で保存しておく

> **Memo**
> **フォームウィザードを使ってもよい**
>
> [作成]タブの[フォームウィザード]をクリックすると、フォームウィザードが起動します❶。[T_顧客]を選択して❷、フォームに表示するフィールドを指定します❸。次画面で[表形式]を選択すると、指定したフィールドを表示する表形式のフォームを作成できます。作成後に適宜表形式レイアウトを設定してください。
>
>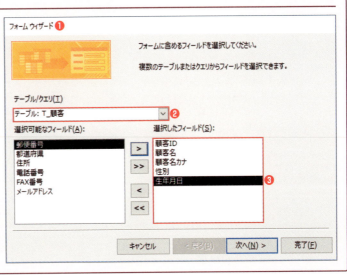

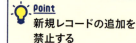
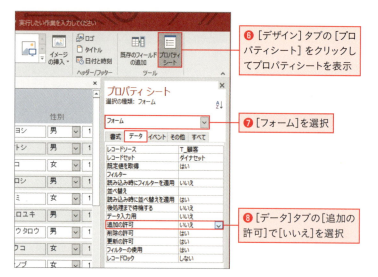

> **Point 新規レコードの追加を禁止する**
>
> [T_顧客]テーブルの全フィールドを配置した、顧客レコードの入力・編集専用の[F_顧客登録]フォームがあるので、[F_顧客一覧]フォームでは新規レコードの追加とデータの更新を禁止することにします。新規レコードの追加は、フォームの[追加の許可]プロパティで[いいえ]を設定すると禁止できます。

❻ [デザイン]タブの[プロパティシート]をクリックしてプロパティシートを表示

❼ [フォーム]を選択

❽ [データ]タブの[追加の許可]で[いいえ]を選択

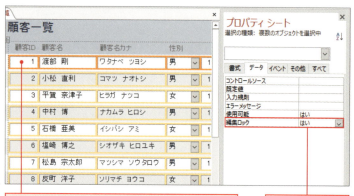

❾ [顧客ID]のテキストボックスをクリックし、続いて[生年月日]のテキストボックスを[Shift]キーを押しながらクリックして、全テキストボックスを選択

❿ [編集ロック]で[はい]を選択

> **Point 更新の許可と編集ロック**
>
> データの編集を禁止するには、P.80で紹介したようにフォームの[更新の許可]プロパティに[いいえ]を設定する方法もあります。その方法だとフォーム上のすべてのコントロールが使用できなくなり、このあと配置する検索用のテキストボックスも入力できなくなってしまいます。テキストボックスの[編集ロック]プロパティに[はい]を設定する方法なら、設定したテキストボックスだけが使えなくなります。そこで、ここではテキストボックスの[編集ロック]プロパティを使用して、レコード表示用のテキストボックスのみを編集禁止にしました。
> ちなみに、フォームの[レコードセット]プロパティで[スナップショット]を設定してもデータの編集を禁止できますが、その場合はレコードの削除も禁止されてしまいます。レコードの削除は表形式のフォームの方がわかりやすく操作できるので、[レコードセット]プロパティは使用しませんでした。

⓫ P.81～82を参考に、フォームの見た目を整えておく

マクロとは

　マクロとは、Accessの操作を自動化するためのプログラムです。マクロは、「アクション」と呼ばれる命令を組み合わせて定義します。アクションには、「フォームを開く」「テーブルを開く」「レコードの移動」など、Accessのさまざまな動作が用意されています。例えば、「テーブルを開く」「レコードの移動」という2つのアクションを使用してマクロを組むと、テーブルを開いてレコードを切り替えるプログラムを作成できます。

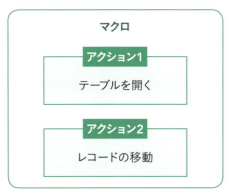

アクションの例	
アクション	説明
フォームを開く	指定したフォームを開く
レポートを開く	指定したレポートを開く
ウィンドウを閉じる	指定したウィンドウを閉じる
レコードの移動	レコードを切り替える
フィルターの実行	レコードを抽出する
並べ替えの設定	レコードを並べ替える
メッセージボックス	メッセージを表示する

　ここでは、[詳細]ボタンをクリックしたときに、[F_顧客登録]フォームが開き、クリックした行のレコードが表示されるようなマクロを作成します。「ボタンがクリックされたとき」のように、マクロを自動実行するきっかけとなる動作を「イベント」と呼びます。フォームやレポート、コントロールにはそれぞれ複数のイベントが用意されています。

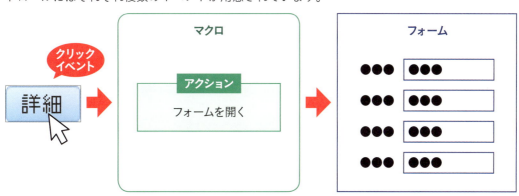

イベントの例		
種類	イベント	説明
フォーム	開く時	フォームが開くときに実行される
フォーム	閉じる時	フォームが閉じるときに実行される
レポート	空データ時	印刷するレコードが存在しないときに実行される
コントロール	クリック時	コントロールがクリックされたときに実行される
コントロール	更新後処理	コントロールの値が更新されたときに実行される

詳細情報を表示するボタンを作成する

　ボタンを配置して、[F_顧客一覧]フォームから[F_顧客登録]フォームを呼び出すためのマクロを作成します。Chapter 2の10で紹介したコマンドボタンウィザードを使用しても作成できますが、ここでは自分でマクロを組んでみましょう。

❶ デザインビューに切り替えておく

❷ [デザイン]タブの[コントロールウィザードの使用]をオフにしてから、[ボタン]をクリック

自分でプログラムを組めるようになると、この先さまざまなシーンで応用が利くわよ！

❸ 詳細セクションをドラッグ

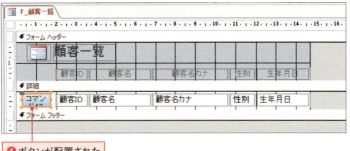

❹ ボタンが配置された

Point
[標題]プロパティ

手順❻で[標題]プロパティに文字列を設定すると、ボタン上に表示されます。反対に、ボタン上で直接文字列を入力してもかまいません。入力した文字は、[標題]プロパティに自動で設定されます。

❺ [プロパティシート]をクリック

❻ [すべて]タブの[名前]にボタン名、[標題]にボタン上に表示する文字列を入力

❼ ボタンの文字列が変わった

❽ [イベント]タブをクリック　❾ [クリック時]をクリック　❿ [...]をクリック

> **Point**
> **[...]ボタン**
> [イベント]タブの各イベントプロパティの[...]ボタンは普段は非表示ですが、目的のイベントをクリックすると表示されます。

> **Point**
> **[クリック時]イベント**
> ボタンの[クリック時]イベントプロパティで設定したマクロは、フォームビューでボタンがクリックされたときに実行されます。

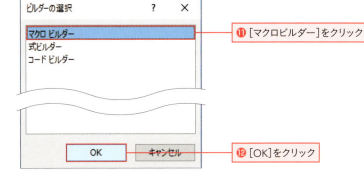

⓫ [マクロビルダー]をクリック

⓬ [OK]をクリック

⓭ マクロビルダーが表示された

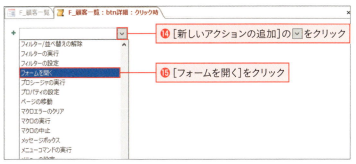

⓮ [新しいアクションの追加]の⌄をクリック

⓯ [フォームを開く]をクリック

> **Keyword**
> **マクロビルダー**
> マクロビルダーとは、マクロの作成画面です。ドロップダウンリストからアクションを選択して、マクロを作成します。

⓰ [フォームを開く]アクションの引数が表示された

> **Point アクションの引数**
>
> アクションの実行に必要なデータを「引数」（ひきすう）と呼びます。[フォームを開く]アクションには開くフォームを指定するための[フォーム名]、開いたフォームに表示するレコードの抽出条件を指定するための[Where条件式]などがあります。引数[フォーム名]は指定が必須ですが、ほかの引数は省略可能です。

⓱ [フォーム名]欄から[F_顧客登録]を選択

⓲ [Where条件式]に「[顧客ID]=[Forms]![F_顧客一覧]![顧客ID]」と入力

> **Point 入力補助機能を使う**
>
> 引数[Where条件式]を入力する際、自動表示される入力候補からダブルクリックで入力できます。
>
>

> **Point [Where条件式]の構文**
>
> [フォームを開く]アクションの引数[Where条件式]は、以下の構文に従って指定します。左辺の[フィールド名]には、開くフォームのフィールド名を指定します。右辺には、条件が入力されているフォーム名とコントロール名を指定します。「Forms」を囲む角カッコは手入力しなくても、マクロを開き直すと自動で挿入されます。
>
> [フィールド名]=[Forms]![フォーム名]![コントロール名]
> [顧客ID]=[Forms]![F_顧客一覧]![顧客ID]

132

> **Point マクロの保存先**
> ボタンに割り付けたマクロは、ボタンの配置先のフォームに保存されます。フォームやレポートの中に保存されるマクロを「埋め込みマクロ」と呼びます。

❶ [デザイン]タブの[上書き保存]をクリック

❷ [閉じる]をクリック

> **Memo 埋め込みマクロを削除するには**
> [クリック時] イベント欄の「[埋め込みマクロ]」の文字を削除すると、ボタンに割り当てたマクロが削除されます。

㉑ フォームのデザインビューに戻った

㉒ ボタンの [クリック時] イベントに [埋め込みマクロ]が設定された

㉓ フォームビューに切り替える

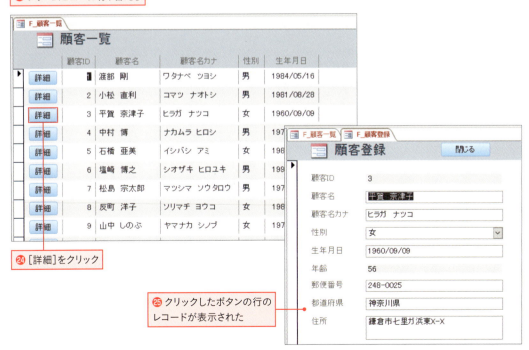

㉔ [詳細]をクリック

㉕ クリックしたボタンの行のレコードが表示された

編集機能のあるフォームから詳細画面を呼び出すには

　[F_顧客一覧]フォームは更新を禁止しましたが、一覧フォームに編集機能を持たせたいこともあるでしょう。そのようなフォームの[詳細]ボタンのマクロでは、詳細画面のフォームを開く前に、一覧フォーム側でレコードを保存するようにしましょう。

Sample 顧客管理_0307-S.accdb

▶ 編集機能を持つフォームでのマクロの不具合を確認する

[F_顧客一覧]フォームの各コントロールを編集可能な状態にしておきます。「平賀」を「南」に変更後❶、レコードを保存しないまま[詳細]をクリックしてみます❷。

[F_顧客登録]フォームが開きますが、データの変更は反映されません❸。[閉じる]ボタンをクリックして❹、[F_顧客一覧]に戻り、Escキーを押してレコードの編集を取り消しておいてください。

▶ [詳細]ボタンのマクロを修正する

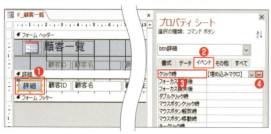

[F_顧客一覧]フォームでの編集が[F_顧客登録]フォームに反映されるよう、マクロを修正しましょう。[詳細]ボタンを選択し❶、[イベント]タブの❷、[クリック時]の❸、[…]をクリックします❹。

[詳細]ボタンに設定したマクロが表示されます❺。[フォームを開く]アクションの下にある[新しいアクションの追加]欄から[レコードの保存]を選びます❻。

フォームを開く前にレコードを保存する必要があるので、アクションの順序を入れ替えましょう。[レコードの保存]をクリックし❼、右端に表示される▲をクリックします❽。

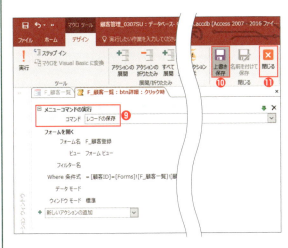

[レコードの保存]が[フォームを開く]の上に移動しました❾。[上書き保存]をクリックし❿、[閉じる]をクリックしてマクロビルダーを閉じます⓫。以上で、[詳細]ボタンがクリックされたときに、編集中のレコードが保存されてから[F_顧客登録]フォームが開くようになります。なお、[レコードの保存]は、レコードが編集中でない場合に実行しても問題ありません。

▶ 動作を確認する

フォームビューに切り替えて、「平賀」を「南」に変更後❶、レコードを保存しないまま[詳細]をクリックしてみます❷。

レコードが保存されてから[F_顧客登録]フォームが開くので、データの変更が反映されます❸。

フィルターの実行

Chapter 3
08 顧客一覧フォームに検索機能を追加する

　顧客の数が増えてくると、一覧フォームから目的の顧客を探すのが大変になります。そこで、フォームに検索機能を追加することにします。テキストボックスに入力した氏名の一部を抽出条件として、レコードを抽出するマクロを作成します。

Sample 顧客管理_0308.accdb

○指定の一部を条件として顧客レコードを抽出する

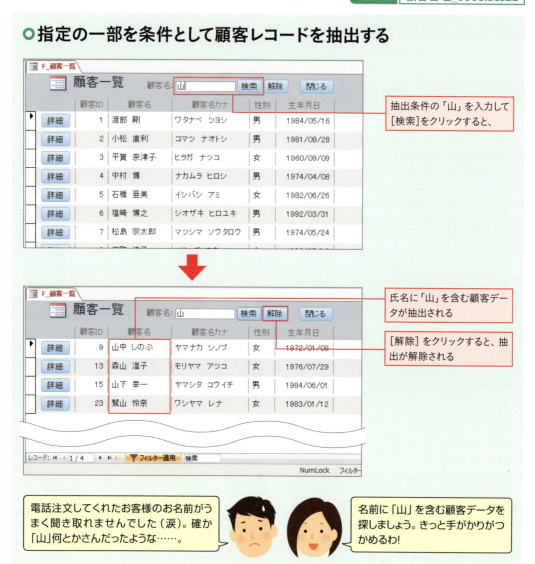

検索用のテキストボックスとボタンを追加する

[F_顧客一覧]フォームのフォームヘッダーに、検索条件を入力するためのテキストボックスと、検索実行用などのボタンを追加します。

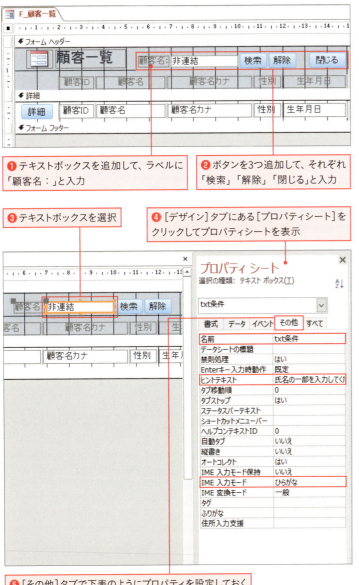

❶ テキストボックスを追加して、ラベルに「顧客名：」と入力

❷ ボタンを3つ追加して、それぞれ「検索」「解除」「閉じる」と入力

❸ テキストボックスを選択

❹ [デザイン]タブにある[プロパティシート]をクリックしてプロパティシートを表示

❺ [その他]タブで下表のようにプロパティを設定しておく

プロパティ	設定値
名前	txt条件
ヒントテキスト	氏名の一部を入力してください。
IME入力モード	ひらがな

> **Memo**
> **コントロールの移動**
>
> コントロールレイアウトが適用されていないコントロールは、ドラッグで自由な位置に移動できます。デザインビューでは、テキストボックスの枠線をドラッグすると、ラベルとテキストボックスが一緒に移動します。ラベルやテキストボックスの左上の■をドラッグすると、ラベルまたはテキストボックスを単独で移動できます。
>
>
>
> ここをドラッグするとラベルとテキストボックスが一緒に移動する
>
> ここをドラッグするとテキストボックスが単独で移動する

> **Point**
> **ヒントテキスト**
>
> [ヒントテキスト]プロパティに設定した文字列は、マウスポインターを合わせたときに❶、ヒントとして表示されます❷。
>
>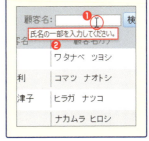

[検索]ボタンのマクロを作成する

[検索]ボタンの[クリック時]イベントからマクロビルダーを呼び出し、テキストボックスに入力された文字列を含む顧客データを抽出するマクロを作成します。

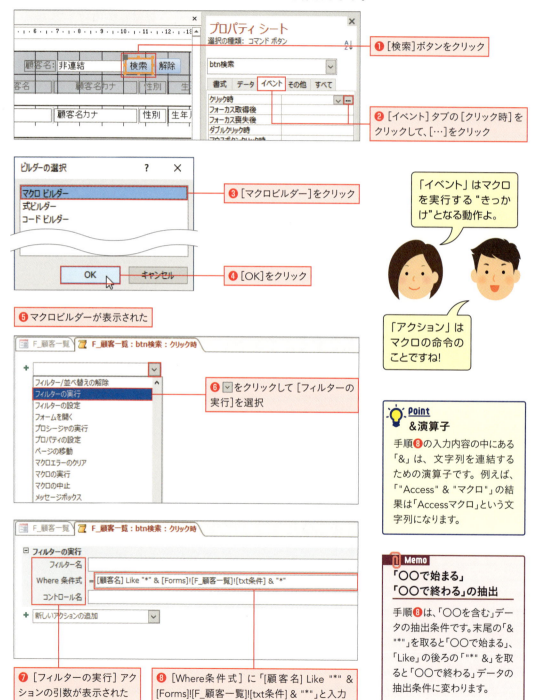

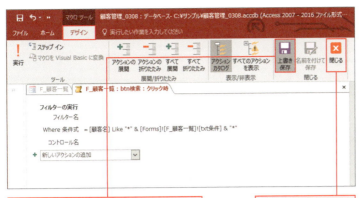

> ### Memo
> **完全一致検索をしたい場合**
>
> 手順❾で「[顧客名]=[Forms]![F_顧客一覧]![txt条件]」と入力すると、完全一致検索になります。完全一致検索では、条件を「山」とすると抽出されるのは「山」のみで、「山中」「森山」は抽出されません。

❾ [デザイン]タブの[上書き保存]をクリック
❿ [閉じる]をクリック

⓫ フォームビューに切り替えておく

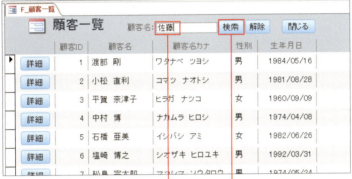

⓬ 「佐藤」と入力
⓭ [抽出]をクリック

> ### Memo
> **マクロを修正するには**
>
> マクロが思い通りに動作しなかった場合は、修正しましょう。[イベント]タブの[クリック時]の[…]をクリックすると、マクロビルダーが起動し、作成したマクロを修正できます。
>
>

⓮ 顧客名に「佐藤」を含む顧客が抽出された

> ### Point
> **[Where条件式]の構文**
>
> 「○○を含む」データを抽出するには、[フィルターの実行]アクションの引数 [Where条件式] を、以下の構文に従って指定します。式中の「*」はP.119で紹介したワイルドカード文字で、0文字以上の任意の文字列を表します。
>
> [フィールド名] Like "*" & [Forms]![フォーム名]![コントロール名] & "*"
> [顧客名] Like "*" & [Forms]![F_顧客一覧]![txt条件] & "*"

[解除]ボタンのマクロを作成する

レコードの抽出を解除するためのマクロを作成します。[フィルター/並べ替えの解除]アクションを使用します。

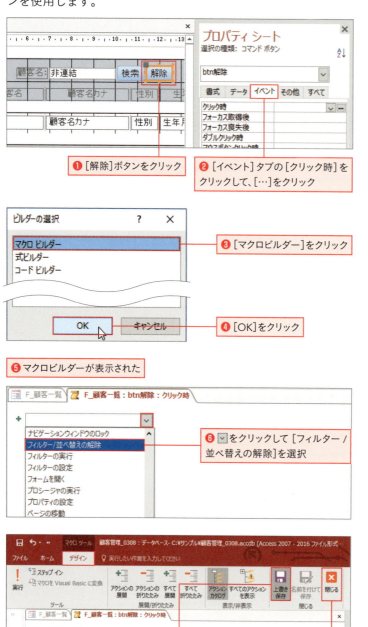

Memo
アクションが引数に変わる

手順❻で[フィルター/並べ替えの解除]を選択すると、アクション欄に[メニューコマンドの実行]が設定され、[フィルター/並べ替えの解除]は引数[コマンド]欄に設定されます。

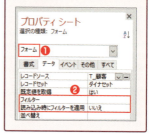

Memo
開くときにフィルターが実行される場合は

フォームの作成段階でいろいろ設定の変更をしているうちに、何らかのタイミングで抽出の設定がフォームに保存されてしまい、次回フォームが開くときに抽出が実行されてしまうことがあります。その場合、フォームのプロパティシートで❶、[フィルター]を空欄に、[読み込み時にフィルターを適用]を[いいえ]に戻してください❷。

[閉じる]ボタンのマクロを作成する

フォームを閉じるためのマクロを作成します。[ウィンドウを閉じる]アクションを使用します。

❶ [閉じる]ボタンをクリック

❷ [クリック時]イベントからマクロビルダーを起動

❸ [ウィンドウを閉じる]アクションを選択

Point
[ウィンドウを閉じる]アクションの引数

[ウィンドウを閉じる]アクションには、[オブジェクトの種類][オブジェクト名][オブジェクトの保存]の3つの引数があります。[オブジェクトの種類]と[オブジェクト名]の指定を省略した場合、アクティブウィンドウが閉じます。アクティブウィンドウとは、現在前面に表示されているウィンドウのことです。[オブジェクトの保存]の初期値は[確認]で、オブジェクトを変更した場合に閉じる前に保存確認のメッセージが表示されます。

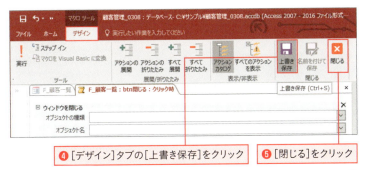

❹ [デザイン]タブの[上書き保存]をクリック   ❺ [閉じる]をクリック

❻ データシートビューに切り替えてボタンの動作を確認しておく

これで、顧客管理システムも作成完了。

マクロを利用すると、より自分の業務に合わせたデータベースシステムを開発できるのですね。ラベル印刷機能も、即戦力として役立ちそうです!

自分が使用するシステムを自分で開発するんだもの。自分にピッタリのシステムに仕上げなきゃ!

条件が未入力の場合に入力を促すには

検索条件が未入力の場合にメッセージで入力を促し、入力されている場合は抽出を実行するマクロを作成しましょう。「If」という構文を使用すると、条件が成立する場合としない場合とで、実行するアクションを切り替えることができます。

Sample 顧客管理_0308-S.accdb

▶ 作成するマクロの流れ

[txt条件]テキストボックスが未入力かどうかを判定し❶、未入力の場合は入力を促すメッセージ画面を表示して❷、[txt条件]テキストボックスにカーソルを移動します❸。未入力でない場合、つまり入力されている場合は、入力された文字を含む顧客を抽出します❹。

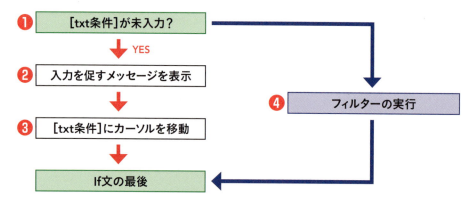

▶ [検索]ボタンのマクロを一から作成する

[検索]ボタンのマクロビルダーで[アクション]の一覧から[If]を選択します❶。

[If]と[If文の最後]が表示されます❷。[If]の横にある条件欄に、[txt条件]がNull（未入力）であるという条件「IsNull([txt条件])」を入力します❸。続いて、[If]と[If文の最後]の間にある[新しいアクションの追加]欄で❹、条件が成立する場合のアクションを設定していきましょう。

［メッセージボックス］アクションを選択し❺、引数［メッセージ］に「検索条件を入力してください。」と入力し❻、引数［メッセージの種類］で［注意！］を選択します❼。そのほかの引数は、初期値のままでかまいません。次に、［コントロールの移動］アクションを選択し❽、引数［コントロール名］で［txt条件］を選択します❾。これで、条件が成立する場合の処理の指定は完了です。

条件が成立しない場合の処理を指定するには、［Elseの追加］をクリックします❿。

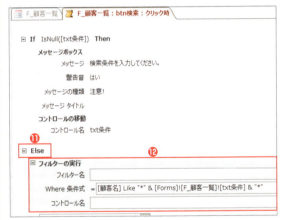

［Else］欄が追加されます⓫。これは、条件が成立しない場合に実行するアクションの指定欄です。P.138と同様に、［フィルターの実行］アクションを選択して［Where条件式］を指定します⓬。設定できたら、上書き保存してマクロビルダーを閉じます。

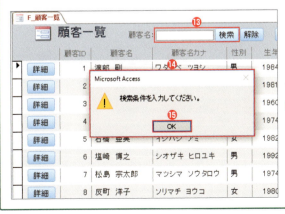

フォームビューに切り替えて、条件欄を空欄にしたまま［検索］をクリックします⓭。すると、入力を促すメッセージが表示されます⓮。［OK］をクリックすると⓯、条件欄にカーソルが移動するので、すぐに条件を入力できます。

Column
データベースオブジェクトの操作

データベースファイルに含まれるオブジェクトの開き方、名前の変更方法、削除、コピーなどの操作を再確認しましょう。

▶ オブジェクトを開く

ナビゲーションウィンドウでオブジェクトをダブルクリックすると、オブジェクトごとに決められた既定のビューが開きます。右クリックのメニューからは❶、ビューを指定して開けます❷。

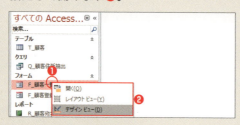

▶ オブジェクト名を変更する

オブジェクトを右クリックして❶、[名前の変更]を選択すると❷、オブジェクト名を編集できます❸。

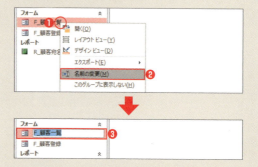

▶ オブジェクトを削除する

オブジェクトを選択して Delete キーを押し❶、削除確認のメッセージで[はい]をクリックすると❷、オブジェクトを削除できます。フォームやレポートの基になっているテーブルやクエリを削除すると、フォームやレポートにレコードを表示できなくなるので注意しましょう。

▶ オブジェクトをコピーする

オブジェクトを選択して❶、[コピー]と[貼り付け]をクリックすると❷、コピーできます。テーブルの場合は、コピー内容を指定できます❸。

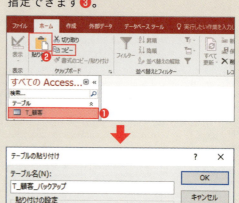

Chapter 4

データベース構築編

販売管理システムを設計しよう

「商品管理システム」や「顧客管理システム」の作成は、言わば肩慣らしの作業。ここからは、本書の1番の目的である「販売管理システム」の作成に取り掛かります。このChapterでは、システムの土台となるテーブルの設計と作成を行います。

01	全体像をイメージしよう	146
02	販売管理システムのテーブルを設計する	148
03	他ファイルのオブジェクトを取り込む	154
04	受注、受注明細テーブルを作成する	158
05	リレーションシップを作成する	168
06	関連付けしたテーブルに入力する	174
Column	データベースを最適化する	182

システムの全体像

Chapter 4
01 全体像をイメージしよう

○ 販売管理システムを作成する

「販売管理システム」の作成に取り掛かりましょう。

待ってました！　ボクが1番作りたかったシステムです。

これまで作成してきたシステムに比べて大掛かりだから、完成までの工程数も増えるわよ。

はい、覚悟しています！

複数のテーブルを組み合わせたAccessならではのデータベースシステムになるから、Accessの機能を使い倒すつもりで取り組みましょう！

販売管理システムの構成

　販売管理システムの第1の目的は、受注データの管理です。受注データの中には、いつ、だれが、どの商品をいくらで購入したのかが含まれます。つまり、受注管理と同時に、商品管理と顧客管理も行わなければなりません。本書では、商品管理、顧客管理、受注管理の3つのシステムを総合して「販売管理システム」と呼ぶことにします。Chapter 4 ～ Chapter 6で受注管理の仕組みを作成し、Chapter 7で販売管理システム全体の仕上げを行います。

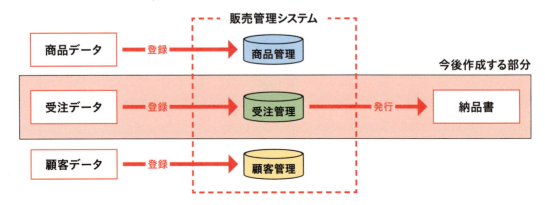

受注管理に必要なオブジェクトを考える

　受注管理システムでは、受注データを登録・表示する機能、受注データを一覧表示する機能、受注データをもとに納品書を発行する機能が必要です。それぞれ、フォームとレポートを使用して作成します。また、受注データの保存先となるテーブルと、フォームやレポートの基になるクエリも作成します。

▶ テーブル

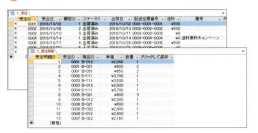

受注データを保存するテーブル。本Chapterで、テーブルの設計と作成を行う

▶ クエリ

フォームやレポートの基になるクエリ。Chapter 5で作成する

▶ フォーム

受注データを入力・表示するフォーム。Chapter 5で作成する

▶ レポート

納品書を印刷するレポート。Chapter 6で作成する

テーブルの設計

Chapter 4
02 販売管理システムのテーブルを設計する

　データベースシステムの開発において、テーブルのフィールド構成を考えるのは難しいものです。迷ったときは、帳票を材料に検討しましょう。例えば、顧客を管理するテーブルの場合は「顧客登録票」、販売データを管理するテーブルの場合は「受注伝票」を見ながらフィールド構成を考えると、イメージが湧いてきます。

●「顧客登録票」を見ながらテーブルの構成を考える

こういう「顧客登録票」のデータを管理するには、どんなフィールド構成にすればいいかしら?

顧客登録票	
顧客名	渡部
性別	男
誕生日	5/16
住所	栃木県

顧客登録票	
顧客名	小松
性別	男
誕生日	8/28
住所	青森県

顧客登録票	
顧客名	平賀
性別	女
誕生日	9/9
住所	神奈川県

カンタンです!「顧客登録票」の項目名をそのままフィールド名にすればいいんじゃないでしょうか。

顧客名	性別	誕生日	住所
渡部	男	5/16	栃木県
小松	男	8/28	青森県
平賀	女	9/9	神奈川県

●「受注伝票」を見ながらテーブルの構成を考える

受注伝票
受注ID	1
受注日	4/1
顧客名	渡部

商品名	単価	数量
商品A	¥200	1
商品B	¥100	2
商品C	¥50	2

受注伝票
受注ID	2
受注日	4/2
顧客名	小松

商品名	単価	数量
商品B	¥100	3

受注伝票
受注ID	3
受注日	4/2
顧客名	平賀

商品名	単価	数量
商品B	¥100	2
商品C	¥50	1

それでは、こんな「受注伝票」の場合はどうする?

ナビオ君の案1

こんな感じはどうでしょう？「受注ID」「受注日」「顧客名」の横に1行目～3行目の明細データを並べれば、伝票のデータを漏れなく格納できます！

受注ID	受注日	顧客名	商品名1	単価1	数量1	商品名2	単価2	数量2	商品名3	単価3	数量3
1	4/1	渡部	商品A	¥200	1	商品B	¥100	2	商品C	¥50	2
2	4/2	小松	商品B	¥100	3						
3	4/2	平賀	商品B	¥100	2	商品C	¥50	1			

初心者にありがちの間違いね。それでは商品データや数量データが複数のフィールドにまたがって格納されることになるから、集計やデータ分析に支障が出るわ。「同じ種類のデータを同じフィールドにまとめる」のが、データベースの基本よ！

ナビオ君の案2

だったら、こうしたらどうでしょうか？　これなら、同じ種類のデータが同じフィールドにまとまります。

受注ID	受注日	顧客名	商品名	単価	数量
1001	4/1	渡部	商品A	¥200	1
1001	4/1	渡部	商品B	¥100	2
1001	4/1	渡部	商品C	¥50	2
1002	4/2	小松	商品B	¥100	3
1003	4/2	平賀	商品B	¥100	2
1003	4/2	平賀	商品C	¥50	1

受注ID	受注日	顧客名	商品名	単価	数量
1001	4/1	渡部	商品A	¥200	1
1001	4/1	渡部	商品B	¥100	2
1001	4/1	渡部	商品C	¥50	2
1002	4/2	小松	商品B	¥100	3
1003	4/2	平賀	商品B	¥100	2
1003	4/2	平賀	商品C	¥50	1

この部分が重複

データベースらしくなってきたけど、まだまだね。これだと同じデータを重複入力することになるから、非効率的だし入力ミスで整合性が取れなくなるのも心配よ。

どうしたらいいんでしょうか。皆目、見当が付きません（涙）。

1つのテーブルに収めようとするから、無理が生じるのよ。データを複数のテーブルに分割して管理するのが正解！次ページから、詳しく解説していくわね。

伝票をもとにフィールド構成を考える

ここでは、下図の「受注伝票」のデータを格納するテーブルのフィールド構成を、順を追って考えていきます。

〈Step1〉計算で求められるデータを除外する

データベースでは、計算で求められるデータをフィールドの値として持たせないことが原則です。「単価×数量」で求められる「金額」、「金額」の合計で求められる「合計金額」、「合計金額＋送料」で求められる「ご請求額」は、テーブルに含めません。

> **Point 計算で求められる値は計算で求める**
>
> 例えば[金額]をテーブルに含めてしまうと、あとになって[数量]が変更になった場合に、[金額]も修正しなければならなくなります。[金額]を計算式で求める設定にしておけば、[数量]を修正するだけで自動的に[金額]も修正され、修正漏れや入力ミスの心配がなくなります。

〈Step2〉受注データと受注明細データを分割する

受注伝票を観察すると、「受注ID」「受注日」「顧客名」「送料」など「受注全体に関するデータ」と、「商品ID」「商品名」「単価」「数量」など「受注した商品ごとのデータ」の2種類のデータがあることがわかります。前者のデータを「受注テーブル」、後者のデータを「受注明細テーブル」に分けて管理すると、テーブルの構造が整理されます。

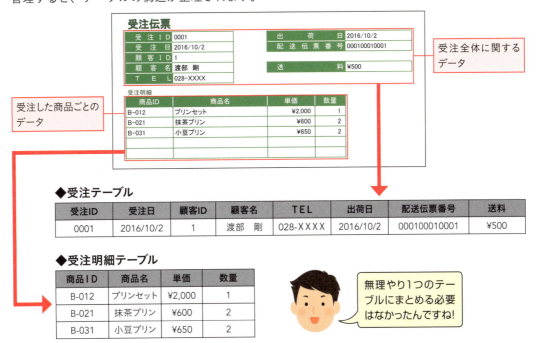

〈Step3〉2つのテーブルを結ぶためのフィールドを設ける

〈Step2〉の[受注明細テーブル]を見ると、各商品がいつ誰に販売されたものなのか、まったくわかりません。これでは情報としての価値が著しく損なわれます。これを解決するには、[受注明細テーブル]に[受注ID]フィールドを追加します。[受注ID]の値を頼りに[受注テーブル]をたどれば、受注日や顧客名などがわかります。

◆受注明細テーブル

受注ID	商品ID	商品名	単価	数量
0001	B-012	プリンセット	¥2,000	1
0001	B-021	抹茶プリン	¥600	2
0001	B-031	小豆プリン	¥650	2

[受注明細テーブル]に[受注ID]フィールドを追加して、[受注テーブル]と結び付ける

◆受注テーブル

受注ID	受注日	顧客ID	顧客名	TEL	出荷日	配送伝票番号	送料
0001	2016/10/2	1	渡部 剛	028-XXXX	2016/10/2	000100010001	¥500

〈Step4〉顧客情報と商品情報を分割する

　〈Step3〉の［受注テーブル］には、［顧客ID］［顧客名］［住所］フィールドが含まれています。このフィールド構成の場合、次回、同じ顧客から受注があったときに、再度顧客データを入力しなければなりません。入力が面倒なうえ、入力ミスも心配です。［受注明細テーブル］の［商品ID］［商品名］［単価］フィールドも同様です。

◆〈Step3〉の受注テーブル

受注ID	受注日	顧客ID	顧客名	TEL	出荷日	配送伝票番号	送料
0001	2016/10/2	1	渡部　剛	028-XXXX	2016/10/2	000100010001	¥500

◆〈Step3〉の受注明細テーブル

受注ID	商品ID	商品名	単価	数量
0001	B-012	プリンセット	¥2,000	1
0001	B-021	抹茶プリン	¥600	2
0001	B-031	小豆プリン	¥650	2

この先、繰り返し入力される可能性があるデータ

顧客の住所や商品の名前を受注のたびに入力するのは非効率的！

　繰り返し入力するデータは、別テーブルに切り分けましょう。［受注テーブル］からは顧客情報を［顧客テーブル］に切り出します。［受注テーブル］に［顧客ID］フィールドを残せば、いつでも［顧客テーブル］から顧客データを引き出せます。
　同様に、［受注明細テーブル］からは商品情報を［商品テーブル］に切り出します。

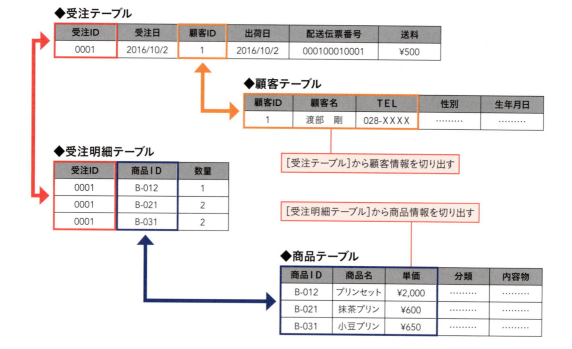

〈Step5〉テーブルを吟味する

〈Step4〉までの操作によって、受注伝票のデータを格納するためのテーブル構成とフィールド構成が見えてきました。最後に、ほかに追加すべきフィールドがないかどうかを吟味します。[受注テーブル]には、受注案件の状況を把握するための[ステータス]フィールドと、覚書を入力するための[備考]フィールドを追加することにします。主キーは、受注を識別するための番号である[受注ID]フィールドが適しています。

◆受注テーブル

受注ID	受注日	顧客ID	ステータス	出荷日	配送伝票番号	送料	備考
0001	2016/10/2	1	出荷済み	2016/10/2	000100010001	¥500	……
0002	2016/10/6	2	出荷済み	2016/10/10	000200020002	¥500	……
0003	2016/10/10	3	出荷済み	2016/10/11	000300030003	¥0	……

主キー　　　　　　　　　　　　　追加するフィールド

〈Step4〉で[受注明細テーブル]から[単価]フィールドを[商品テーブル]に切り出しました。しかし、実際に商品を販売するときに、[商品テーブル]に入力されている定価の[単価]ではなく、セール価格で販売することがあります。とすると、[商品テーブル]の[単価]フィールドとは別に、実売単価を保存する必要が出てきます。そこで、[受注明細テーブル]に実売単価を入力するための[単価]フィールドを再度追加しましょう。

次に、[受注明細テーブル]の主キーを考えます。主キーは、テーブルのレコードを識別するために重複のない値を持つフィールドに設定すべきですが、[受注明細テーブル]には該当するフィールドがありません。そこで、[受注明細ID]フィールドを追加して、主キーとすることにします。

◆受注明細テーブル

受注明細ID	受注ID	商品ID	単価	数量
1	0001	B-012	¥2,000	1
2	0001	B-021	¥600	2
3	0001	B-031	¥650	2
4	0002	S-111	¥3,700	1
5	0003	B-111	¥3,500	1
6	0003	S-012	¥2,600	1

主キー　　追加するフィールド

[商品テーブル]では、今後、単価の改定の可能性もあるわ。改定前の取引の金額をきちんと残すためにも、[受注明細テーブル]に実売単価を保存しておく必要があるのよ！

> **Point**
> **テーブルの設計と「正規化」**
> この節で行ったように、情報を複数のテーブルに整理、分割していく手法を「正規化」と呼びます。Accessのようなリレーショナルデータベースでは、1つのテーブルにあらゆる情報を詰め込むのは御法度です。情報を整理し、目的ごとに分類したテーブルを複数用意して、それらのテーブルを連携させながら、必要なデータを取り出せるようにします。顧客情報は顧客テーブルに、商品情報は商品テーブルに、と目的ごとに分類することで、情報の一元管理が可能になり、全体のデータの整合性や信頼性が保てます。

オブジェクトのインポート

Chapter 4
03 他ファイルのオブジェクトを取り込む

　この節では、いよいよ販売管理システムの作成に着手します。販売管理システムでは、「商品情報」「顧客情報」「受注情報」の3種類のデータを扱います。商品情報を管理するシステムはChapter 2で、顧客情報を管理するシステムはChapter 3で作成したので、それらを販売管理システムにインポートして、サブシステムとして利用することにします。

Sample 商品管理.accdb ／顧客管理.accdb ／販売管理_0403.accdb

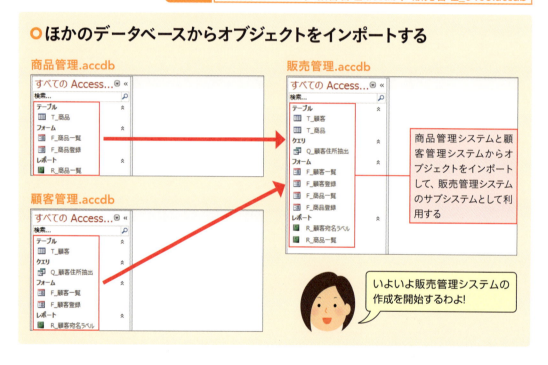

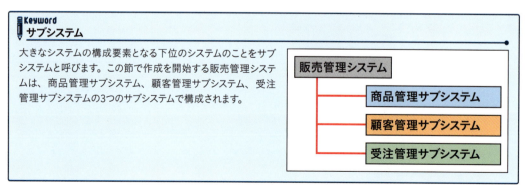

商品管理システムをインポートする

「販売管理」の名前を付けた新しいデータベースファイルを作成し、「商品管理.accdb」から全オブジェクトをインポートします。

❶ 空のデータベースを作成しておく

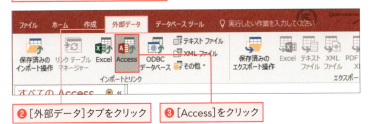

❷ [外部データ]タブをクリック　❸ [Access]をクリック

❹ [参照]をクリックして「商品管理.accdb」を選択

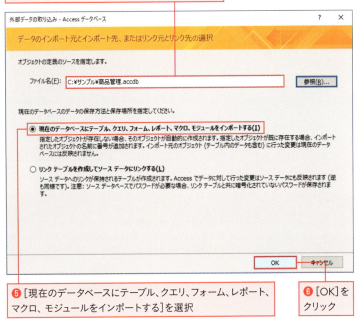

❺ [現在のデータベースにテーブル、クエリ、フォーム、レポート、マクロ、モジュールをインポートする]を選択

❻ [OK]をクリック

❼ 「商品管理.accdb」に含まれるオブジェクトの一覧が表示された

❾ [フォーム]タブと[レポート]タブでもオブジェクトを選択

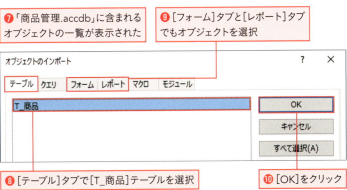

❽ [テーブル]タブで[T_商品]テーブルを選択　❿ [OK]をクリック

> **Memo**
> **ファイル名を変えて利用してもよい**
>
> ここでは、空の新しいデータベースに「商品管理.accdb」と「顧客管理.accdb」からそれぞれ全オブジェクトをインポートしますが、「商品管理.accdb」のファイル名を「販売管理.accdb」に変更して、そこに「顧客管理.accdb」から全オブジェクトをインポートしてもかまいません。

> **Point**
> **取り込むオブジェクト**
>
> 手順❼の画面では、オブジェクトがタブに分類されています。各タブをクリックして、すべてのオブジェクトを選択してください。

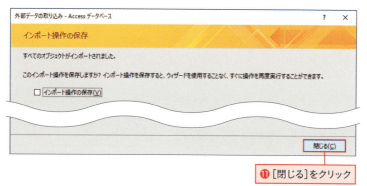
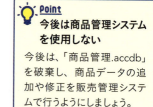

⑪ [閉じる]をクリック

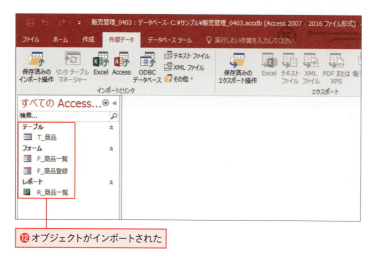

⑫ オブジェクトがインポートされた

顧客管理システムをインポートする

次に、「顧客管理.accdb」から全オブジェクトをインポートします。

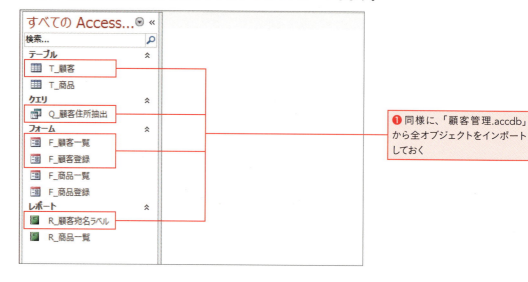

❶ 同様に、「顧客管理.accdb」から全オブジェクトをインポートしておく

サブシステムごとに色分けする

　1つのシステムの中に複数のサブシステムが存在する場合、オブジェクトの数が増えるため、ユーザーが戸惑うことがあります。そんな戸惑いが少しでも軽減されるよう、サブシステムごとにフォームやレポートを色分けして、見た目にわかりやすくしましょう。

❶ 商品管理サブシステムのフォームヘッダーやレポートヘッダーなどを青系の色に変える

> **Point**
> **セクションの色を変更するには**
>
> セクションバー（「フォームヘッダー」などのセクション名が表示されている横長のバー）をクリックすると❶、セクション全体が選択されます❷。その状態で［書式］タブの［図形の塗りつぶし］から色を付けます。セクションの色を変えたら、セクション内のコントロールの文字の色も見やすい色に変えましょう。
>
>

❷ 顧客管理サブシステムのフォームヘッダーをオレンジ系の色に変える

Keyword
インポートとリンク

一つ一つのサブシステムに含まれるオブジェクト数が多い場合、商品情報は「商品管理.accdb」で、顧客情報は「顧客管理.accdb」で、という具合にファイルを分けたままのほうが、サブシステム自体の管理が楽です。そのようなケースでは、「販売管理.accdb」から各サブシステムのテーブルにリンクする方法があります。P.155の手順❺で［リンクテーブルを作成してソースデータにリンクする］を選ぶと、別ファイルのテーブルへのリンクを作成でき、自ファイルでリンクテーブルを開いてレコードの閲覧、編集が行えるようになります。
ただし、リンクテーブルは使用できる機能に制限があります。また、管理が必要なファイルが増えてしまうわずらわしさも生じます。システム全体としての管理は、今回のようにインポートを利用して1つのファイルにまとめたほうが断然容易でしょう。

書式、既定値、ルックアップ、定型入力

Chapter 4
04 受注、受注明細テーブルを作成する

　販売管理システムで使用する4つのテーブルのうち、商品テーブルと顧客テーブルは既に完成しています。ここでは、残りの2つ「受注テーブル」と「受注明細テーブル」を作成します。ルックアップの設定など、データを入力しやすい環境も整えます。

Sample 販売管理_0404.accdb

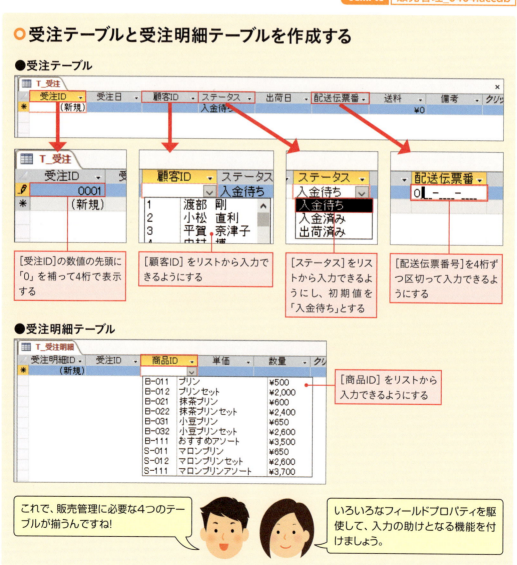

受注テーブルを作成する

Chapter 4の02で行ったテーブルの設計に基づいて、受注テーブルを作成しましょう。

❶[作成]タブの[テーブルデザイン]をクリック

❷下表を参考にフィールドを設定する

フィールド名	データ型	フィールドサイズ	IME入力モード
受注ID	オートナンバー型	長整数型	―
受注日	日付/時刻型	―	オフ
顧客ID	数値型	長整数型	―
ステータス	短いテキスト	10	ひらがな
出荷日	日付/時刻型	―	オフ
配送伝票番号	短いテキスト	12	オフ
送料	通貨型	―	―
備考	短いテキスト	255	ひらがな

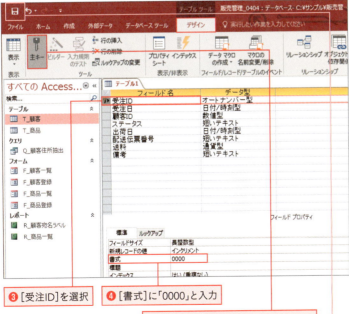

❸[受注ID]を選択
❹[書式]に「0000」と入力
❺[デザイン]タブの[主キー]をクリック
❻[上書き保存]をクリックして「T_受注」の名前で保存しておく

> **Point**
> **受注IDを4桁で表示する**
>
> [書式]プロパティに設定した「0000」の「0」は、数値1桁を表す書式指定文字です。「0000」と設定すると、数値を必ず4桁で表示できます。[受注ID]フィールドはオートナンバー型なので「1」「2」「3」のような連番の数値が自動入力されますが、データシートには「1」が「0001」、「2」が「0002」という具合に4桁で表示されます。

［ステータス］をリストから入力できるようにする

　［ステータス］フィールドは、受注した案件の現在の状態を表示／確認するためのフィールドです。ルックアップの設定を行い、「入金待ち」「入金済み」「出荷済み」の3つの選択肢から入力できるようにします。新規レコードの入力時は「入金待ち」の状態である可能性が高いので、［既定値］を「入金待ち」とします。

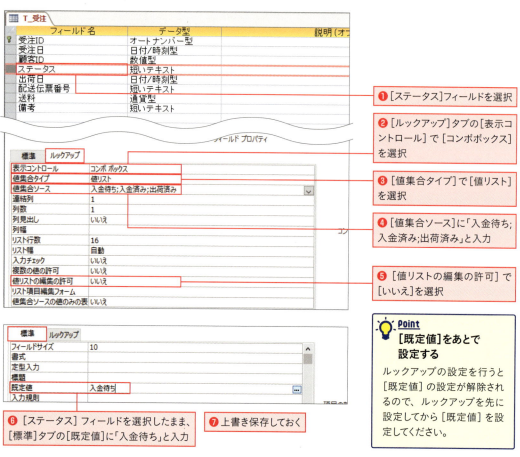

Point　［既定値］をあとで設定する

ルックアップの設定を行うと［既定値］の設定が解除されるので、ルックアップを先に設定してから［既定値］を設定してください。

Keyword　［値リストの編集の許可］プロパティ

［値集合タイプ］で［値リスト］、［値リストの編集の許可］で［はい］を設定すると、データシートでドロップダウンリストを開いたときに、［リスト項目の編集］ボタンが表示されます❶。クリックすると設定画面が開き、リストに表示する項目の編集を行えます❷。ここでは、ユーザーに勝手に編集されたくないので、［いいえ］を設定しました。

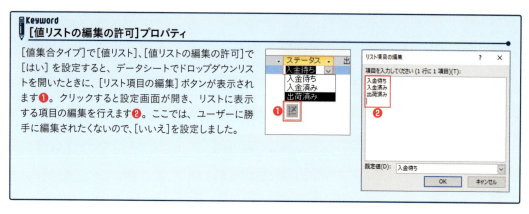

[顧客ID]をリストから入力できるようにする

[顧客ID]フィールドに入力する値は、[T_顧客]テーブルに含まれる[顧客ID]の値です。そこで、ドロップダウンリストから[T_顧客]テーブルの[顧客ID]を選択できるように、設定を行いましょう。

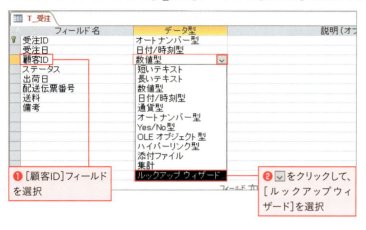

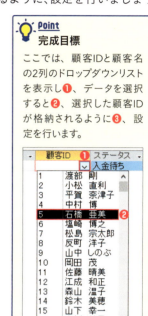

> **Point 完成目標**
>
> ここでは、顧客IDと顧客名の2列のドロップダウンリストを表示し❶、データを選択すると❷、選択した顧客IDが格納されるように❸、設定を行います。

❸[ルックアップウィザード]が表示された

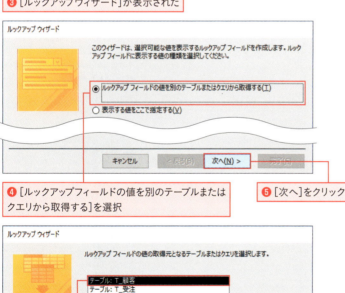

❹[ルックアップフィールドの値を別のテーブルまたはクエリから取得する]を選択

❺[次へ]をクリック

❻選択肢の取得元として[T_顧客]を選択

❼[次へ]をクリック

> **Keyword ルックアップウィザード**
>
> ルックアップウィザードは、データをドロップダウンリストから入力するための設定を対話形式で行う機能です。ルックアップウィザードで指定した内容に応じて、[ルックアップ]タブの各フィールドプロパティが自動的に設定されます。

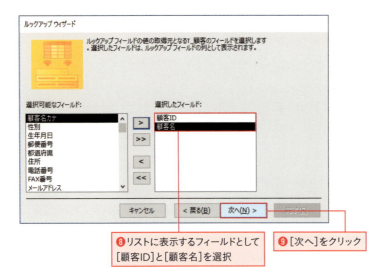

⑧リストに表示するフィールドとして[顧客ID]と[顧客名]を選択

⑨[次へ]をクリック

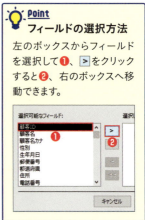

Point
フィールドの選択方法

左のボックスからフィールドを選択して❶、 > をクリックすると❷、右のボックスへ移動できます。

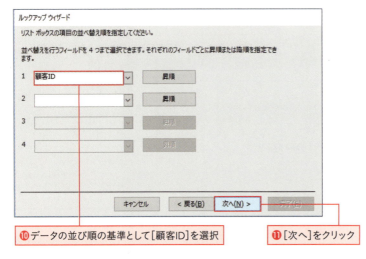

⑩データの並び順の基準として[顧客ID]を選択

⑪[次へ]をクリック

StepUp
顧客名の五十音順に並べるには

手順⑧で[顧客ID][顧客名][顧客名カナ]を選択し、手順⑩で[顧客名カナ]を選択すると、ドロップダウンリストのデータを五十音順に表示できます。手順⑩で[顧客名]を選択した場合は、五十音順ではなく文字コード順になるので注意してください。

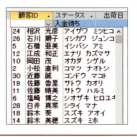

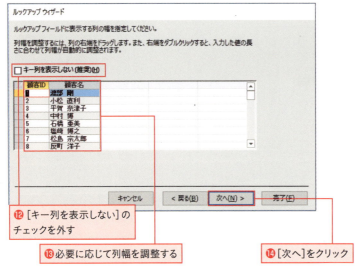

⑫[キー列を表示しない]のチェックを外す

⑬必要に応じて列幅を調整する

⑭[次へ]をクリック

Point
キー列の表示

手順⑧で主キーフィールドを選択すると、ドロップダウンリストにキー列(主キーフィールド、ここでは[顧客ID])を表示するかどうかを指定するための[キー列を表示しない]という設定項目が表示されます。表示したいので、手順⑫ではチェックを外します。

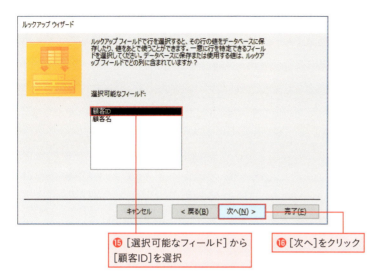

⓯ [選択可能なフィールド]から[顧客ID]を選択

⓰ [次へ]をクリック

 Point
選択可能なフィールド

[選択可能なフィールド]では、[T_受注]テーブルの[顧客ID]フィールドに格納するフィールドを、[顧客ID][顧客名]から選択します。ここでは[顧客ID]の値を格納したいので、手順⓯では[顧客ID]を選択しました。

⓱ [完了]をクリック

Memo
ドロップダウンリストの列幅

手順⓭でドロップダウンリストの列幅を指定しますが、あとで微調整が必要になることがあります。その場合、P.166を参考に、フィールドプロパティの[ルックアップ]タブの[列幅]と[リスト幅]を調整してください。

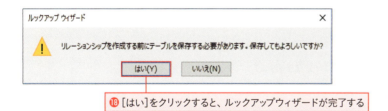

⓲ [はい]をクリックすると、ルックアップウィザードが完了する

Point
リレーションシップが作成される

手順⓲で[はい]をクリックすると、[T_受注]テーブルと[T_顧客]テーブルにリレーションシップが作成されます。リレーションシップについては、次の節で解説します。

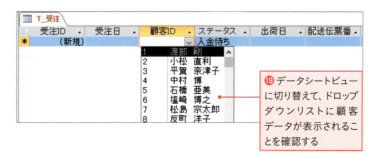

⓳ データシートビューに切り替えて、ドロップダウンリストに顧客データが表示されることを確認する

配送伝票番号の入力パターンを設定する

　配送伝票番号は、通常、データのパターンが決まっています。ここでは、[定型入力]の機能を利用して、12桁の数字を「0001-0001-0001」のように4桁ごとにハイフン「-」で区切って入力できるように設定します。ハイフンを入れることでどの桁の数字を入力しているのかがわかりやすくなり、入力ミスを抑えられます。

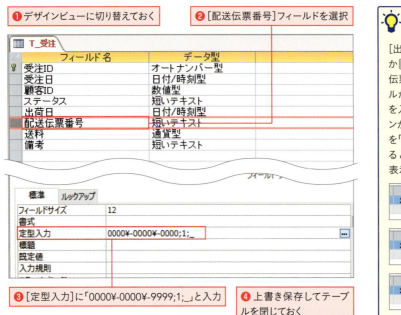
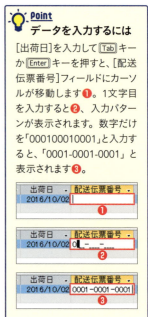

Point 入力パターンの設定

　[定型入力]プロパティは、3つのセクションをセミコロン「;」で区切って設定します。第1セクションに指定した「0000¥-0000¥-0000」は、「0」の位置に必ず数字を入力することを定義します。入力した数字が12桁より少ない場合、エラーメッセージが出て入力を促されます。第2セクションには「1」を指定したので、フィールドには12桁の数字だけが保存されます。

定型入力の定義　　；リテラル文字の保存；代替文字
0000¥-0000¥-9999；　　　　1　　　　；　＿

セクション	説明
第1セクション 定型入力の定義	以下の定型入力文字を使用して入力パターンを定義する。 　0：「0」の位置に数字を入力。省略不可。 　1：「1」の位置に数字を入力。省略可。 　¥：後ろの文字をリテラル文字として表示する。
第2セクション リテラル文字の保存	リテラル文字（ハイフンやカッコなど、入力パターン内の文字列）を保存するかどうかを指定する。「0」を指定すると保存する、「1」を指定するか省略すると保存しない。
第3セクション 代替文字	1文字分の入力位置を示す文字を指定する。アンダーバー「＿」（[Shift]＋ひらがなのキー）を指定することが多い。

受注明細テーブルを作成する

次に、受注明細テーブルを作成します。

❶ 新規テーブルを作成し、下表を参考にフィールドを設定する

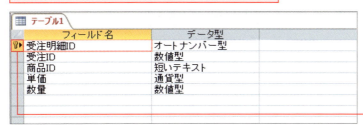

❷ [受注明細ID]に主キーを設定

フィールド名	データ型	フィールドサイズ	IME入力モード
受注明細ID	オートナンバー型	長整数型	―
受注ID	数値型	長整数型	―
商品ID	短いテキスト	5	オフ
単価	通貨型	―	―
数量	数値型	長整数型	―

❸ [受注ID]を選択

❹ [書式]に「0000」と入力

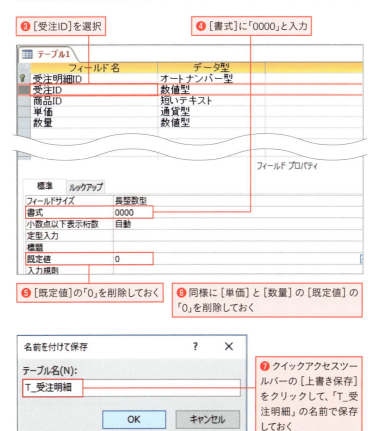

❺ [既定値]の「0」を削除しておく

❻ 同様に[単価]と[数量]の[既定値]の「0」を削除しておく

❼ クイックアクセスツールバーの[上書き保存]をクリックして、「T_受注明細」の名前で保存しておく

Point
受注IDを4桁で表示する

[受注ID]フィールドに「0000」という書式を設定したので、「1」と入力して確定すると❶、「0001」と4桁で表示されます❷。

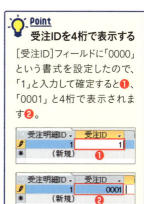

[商品ID]をリストから入力できるようにする

[商品ID]をリストから入力できるように設定します。P.161ではルックアップウィザードを利用しましたが、ここではフィールドプロパティで設定する方法を紹介します。この方法を知っておくと、ルックアップウィザードでの設定を手直しするときにも重宝します。

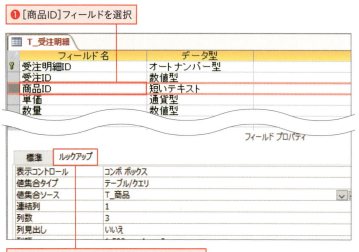

❶ [商品ID]フィールドを選択

❷ [ルックアップ]タブで下表のように設定する

プロパティ	設定値
表示コントロール	コンボボックス
値集合タイプ	テーブル/クエリ
値集合ソース	T_商品
連結列	1
列数	3
列幅	1.5cm;4cm;2cm
リスト幅	7.5cm

❸ 上書き保存してデータシートビューに切り替える

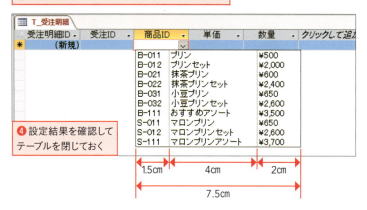

❹ 設定結果を確認してテーブルを閉じておく

Point 「cm」の入力は省略可能

[列幅]と[リスト幅]に数値を入力すると、単位の「cm」が自動入力されます。なお、Accessの内部計算上、入力した数値に端数が付くことがありますが、気にする必要はありません。

Point 値集合ソースと連結列、列数

[値集合ソース]で[T_商品]、[列数]で「3」を設定すると、リストに[T_商品]テーブルの左から3列分のデータが表示されます。また、[連結列]で「1」を設定すると、リストの1列目のデータがフィールドに格納されます。

StepUp 1列目と3列目を表示するには

ドロップダウンリストにテーブルの1列目と3列目のデータを表示するには、[列数]を「3」とし、[列幅]で「1.5cm;0cm;2cm」のように2列目の幅を「0」にします。

StepUp テストデータ削除後にオートナンバーを「1」から始めるには

　動作確認のためにテストデータを入力することがあります。ところが、テストデータを削除して、いざ本番のデータを入力すると、オートナンバー型のフィールドに、削除したレコードの続きの番号が入力されてしまいます。本番のデータはすっきりと「1」から始めたいものです。ここでは、「1」から始めるための操作を紹介します。

テストデータを入力しておきます。P.51を参考に全レコードを選択して❶、Deleteキーを押して削除します。

新規にデータを入力すると❷、オートナンバー型のフィールドに、削除したレコードの続きの番号が入力されます❸。

再度レコードを削除してから❹、[データベースツール]タブの❺、[データベースの最適化/修復]をクリックします❻。

テーブルが自動的に閉じるので、開き直します。新規にデータを入力すると❼、オートナンバー型のフィールドは「1」になります❽。

リレーションシップ

Chapter 4
05 リレーションシップを作成する

　前の節で、販売管理システムの4つのテーブルが出揃いました。ここでは、4つのテーブルのレコードを組み合わせて使用できるように、テーブル同士を関連付けます。この関連付けのことを「リレーションシップ」と呼びます。

Sample 販売管理_0405.accdb

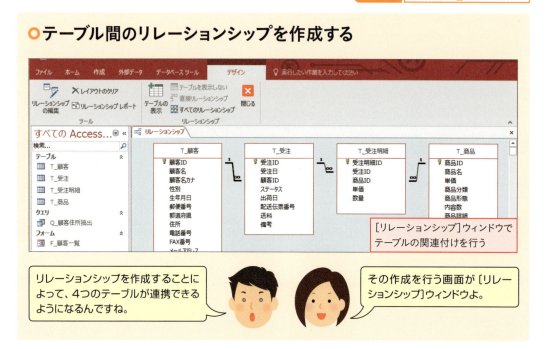

● テーブル間のリレーションシップを作成する

[リレーションシップ]ウィンドウでテーブルの関連付けを行う

リレーションシップを作成することによって、4つのテーブルが連携できるようになるんですね。

その作成を行う画面が[リレーションシップ]ウィンドウよ。

リレーションシップとは

　まずは、簡単な例でリレーションシップを理解しましょう。ここでは、次ページの図のような「商品テーブル」と「販売テーブル」について考えます。

　商品名や価格は商品テーブルに入力されていますが、売れた個数は販売テーブルに入力されています。どの商品がどれだけ売れたのかを調べるには、両方のテーブルに共通する[商品ID]フィールドをたどって、レコードを結び付ける必要があります。レコード同士を結び付けるためのテーブルの関連付けのことを「リレーションシップ」と呼びます。そして、テーブルの関連付けに使用するフィールドを「結合フィールド」と呼びます。

▶ リレーションシップ

◆商品テーブル

商品ID	商品名	価格
S1	商品A	¥100
S2	商品B	¥200
S3	商品C	¥300

結合フィールド

◆販売テーブル

注文ID	日付	商品ID	個数
1	4/1	S1	2
2	4/1	S2	5
3	4/2	S1	1
4	4/5	S3	3
5	4/6	S2	2

リレーションシップ　　結合フィールド

　2つのテーブルのレコードをよく見ると、商品テーブルの1件のレコードが、販売テーブルの複数のレコードと結び付くことがわかります。このように、一方のテーブルの1つのレコードがもう一方のテーブルの複数のレコードに対応する関係を「一対多のリレーションシップ」と呼びます。また、前者のテーブルを「一側テーブル」、後者のテーブルを「多側テーブル」と呼びます。通常、一側テーブルでは、主キーフィールドが結合フィールドとなります。

　一対多のリレーションシップのレコード同士の関係は親子関係に例えることができます。一側テーブルのレコードが「親レコード」、多側テーブルのレコードが「子レコード」となります。

▶「一対多」のリレーションシップ

一側テーブル

◆商品テーブル

商品ID	商品名	価格
S1	商品A	¥100
S2	商品B	¥200
S3	商品C	¥300

親レコード

多側テーブル

◆販売テーブル

注文ID	日付	商品ID	個数
1	4/1	**S1**	2
2	4/1	S2	5
3	4/2	**S1**	1
4	4/5	S3	3
5	4/6	S2	2

子レコード

子レコード

> 1件の親レコードに対して、複数の子レコードが対応するのよ。

> だから「一対多」のリレーションシップと言うわけですね。

テーブルの関係を再確認する

　実際にリレーションシップを作成する前に、販売管理システムの4つのテーブルの関係をおさらいしておきましょう。ここでは、4つのテーブルを結ぶために、次の3組のリレーションシップを作成します。

- 顧客テーブルと受注テーブル（結合フィールド：顧客ID）
- 受注テーブルと受注明細テーブル（結合フィールド：受注ID）
- 受注明細テーブルと商品テーブル（結合フィールド：商品ID）

◆受注テーブル

受注ID	受注日	顧客ID	……	……
0001	2016/10/2	1	……	……
0002	2016/10/6	2	……	……
0003	2016/10/10	3	……	……
0004	2016/10/14	1	……	……

◆顧客テーブル

顧客ID	顧客名	……	……
1	渡部	……	……
2	小松	……	……
3	平賀	……	……

◆受注明細テーブル

受注明細ID	受注ID	商品ID	……	……
1	0001	B-012	……	……
2	0001	B-021	……	……
3	0001	B-031	……	……
4	0002	S-111	……	……
5	0003	B-111	……	……
6	0003	S-012	……	……
7	0004	S-111	……	……

◆商品テーブル

商品ID	商品名	……	……
B-012	プリンセット	……	……
B-021	抹茶プリン	……	……
B-031	小豆プリン	……	……
B-111	おすすめアソート	……	……
S-012	マロンプリンセット	……	……
S-111	マロンプリンアソート	……	……

リレーションシップを作成する

　ここからは、手を動かしながら、実際にリレーションシップを作成します。

❶ ［データベースツール］タブをクリック

❷ ［リレーションシップ］をクリック

❸ [リレーションシップ]ウィンドウが表示された

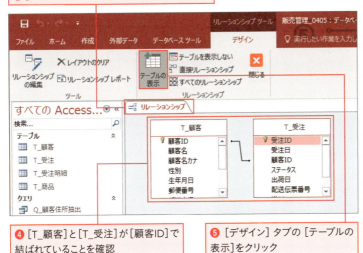

❹ [T_顧客]と[T_受注]が[顧客ID]で結ばれていることを確認

❺ [デザイン]タブの[テーブルの表示]をクリック

❻ [テーブルの表示]ダイアログボックスが表示された

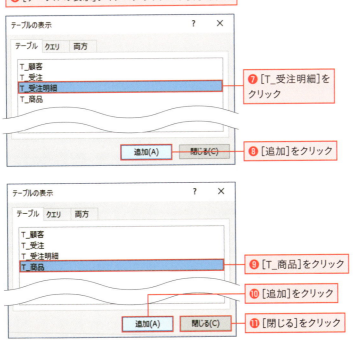

❼ [T_受注明細]をクリック

❽ [追加]をクリック

❾ [T_商品]をクリック

❿ [追加]をクリック

⓫ [閉じる]をクリック

⓬ [T_受注明細]と[T_商品]が追加された

Point
ルックアップウィザードの設定効果

Chapter 4の04でルックアップの設定を行うために、ルックアップウィザードを使用しました。ウィザードの最後に、「リレーションシップを作成する前にテーブルを保存する必要があります。保存してよろしいですか?」と書かれたメッセージ画面で[はい]をクリックしたことにより、自動的に[T_顧客]と[T_受注]の間にリレーションシップが作成されました。

Memo
テーブルが表示されない場合

リレーションシップを作成したはずのテーブルが表示されない場合は、[デザイン]タブの[すべてのリレーションシップ]をクリックすると表示できます。

Memo
[テーブルの表示]ダイアログボックス

[テーブルの表示]ダイアログボックスは、設定対象のテーブルを[リレーションシップ]ウィンドウに追加するための画面です。データベースファイルではじめてリレーションシップを作成する場合は、[テーブルの表示]ダイアログボックスが自動で表示されます。

⓭ [T_受注]の[受注ID]にマウスポインターを合わせる

> **Point テーブルの配置調整**
>
> テーブルの周囲にマウスポインターを合わせてドラッグすると❶、サイズを変更できます。また、テーブルのタイトルバーの部分をドラッグすると❷、位置を調整できます。
>
>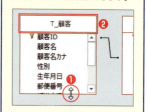

⓮ [T_受注明細]の[受注ID]までドラッグ

⓯ [リレーションシップ]ダイアログボックスが表示された

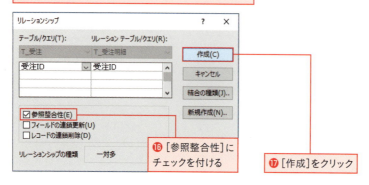

⓰ [参照整合性]にチェックを付ける

⓱ [作成]をクリック

> **Memo 参照整合性**
>
> [参照整合性]にチェックを付けてリレーションシップを作成すると、結合フィールドに入力されるデータに自動監視機能が働き、整合性のあるデータしか入力できないようになります。詳しくは、次の節で解説します。

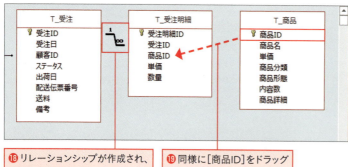

⓲ リレーションシップが作成され、結合線で結ばれた

⓳ 同様に[商品ID]をドラッグ

> **Keyword 結合線**
>
> 結合フィールドを結ぶ線のことを結合線と呼びます。参照整合性を設定した場合、一側の結合フィールドに「1」、多側の結合フィールドに「∞」のマークが付きます。参照整合性を設定せずにリレーションシップを作成した場合は、「1」「∞」のマークは付きません。
>
>

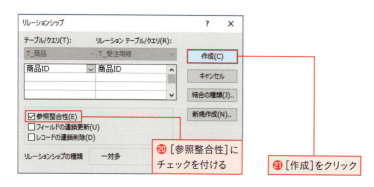

⓴ [参照整合性]にチェックを付ける

㉑ [作成]をクリック

㉒ リレーションシップが作成され、結合線で結ばれた

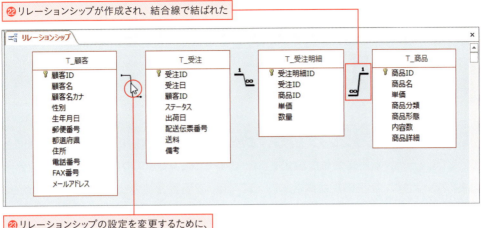

㉓ リレーションシップの設定を変更するために、結合線をダブルクリック

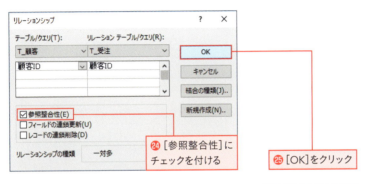

㉔ [参照整合性]にチェックを付ける

㉕ [OK]をクリック

> **Point**
> **リレーションシップの設定変更**
>
> 作成済みのリレーションシップの設定を変更したいときは、結合線をダブルクリックして設定画面を開きます。手順㉓では、リレーションシップに参照整合性を追加設定するために設定画面を呼び出しています。なお、P.163の手順⑰の画面で[データ整合性を有効にする]にチェックを付けてルックアップフィールドを作成した場合は、最初から参照整合性が設定されます。

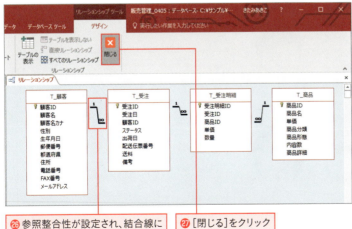

㉖ 参照整合性が設定され、結合線に「1」と「∞」が表示された

㉗ [閉じる]をクリック

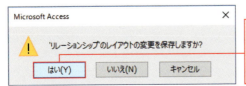

㉘ 保存確認のメッセージが表示されるので、[はい]をクリックして保存しておく

> **Point**
> **リレーションシップの保存**
>
> 手順㉘の保存確認は、[リレーションシップ]ウィンドウのテーブルの配置など、レイアウトを保存するかどうかの確認です。もし[いいえ]をクリックしても、レイアウトが保存されないだけで、リレーションシップ自体は保存されます。

Chapter 4

参照整合性

06 関連付けしたテーブルに入力する

　Chapter 4の05でリレーションシップを作成するときに、[参照整合性]にチェックを付けたことを覚えているでしょうか。参照整合性を設定すると、リレーションシップの関係を崩すようなデータが入力されないように、監視機能が働きます。ここでは、参照整合性の仕組みを理解しながら、受注データを入力してみましょう。

Sample 販売管理_0406.accdb

◯ 受注データを入力する

（画面：T_受注テーブルに受注ID 0001、受注日 2016/10/01、顧客ID 31、ステータス 入金待ち を入力するとエラーダイアログ「テーブル 'T_顧客' にリレーションシップが設定されたレコードが必要なので、レコードの追加や変更を行うことはできません。」が表示される）

（男性キャラクター）マイコ先輩、緊急事態です！受注テーブルに新規顧客の受注データを入力したら、エラーになってしまいました！

（女性キャラクター）もしかしたら、未登録の顧客IDを入力したんじゃない？
参照整合性を設定したテーブルでは、「多側」の「受注テーブル」にデータを入力する前に、「一側」の「顧客テーブル」にデータを入れておかないといけないのよ！

（画面：リレーションシップダイアログ。T_顧客とT_受注の顧客ID同士、[参照整合性(E)]にチェック、リレーションシップの種類 一対多）

> **Memo 難しい話が苦手な人は**
> 参照整合性の考え方を、P.175～177で解説します。ちょっと難しい話です。データベースシステムの開発を挫折しそうになるくらい難しく感じるようなら、読み飛ばしてください。「参照整合性は、データの整合性を保つための機能」とだけ理解して、P.178から操作を進めましょう。

参照整合性とは

　受注データの入力を始める前に、参照整合性の仕組みを理解しておきましょう。現在作成中の販売管理システムはテーブル数やフィールド数が多く複雑なので、ここでは説明を簡単にするために、コンパクトなテーブルを使用して解説します。

　下図の「商品テーブル」と「販売テーブル」を見てください。[商品ID]フィールドを結合フィールドとして、リレーションシップを設定してあります。2つのテーブルは一対多の関係にあります。商品テーブルが一側テーブルで、そのレコードは親レコードとなります。また、販売テーブルが多側テーブルで、そのレコードは子レコードとなります。

▶ リレーションシップ

　ここで、双方のテーブルに共通しないデータが、結合フィールドに入力されるケースを考えてみましょう。2つのケースが考えられます。1つは、販売テーブルの中には存在しないデータが、商品テーブルの結合フィールドに入力されるケースです。

　下図では、販売テーブルに入力されていない「XX」（商品X）が、商品テーブルに入力されています。商品Xは販売テーブルにないので売れていない商品と考えられ、データベースの整合性としての問題はありません。商品Xのレコードは、「子レコードを持たない親レコード」と言えます。

▶ (ケース1) 一側テーブルのみに入れられたデータ：OK

もう1つは、販売テーブルの結合フィールドに、商品テーブルの中には存在しないデータが入力されるケースです。下図では、商品テーブルに入力されていない「XX」が、販売テーブルに入力されています。存在しない商品が売られたことになり、あり得ません。このようなあり得ないデータ（親レコードが存在しない子レコード）が入力されると、データベースの信頼性が損なわれます。

▶（ケース2）多側テーブルのみに入れられたデータ：NG

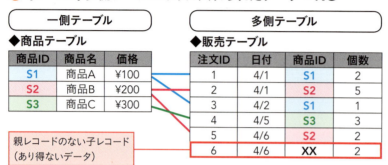

　どんなに気を付けていても人手による管理では、入力ミスや操作ミスで、ケース2のようなあり得ないデータが入力されてしまう可能性があります。そこで、出番となるのが「参照整合性」という機能です。リレーションシップと一緒に参照整合性を設定しておくと、結合フィールドにあり得ないデータが入力されたときに、Accessがエラーメッセージを出して、「親レコードのない子レコード」が生じるのを阻止してくれます。参照整合性を設定することにより、整合性のあるデータしか入力できない状態となり、データベースの信頼性が上がるというわけです。

> 📎 **Memo**
> **参照整合性を設定しない場合**
> リレーションシップの作成時に［参照整合性］にチェックを入れなかった場合、レコードを結合するためのフィールドが定義されるだけで、データの整合性を監視する機能は働きません。

参照整合性の設定効果

参照整合性を設定した場合、「親レコードのない子レコード」が生じるのを防ぐために、Accessが自動で次の3種類の操作制限をしてくれます。

● 多側テーブルの結合フィールドに対する「入力の制限」

多側テーブルの結合フィールドに、一側テーブルに存在しないデータが入力されると、エラーメッセージが表示されてフィールドのデータを確定できません。つまり、「親レコードのない子レコード」の追加が禁止されます。

● 一側テーブルの結合フィールドに対する「更新の制限」

多側テーブルの結合フィールドに入力されているデータを、一側テーブルで変更しようとすると、エラーメッセージが表示されてデータを変更できません。つまり、「子レコードを持つ親レコード」の更新が禁止されます。

● 一側テーブルの親レコードに対する「削除の制限」

多側テーブルの結合フィールドに入力されているデータの親レコードを、一側テーブルで削除しようとすると、エラーメッセージが表示されてレコードを削除できません。つまり、「子レコードを持つ親レコード」の削除が禁止されます。

▶ 入力の制限

多側テーブル

◆販売テーブル

注文ID	日付	商品ID	個数
1	4/1	S1	2
2	4/1	S2	5
3	4/2	S1	1
4	4/5	S3	3
5	4/6	S2	2
6	4/6	XX	2

エラーメッセージ：商品テーブルにない「商品ID」の入力禁止！

> **Point 親レコードを先に入力**
> 新商品の販売データを入力するときは、先に商品テーブルに新商品を登録しないと、販売テーブルでデータを入力するときに「入力の制限」に引っかかりエラーになるので気を付けてください。

▶ 更新の制限

一側テーブル

◆商品テーブル

商品ID	商品名	価格
XX	商品A	¥100
S2	商品B	¥200
S3	商品C	¥300

エラーメッセージ：販売テーブルにある「商品ID」の変更禁止！

▶ 削除の制限

一側テーブル

◆商品テーブル

商品ID	商品名	価格
XX	商品A	¥100
S2	商品B	¥200
S3	商品C	¥300

エラーメッセージ：販売テーブルにある「商品ID」のレコード削除禁止！

受注テーブルにデータを入力する

　Chapter 4の04で設定したフィールドプロパティの動作を確認しながら、受注テーブルにデータを入力してみましょう。下図の手順では[日付選択カレンダー]やドロップダウンリストからデータを選択していますが、直接キーボードから入力してもかまいません。

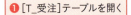
❶[T_受注]テーブルを開く

❷新規レコードの[ステータス]に既定値が表示される

> **Memo 日付選択カレンダー**
> 日付/時刻型のフィールドは、日付選択カレンダーから日付を入力できます。なお、[定型入力]プロパティを設定したフィールドでは、日付選択カレンダーを使えません。

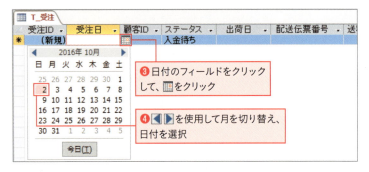
❸日付のフィールドをクリックして、🗓をクリック
❹◀▶を使用して月を切り替え、日付を選択

> **Point 手入力の場合の注意**
> [顧客ID]を手入力する場合、[T_顧客]テーブルに未登録の[顧客ID]を入れると参照整合性の[入力の制限]によりエラーになります。なお、ドロップダウンリストには登録済みのデータが表示されるので、[入力の制限]に引っかかることはありません。

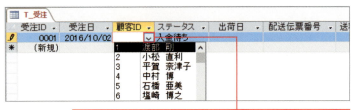
❺[顧客ID]と[ステータス]はドロップダウンリストから入力できる

> **Memo 上と同じデータを入力するには**
> データを入力するときに[Ctrl]+[7]キー([7]はテンキー不可)を押すと、真上と同じデータを自動入力できます。手順❼では、[ステータス]フィールドに「出荷済み」の入力が続きますが、ドロップダウンリストから入力するより効率的です。

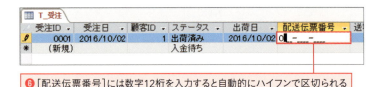
❻[配送伝票番号]には数字12桁を入力すると自動的にハイフンで区切られる

❼データを入力しておく

❽データを入力すると、行頭に⊞マークが表示される

受注明細テーブルにデータを入力する

一側テーブルのデータシートには、多側テーブルのサブデータシートを表示できます。これを利用して、受注テーブルのデータシートで受注明細テーブルのデータを入力してみましょう。

❶ [T_受注]テーブルを開いておく

❷ ⊞をクリック

❸ [T_受注明細]テーブルのサブデータシートが表示された

❹ ⊟をクリックするとサブデータシートを閉じることができる

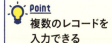

❺ サブデータシートにデータを入力

❻ [受注ID]が「0001」の受注明細データを3件入力　子レコード　親レコード

Keyword
サブデータシート

一側テーブルのデータシートの中に表示される多側テーブルのデータシートを「サブデータシート」と呼びます。⊞や⊟でサブデータシートの展開／折り畳みを切り替えられます。

Point
結合フィールドは表示されない

[T_受注]テーブルと[T_受注明細]テーブルの結合フィールドは[受注ID]ですが、サブデータシートに[受注ID]フィールドは表示されません。[T_受注]テーブルの[受注ID]の値が、自動で[T_受注明細]テーブルの[受注ID]フィールドに入力されます。例えば、[受注ID]が「0001」のレコードのサブデータシートを開いて入力した場合、入力したレコードの[受注ID]は「0001」になります。

Point
複数のレコードを入力できる

[T_受注]テーブルの1件のレコードに対して、サブデータシートで[T_受注明細]テーブルの複数のレコードを入力できます。手順❻の画面を見ると、レコードが「一対多」の関係にあることがよくわかります。

❼ ほかの[受注ID]の受注明細データも入力しておく

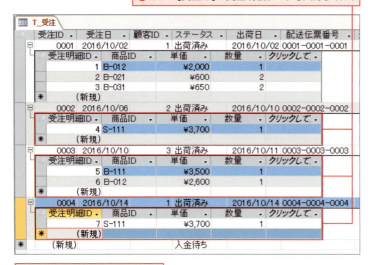

Memo
[受注明細ID]フィールドの値

手順❼の操作後に、[受注ID]が「0001」のサブデータシートに新規レコードを追加した場合❶、[受注明細ID]は「8」となり❷、[T_受注明細]テーブルを開いたときに[受注ID]が「0001」のレコードが離れ離れで表示されます❸。[受注明細ID]はレコードを入力した順に連番が振られるので仕方がないことです。しかし、もし気になる場合は、[T_受注明細]テーブルでオートナンバー型の主キーをやめて、次ページで紹介する「連結主キー」を設定してください。

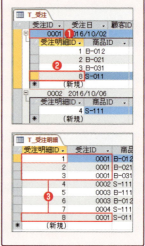

❽ [T_受注]テーブルを閉じておく

❾ [T_受注明細]テーブルを開いて、手順❶～❽で入力したデータが表示されることを確認しておく

Point
[T_受注明細]テーブルでの入力

ここではサブデータシートを利用して[T_受注明細]テーブルのレコードを入力しましたが、[T_受注明細]テーブルを開いて、直接レコードを入力してもかまいません。その場合、[受注ID]フィールドに入力する値は、先に[T_受注]テーブルに入力しておく必要があります。

販売管理システムの4つのテーブルが出揃ったわね。

正規化、リレーションシップ、参照整合性……。きちんと理解できているか不安です。この先大丈夫でしょうか?

私も、いくつかのシステム開発に携わって、ようやく理解できたことなの。徐々に理解が深まるはず。さあ、次は受注データを入力するためのフォーム作りよ!

[T_受注明細]テーブルに連結主キーを設定する

[受注ID]ごとに明細番号を「1」「2」「3」と順序よく入力したいこともあるでしょう。複数のフィールドを組み合わせた「連結主キー」を利用すると実現します。

Sample 販売管理_0406-S.accdb

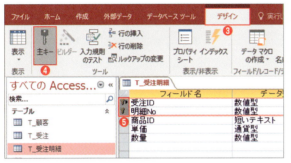

[T_受注明細]テーブルでオートナンバー型のフィールドは設けず、数値型（長整数型）の[明細No]フィールドを用意します❶。[受注ID]から[明細No]までフィールドセレクターをドラッグして❷、2つのフィールドを選択します。[デザイン]タブの❸、[主キー]をクリックすると❹、[受注ID]と[明細No]の2つのフィールドに主キーが設定されます❺。これを「連結主キー」と呼びます。

サブデータシートにデータを入力するときは、[明細No]フィールドに手動で「1」「2」「3」と数値を入力します❻。各[受注ID]ごとに「1」から始まる連番を入れていきます❼。

[T_受注明細]テーブルを開いて確認します。[明細No]フィールドに「1」や「2」などの数値が重複入力されていますが、[受注ID]と[明細No]の値の組み合わせはほかのレコードと重複しないので❽、連結主キーとして成り立ちます。

データベースを最適化する

「最適化」の機能を利用してオートナンバー型を「1」から始め直す方法をP.167で紹介しましたが、本来、最適化は肥大化したデータベースファイルのサイズをコンパクトにしたり、ファイルの破損や損傷を修復したりする機能です。

Accessのデータベースファイルは、データやオブジェクトを削除してもその残骸が残り、ファイルサイズは小さくなりません。削除済みオブジェクトの残骸が増えていくと、パフォーマンスが低下することがあります。これを防ぐために、「最適化」の機能を利用します。

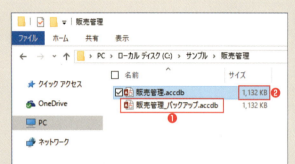

最適化はファイルの保存領域を変更する機能なので、万が一に備えて、あらかじめファイルをコピーしておいてください❶。現在のファイルサイズは「1,132KB」です❷。

データベースを開き❸、[データベースツール]タブで❹、[データベースの最適化/修復]をクリックし❺、ファイルを閉じます。

ファイルサイズが「732KB」と❻、半分近いサイズになりました。

Chapter 5

データベース構築編

受注管理用のフォームを作ろう

このChapterでは、販売管理システムの中心となる受注管理用のフォームと、その基になるクエリを作成します。いずれも、複数のテーブルのフィールドを組み合わせた、リレーショナルデータベースならではのオブジェクトです。

01　全体像をイメージしよう 184
02　フォームの基になるクエリを作成する 188
03　メイン／サブフォームを作成する 196
04　フォームで受注金額を計算する 206
05　マクロを利用して使い勝手を上げる 218
06　受注一覧フォームを作成する 228
Column　オブジェクトの依存関係を調べる 238

作成するフォームと基になるクエリ

Chapter 5
01 全体像をイメージしよう

○ 受注管理用のフォームを作る

 前Chapterで作成した受注テーブルと受注明細テーブルにデータを入力するためのフォームを作りましょう。

 ということは、入力用のフォームを2つ作るんですね。

 2つのフォームを組み合わせて、1つの画面でデータの入力・表示を行う「メイン／サブフォーム」というフォームを作るのよ。

 2つのフォームが合体して1つのフォームになるということですか？ 面白そうですね。

 ええ、完成後は大きな達成感が得られること請け合いよ！ そのほかに、受注データを一覧表示するフォームと、各フォームの基になるクエリも作るわよ。

このChapterで作成するオブジェクトとデータの流れ

このChapterでは、受注管理に使用する「受注登録フォーム」と「受注一覧フォーム」を作成します。「受注登録フォーム」は、受注情報を表示するフォームと受注明細情報を表示するフォームの2つを組み合わせたフォームです。各フォームに表示するデータは、クエリを使用して用意します。

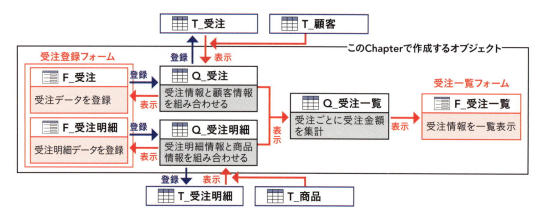

作成するオブジェクトを具体的にイメージする

作業を始める前に、作成するオブジェクトの概要をつかんでおきましょう。

▶ 受注クエリ（Q_受注）

受注ID	受注日	顧客ID	顧客名	電話番号	メールアドレス	ステータス	出荷日
0001	2016/10/02	1	渡部 剛	028-645-XXXX	watanabe@example.com	出荷済み	2016/10/0
0002	2016/10/06	2	小松 直利	017-726-XXXX		出荷済み	2016/10/1
0003	2016/10/10	3	平賀 奈津子	0467-31-XXXX	hiraga@example.com	出荷済み	2016/10/1
0004	2016/10/14	1	渡部 剛	028-645-XXXX	watanabe@example.com	出荷済み	2016/10/1
0005	2016/10/17	4	中村 博	042-926-XXXX	nakamura@example.com	出荷済み	2016/10/2
0006	2016/10/20	5	石橋 亜美	0748-48-XXXX		入金待ち	
0007	2016/10/21	31	高橋 奈津子	03-3625-XXXX	natsuko@example.com	入金待ち	
*（新規）							

> 受注登録フォームの受注データの部分の基になるクエリ。[T_受注]テーブルと[T_顧客]テーブルから作成する（Chapter 5の02）

▶ 受注明細クエリ（Q_受注明細）

受注明細ID	受注ID	商品ID	商品名	定価	販売単価	数量	金額
1	0001	B-012	プリンセット	¥2,000	¥2,000	1	¥2,000
2	0001	B-021	抹茶プリン	¥600	¥600	2	¥1,200
3	0001	B-031	小豆プリン	¥650	¥650	2	¥1,300
4	0002	S-111	マロンプリンアソート	¥3,700	¥3,700	1	¥3,700
5	0003	B-111	おすすめアソート	¥3,500	¥3,500	1	¥3,500
6	0003	B-012	プリンセット	¥2,000	¥2,600	1	¥2,600
7	0004	S-111	マロンプリンアソート	¥3,700	¥3,700	1	¥3,700
8	0005	B-021	抹茶プリン	¥600	¥600	3	¥1,800
9	0006	B-012	プリンセット	¥2,000	¥2,000	1	¥2,000
10	0006	B-021	抹茶プリン	¥600	¥600	1	¥600
11	0006	B-032	小豆プリンセット	¥2,600	¥2,600	1	¥2,600
12	0006	S-012	マロンプリンセット	¥2,600	¥2,600	1	¥2,600
13	0007	B-022	抹茶プリンセット	¥2,400	¥2,160	1	¥2,160
*（新規）							

> 受注登録フォームの受注明細データの部分の基になるクエリ。[T_受注明細]テーブルと[T_商品]テーブルから作成する（Chapter 5の02）

▶ 受注一覧クエリ（Q_受注一覧）

受注ID	受注日	顧客ID	顧客名	ステータス	合計金額
0007	2016/10/21	31	高橋 奈津子	入金待ち	¥2,160
0006	2016/10/20	5	石橋 亜美	入金待ち	¥7,800
0005	2016/10/17	4	中村 博	出荷済み	¥1,800
0004	2016/10/14	1	渡部 剛	出荷済み	¥3,700
0003	2016/10/10	3	平賀 奈津子	出荷済み	¥6,100
0002	2016/10/06	2	小松 直利	出荷済み	¥3,700
0001	2016/10/02	1	渡部 剛	出荷済み	¥4,500

> 受注ごとに売上金額を集計するクエリ。受注日、顧客名、ステータスなどの情報と一緒に一覧表示する。[Q_受注]クエリと[Q_受注明細]クエリから作成する（Chapter 5の06）

▶ 受注登録フォーム(F_受注、F_受注明細)

受注情報を登録するフォーム。受注テーブルの1件分のデータを1画面に表示する「メインフォーム」の中に、対応する受注明細テーブルのデータを表形式で表示する「サブフォーム」を埋め込んだフォーム(Chapter 5の03)。関数を利用して、金額の合計を計算する(Chapter 5の04)。新規顧客からの受注データをシームレスに入力できるように[顧客登録]ボタンを用意し、顧客登録フォームが表示される仕組みを付ける(Chapter 5の05)

▶ 受注一覧フォーム(F_受注一覧)

受注データのうち、重要な情報のみを表形式で表示。最新のデータをすぐに確認できるように、受注IDの新しい順に並べて表示する。詳細なデータを知りたいときのために、[詳細]ボタンを用意する(Chapter 5の06)

画面遷移を考える

このChapterで作成するフォームの関係性を確認しておきましょう。「受注一覧フォーム」の[詳細]ボタンをクリックすると、「受注登録フォーム」が開き、詳細データが表示されます。また、「受注登録フォーム」で[顧客登録]ボタンをクリックすると、新規顧客を入力するための「顧客登録フォーム」（Chapter 3で作成）が開きます。

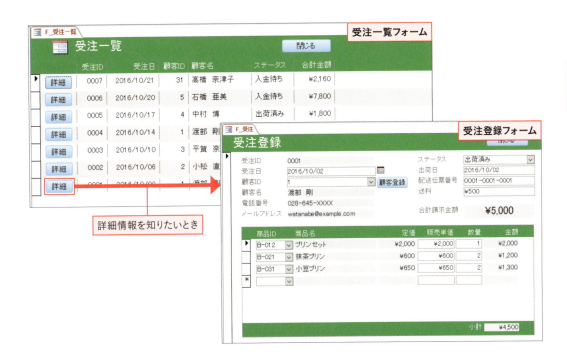

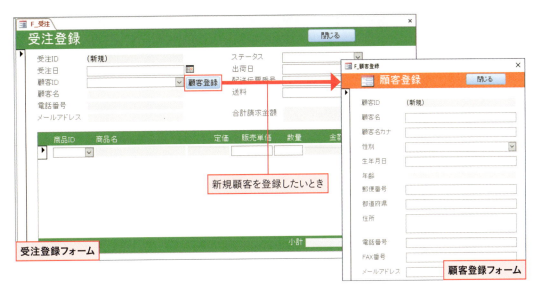

オートルックアップクエリ、演算フィールド

Chapter 5
02 フォームの基になるクエリを作成する

　ここでは、次節で作成するメイン／サブフォームの基になる2つのクエリを作成します。1つは[T_受注]テーブルと[T_顧客]テーブルから作成する[Q_受注]クエリ、もう1つは[T_受注明細]テーブルと[T_商品]テーブルから作成する[Q_受注明細]クエリです。[Q_受注明細]クエリでは、金額の計算も行います。

Sample 販売管理_0502.accdb

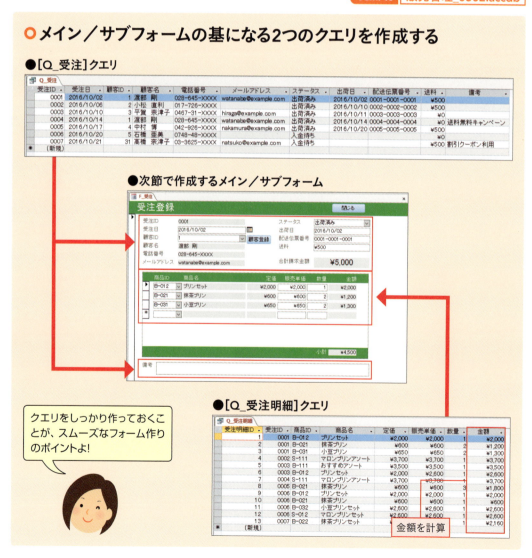

クエリをしっかり作っておくことが、スムーズなフォーム作りのポイントよ！

メインフォームの基になる受注クエリを作成する

［T_受注］テーブルと［T_顧客］テーブルのレコードを組み合わせて、メインフォームの基になるクエリを作成します。

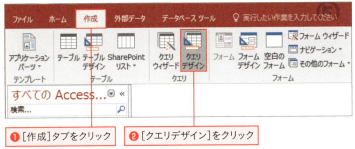

P.84を参考にナビゲーションウィンドウを折り畳むと、クエリの画面が広がるから、P.190のフィールドの追加やP.191の入力の作業がしやすくなります。

❶［作成］タブをクリック
❷［クエリデザイン］をクリック
❸［T_受注］をクリック
❹［追加］をクリック

Memo テーブルを追加する順番

手順❸〜❼で［T_受注］［T_顧客］の順序でテーブルを追加しているので、手順❾の図では左から［T_受注］［T_顧客］の順にフィールドリストが表示されました。なお、テーブルの追加順や並び順はクエリの結果に影響を与えることはないので、どの順番で追加してもかまいません。

❺［T_顧客］をクリック
❻［追加］をクリック
❼［閉じる］をクリック

❽テーブルが追加され、結合線で結ばれた

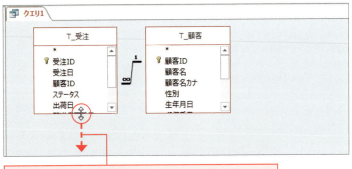

Point 結合線で結ばれる

リレーションシップを設定した2つのテーブルをクエリに追加すると、結合フィールドが結合線で結ばれて表示されます。

❾フィールドリストの境界線をドラッグしてサイズを調整しておく

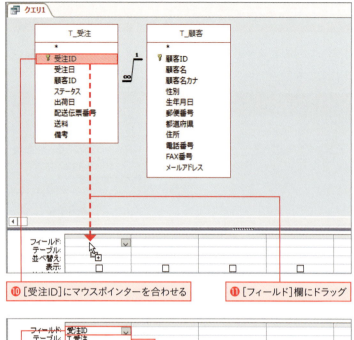

⑩ [受注ID]にマウスポインターを合わせる　⑪ [フィールド]欄にドラッグ

⑫ [受注ID]が追加された　⑬ テーブル名が表示された

⑭ 下表を参考にフィールドを追加

⑮ [受注ID]フィールドの[並べ替え]欄で[昇順]を選択　⑯ [Q_受注]の名前でクエリを保存しておく

フィールド	テーブル	使用目的
受注ID	T_受注	入力
受注日	T_受注	入力
顧客ID	T_受注	入力
顧客名	T_顧客	参照
電話番号	T_顧客	参照
メールアドレス	T_顧客	参照
ステータス	T_受注	入力
出荷日	T_受注	入力
配送伝票番号	T_受注	入力
送料	T_受注	入力
備考	T_受注	入力

Memo
ダブルクリックしても追加できる

フィールドリストでフィールドをダブルクリックすると、デザイングリッドの[フィールド]欄に即座に追加できます。

Point
[顧客ID]は[T_受注]から追加する

[顧客ID]フィールドは両方のテーブルにありますが、必ず[T_受注]テーブルから追加してください。作成するクエリは[T_受注]テーブルにデータを入力するためのものです。[T_受注]テーブルから追加しないと、[顧客ID]フィールドにデータを入力できません。

Point
入力用と参照用のフィールド

[T_受注]テーブルと[T_顧客]テーブルの2つからクエリを作成しますが、2つの使用目的は異なります。[T_受注]テーブルのフィールドは、[T_受注]テーブルにデータを入力するために使用します。[T_顧客]テーブルのフィールドは、入力された[顧客ID]フィールドに対応する顧客情報を表示して、データをわかりやすく見せるためのフィールドです。

Memo
クエリを保存するには

クイックアクセスツールバーの[上書き保存]をクリックして、表示される画面で「Q_受注」と入力して[OK]をクリックします。

受注クエリにデータを入力してみる

作成したクエリに、データを入力してみましょう。[顧客ID]フィールドを入力すると、[T_顧客]テーブルから[顧客名]などの顧客情報が自動表示されることも確認しましょう。

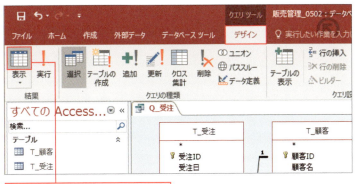

> **Memo**
> **入力モードは自動切り替えされない**
>
> テーブルで設定した[IME入力モード]プロパティは、クエリでは有効になりません。ただし、クエリを基に作成したフォームでは有効になります。ここでは動作確認のためにクエリでデータを入力しますが、システムの運用時にはフォームを利用して入力します。

❶[デザイン]タブの[表示]をクリック

❷[T_受注]テーブルと[T_顧客]テーブルのレコードが組み合わされて表示された

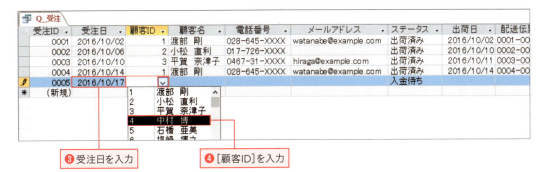

❸受注日を入力　　❹[顧客ID]を入力

❺[顧客名][電話番号][メールアドレス]が自動表示された

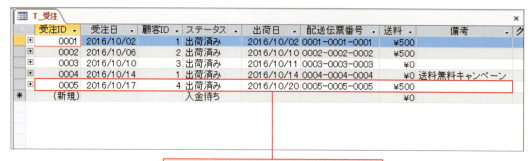

❻残りのフィールドを入力しておく　❼クエリを閉じておく

❽[T_受注]テーブルを開いて、[Q_受注]クエリで入力したレコードが保存されていることを確認する

Keyword
オートルックアップクエリ

[T_受注]テーブルと[T_顧客]テーブルのように、一対多のリレーションシップの関係にあるテーブルからクエリを作成すると、多側テーブルの結合フィールド（ここでは[T_受注]の[顧客ID]）にデータを入力したときに、対応するデータ（ここでは[顧客名]［電話番号］［メールアドレス］）が一側テーブルから引き出されて自動表示されます。このようなクエリを「オートルックアップクエリ」と呼びます。

●[Q_受注]クエリ（オートルックアップクエリ）

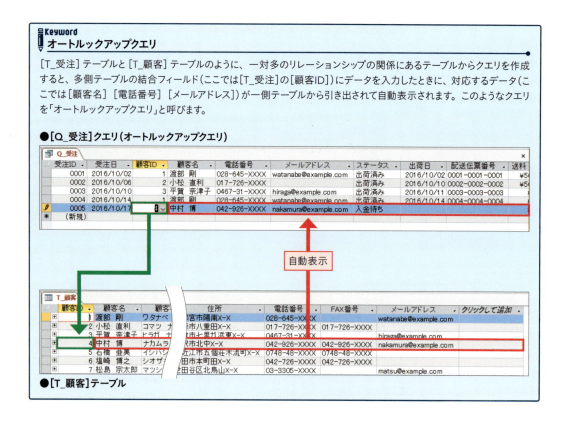

●[T_顧客]テーブル

サブフォームの基になる受注明細クエリを作成する

次に、[T_受注明細]テーブルと[T_商品]テーブルのレコードを組み合わせて、サブフォームの基になるクエリを作成します。

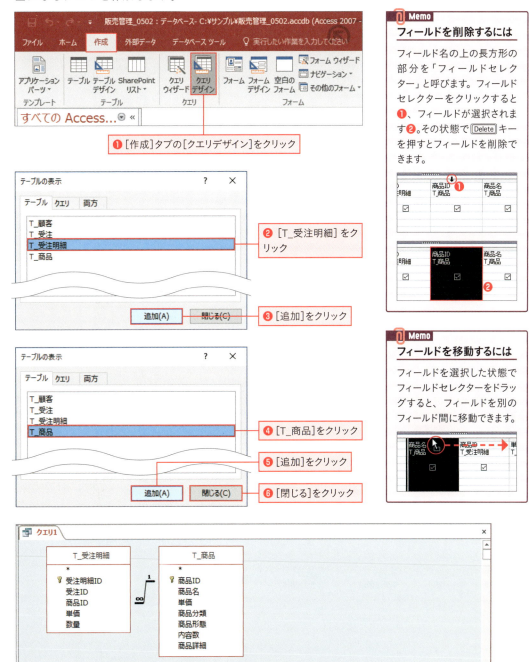

❽ 下表を参考にフィールドを追加しておく

フィールド	テーブル	使用目的
受注明細ID	T_受注明細	入力
受注ID	T_受注明細	入力
商品ID	T_受注明細	入力
商品名	T_商品	参照
単価	T_商品	参照
単価	T_受注明細	入力
数量	T_受注明細	入力

❾「単価」の前に「定価:」と入力

❿「単価」の前に「販売単価:」と入力

⓫ フィールドセレクターの境界線をドラッグして列幅を広げる

⓬「金額: [販売単価]*[数量]」と入力

⓭ [受注明細ID] フィールドの [並べ替え] 欄で [昇順] を選択

⓮ [Q_受注明細] の名前でクエリを保存しておく

Point
[商品ID]は[T_受注明細]から追加する
[商品ID]フィールドは両方のテーブルにありますが、必ず[T_受注明細]テーブルから追加してください。

Point
フィールド名を変更する
[T_商品]と[T_受注明細]の2つのテーブルから同じフィールド名の[単価]フィールドを配置したので、それぞれを区別するためにフィールド名を設定します。フィールド名の前に、「フィールド名:」を追加すると、追加したフィールド名がクエリ上でのフィールド名となります。

Point
演算フィールド
クエリでは、計算結果をフィールドとして表示できます。そのようなフィールドを「演算フィールド」と呼びます。演算フィールドは次のように定義します。

フィールド名: 式

手順⓬では、[販売単価]フィールドと[数量]フィールドの値を掛け合わせて、「金額」という名前のフィールドを作成しています。

四則演算用の演算子	
フィールド	テーブル
足し算	+
引き算	-
掛け算	*
割り算	/

受注明細クエリにデータを入力してみる

作成したクエリにデータを入力して、オートルックアップクエリの確認と、金額の計算の確認をしましょう。

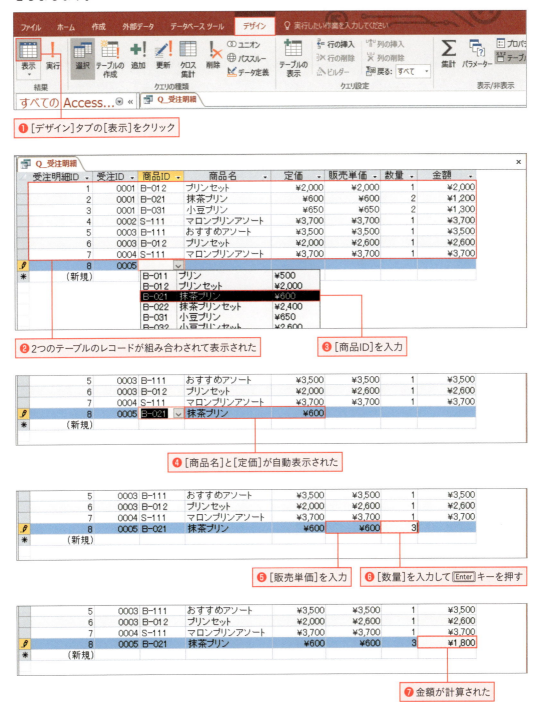

Chapter 5
03 メイン／サブフォームの作成

メイン／サブフォームを作成する

クエリを作成できたら、次はいよいよフォームの作成です。受注情報をメインフォーム、受注明細情報をサブフォームに表示する「メイン／サブフォーム」を作成します。このフォームは、受注データの入力と表示に利用します。

Sample 販売管理_0503.accdb

● 受注登録フォームを作成する

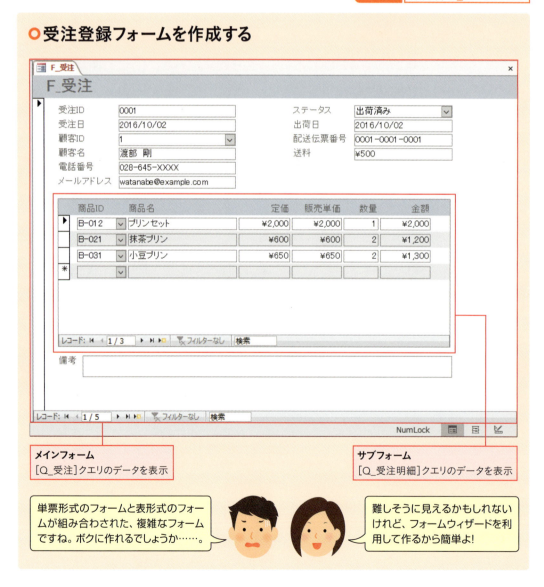

メインフォーム
[Q_受注]クエリのデータを表示

サブフォーム
[Q_受注明細]クエリのデータを表示

単票形式のフォームと表形式のフォームが組み合わされた、複雑なフォームですね。ボクに作れるでしょうか……。

難しそうに見えるかもしれないけれど、フォームウィザードを利用して作るから簡単よ！

ウィザードを使用してメイン／サブフォームを作成する

［Q_受注］クエリと［Q_受注明細］クエリを基に、フォームウィザードを使用してメイン／サブフォームを作成します。クエリやリレーションシップがきちんと作成されていれば、簡単に作成できます。

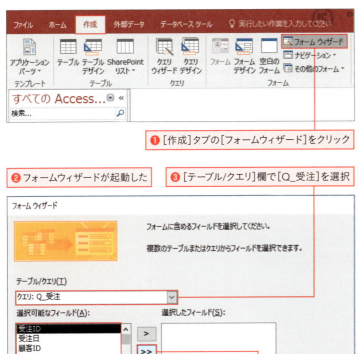

❶［作成］タブの［フォームウィザード］をクリック
❷ フォームウィザードが起動した
❸［テーブル/クエリ］欄で［Q_受注］を選択
❹［Q_受注］クエリのフィールドが表示された
❺［>>］をクリック

Point
2つのクエリから作成する

Chapter 5の02で、クエリを2つに分けて作成したのは、フォームウィザードでメイン／サブフォームを作成するためです。メインサブフォームの設定は次ページの手順❿の画面で行いますが、この画面が表示されるのは手順❸のリストから複数のテーブルやクエリを選択した場合だけです。あらかじめ4つのテーブルを1つにまとめるクエリを作成して、手順❸のリストでそのクエリ1つだけを指定した場合、手順❿の画面は表示されません。
ちなみに、あらかじめクエリを用意せずに、手順❸のリストで4つのテーブルを選択しても、メインサブフォームを作成できます。本書では、初心者にわかりやすい方法として、メインフォーム用とサブフォーム用の2つのクエリを使用しました。

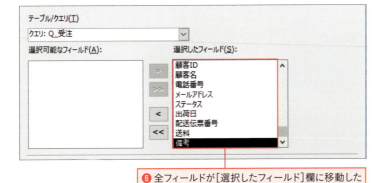

❻ 全フィールドが［選択したフィールド］欄に移動した

手順❸では、間違って［T_受注］テーブルを選ばないように注意してね。

197

❼ [テーブル/クエリ] 欄で [Q_受注明細] を選択

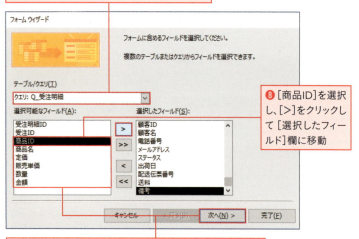

❽ [商品ID] を選択し、[>] をクリックして [選択したフィールド] 欄に移動

❾ 同様に、[商品名] [定価] [販売単価] [数量] [金額] を [選択したフィールド] 欄に移動して、[次へ] をクリック

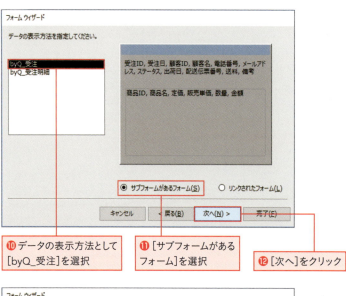

❿ データの表示方法として [byQ_受注] を選択

⓫ [サブフォームがあるフォーム] を選択

⓬ [次へ] をクリック

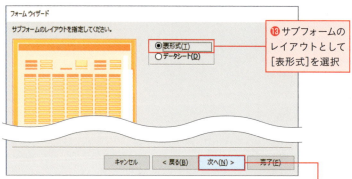

⓭ サブフォームのレイアウトとして [表形式] を選択

⓮ [次へ] をクリック

Point 必要なフィールドだけを移動する

手順❽～❾では、サブフォームに表示するフィールドを表示する順番で移動します。[受注明細ID] と [受注ID] はサブフォームに表示しないので、移動しません。

Point データの表示方法

メイン／サブフォームを作成する場合は、手順❿でメインフォームの基になるテーブルまたはクエリを選択します。誤って [byQ_受注明細] を選択すると、メイン／サブフォームを作成できません。

Point 表形式とデータシート

手順⓭で [データシート] を選択した場合、クエリのデータシートビューのような表がメインフォームの中に埋め込まれます。[表形式] の場合、フォームフッターにコントロールを配置して合計を求めるなど手の込んだ設定を行えるので、ここでは [表形式] を選びました。

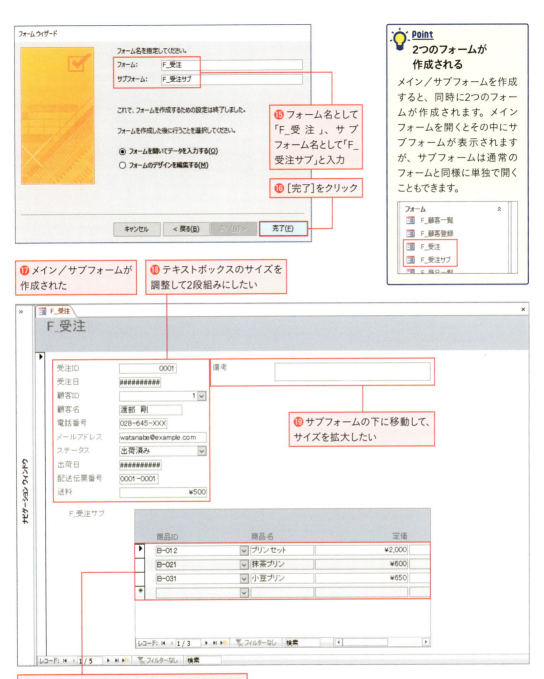

メインフォームのコントロールの配置を調整する

まずは、メインフォームの手直しをしましょう。コントロールの配置の調整は、コントロールレイアウトを適用すると簡単に行えます。

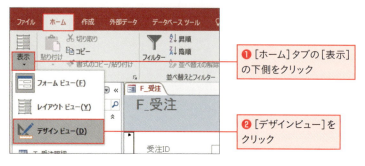

❶ [ホーム]タブの[表示]の下側をクリック
❷ [デザインビュー]をクリック

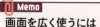

Memo 画面を広く使うには

ナビゲーションウィンドウやリボンを折り畳んでおくと、作業領域が広くなります。リボンの[ファイル]タブ以外のタブをダブルクリックすると、リボンの表示と非表示を切り替えられます。

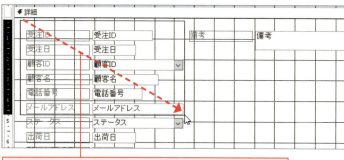

❸ [顧客ID]から[メールアドレス]まで、フォーム上を斜めにドラッグ

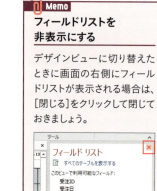

Memo フィールドリストを非表示にする

デザインビューに切り替えたときに画面の右側にフィールドリストが表示される場合は、[閉じる]をクリックして閉じておきましょう。

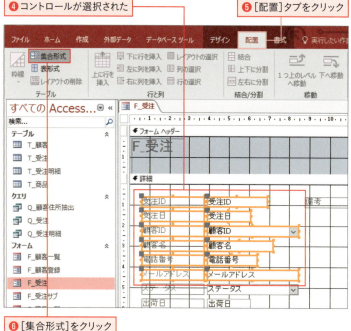

❹ コントロールが選択された
❺ [配置]タブをクリック
❻ [集合形式]をクリック

集合形式レイアウトや表形式レイアウトを適用すると、コントロールが自動的に整列するから、レイアウト作業が断然ラク！

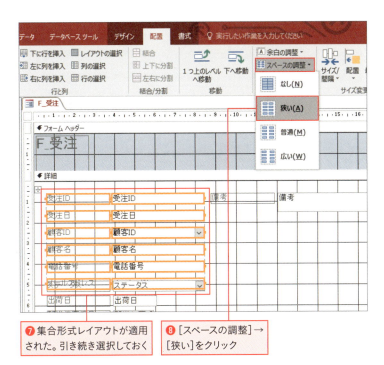

❼ 集合形式レイアウトが適用された。引き続き選択しておく

❽ ［スペースの調整］→［狭い］をクリック

❾ コントロールの間隔が狭くなった

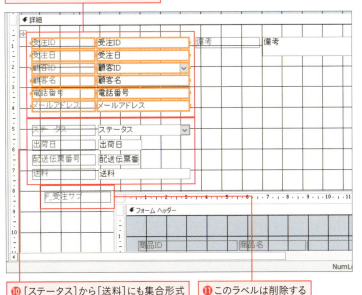

❿ ［ステータス］から［送料］にも集合形式レイアウトを適用して、間隔を狭くしておく

⓫ このラベルは削除する

Point
スペースの調整

［スペースの調整］は、集合形式レイアウトや表形式レイアウトのコントロールの間隔を調整する機能です。

Point
集合形式のコントロールを移動するには

コントロールを1つ選択すると、田が表示されます。田をドラッグすると、集合形式レイアウトのコントロールをまとめて移動できます。

Point
単体のコントロールを移動するには

コントロールレイアウトを適用していないテキストボックスは、クリックして選択後、枠線上をドラッグすると、ラベルごと移動できます。また、左上角に表示される■をドラッグすると、テキストボックスだけを移動できます。

ここをドラッグすると、テキストボックスだけが移動する

外枠をドラッグすると、テキストボックスとラベルが移動する

Point
ラベルを削除するには

ラベルをクリックして選択し、Delete キーを押すと削除できます。

⓬ フォームのサイズとコントロールの配置を調整しておく

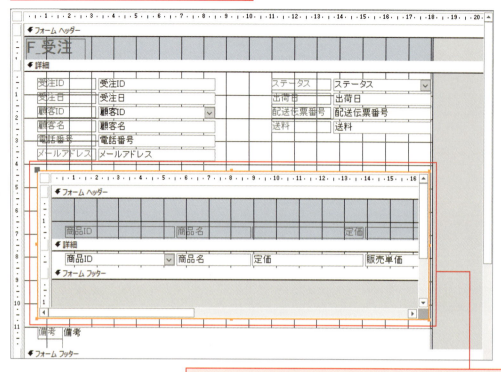

⓭ サブフォームをクリックし、オレンジの枠で囲まれた状態で枠線上をドラッグすると、サブフォームを移動できる。サブフォーム内の調整は次ページで行う

サブフォームのコントロールの配置を調整する

サブフォーム内のコントロールに表形式レイアウトを適用して、配置を調整しましょう。表形式レイアウトにすることで、配置の調整がやりやすくなります。

❶ サブフォームをクリックして、オレンジ色の枠で囲まれた状態にする

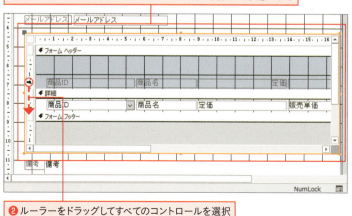

❷ ルーラーをドラッグしてすべてのコントロールを選択

> **Point**
> **サブフォームの選択とコントロールの選択**
> サブフォームを1回クリックすると、サブフォーム全体が選択されて、オレンジ色の枠で囲まれます。その状態でサブフォーム内のコントロールをクリックすると、コントロールが選択されます。

❸ すべてのコントロールが選択された

❹ [配置]タブの[表形式]をクリック

> **Point ルーラーを使って選択できる**
> デザインビューでルーラーにマウスポインターを合わせると、黒矢印の形になります。その状態でクリック、またはドラッグすると、矢印の先にある全コントロールを選択できます。

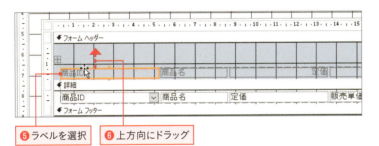

❺ ラベルを選択　❻ 上方向にドラッグ

> **Point ラベルの移動**
> 表形式レイアウト内のラベルを1つ移動すると、自動的に他のラベルも移動します。

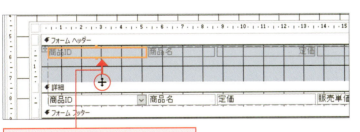

❼ フォームヘッダーの下端をドラッグして、フォームヘッダーの高さを調整する

> **Point セクションのサイズ**
> フォームヘッダーセクションの高さを縮小するには、あらかじめラベルを上に移動しておく必要があります。

❽ 各コントロールの幅を調整しておく

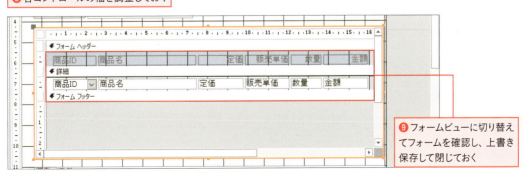

❾ フォームビューに切り替えてフォームを確認し、上書き保存して閉じておく

販売中の商品だけをドロップダウンリストに表示するには

　[T_商品]テーブルの商品データのうち、季節品は販売期間が限られます。サブフォームで[商品ID]を入力する際に、販売期間ではない商品を誤って選択しないようにする方法を紹介します。

Sample 販売管理_0503-S.accdb

▶ [T_商品]テーブルに[販売中止]フィールドを追加する

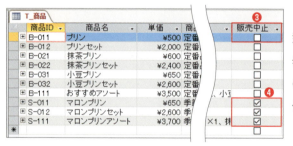

[T_商品]テーブルをデザインビューで表示し❶、Yes/No型の[販売中止]フィールドを追加して❷、上書き保存します。Yes/No型とは、チェックボックスのオン／オフで「Yes」「No」を表すデータ型です。

データシートビューでは、Yes/No型のフィールドにチェックボックスが表示されます❸。販売していない商品の[販売中止]フィールドにチェックを付けます❹。

▶ 販売中の商品だけを表示するクエリを作成する

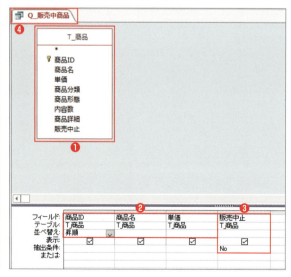

　次に、販売中の商品だけを表示するクエリを作成します。新規クエリを作成し、[T_商品]を追加します❶。[フィールド]欄に[商品ID][商品名][単価]を追加し、[商品ID]で[昇順]を設定します❷。さらに、[販売中止]を追加して[抽出条件]欄に「いいえ」を意味する「No」を入力します❸。クエリに「Q_販売中商品」と名前を付けます❹。

データシートビューに切り替え、販売中の商品（[販売中止]フィールドが「No」の商品）だけが表示されていることを確認します❺。

▶ コンボボックスの[値集合ソース]を変更する

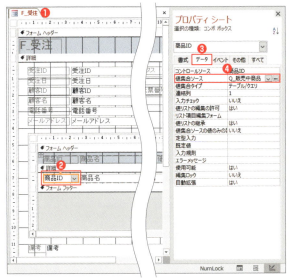

[F_受注]フォームを開いてデザインビューに切り替え❶、[商品ID]を2回クリックします。1回目のクリックでサブフォーム全体が選択され、2回目のクリックで[商品ID]が選択されます❷。プロパティシートの[データ]タブで❸、[値集合ソース]の設定を[T_商品]から[Q_販売中商品]に変更します❹。

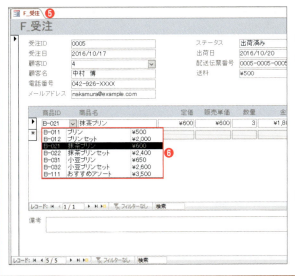

フォームビューに切り替え❺、[商品ID]のドロップダウンリストに販売中の商品だけが表示されることを確認します❻。

販売中止の商品の販売が再開されたときには、[T_商品]テーブルを開いて、[販売中止]のチェックを外せば、フォームのドロップダウンリストに表示されるようになります。

Chapter 5

Sum関数、式ビルダー

04 フォームで受注金額を計算する

Chapter 5の03で作成したメイン／サブフォームに、小計と合計を計算して表示します。また、入力用でないテキストボックスの書式を変更して、入力欄と区別できるようにします。さらに、全体の色合いを変えて、見栄えを整えます。

Sample 販売管理_0504.accdb

○ 受注登録フォームで受注金額を計算する

[金額]を合計して[小計]を求める

[小計]と[送料]を合計して[合計請求金額]を求める

合計欄が入ると、一気に受注伝票としての完成度が高まりますね。

合計は、「Sum関数」を使うと簡単に求められるのよ。

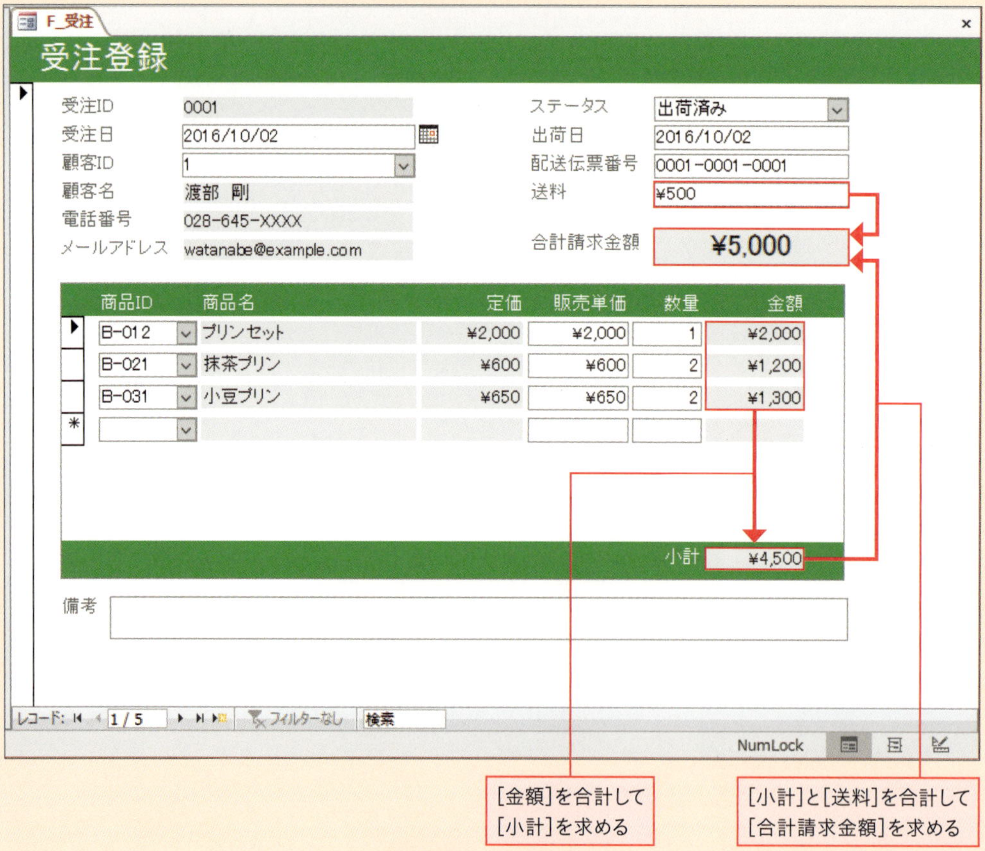

サブフォームで明細欄の金額を合計する

サブフォームにフォームフッターを表示して、テキストボックスを追加し、[金額] フィールドの合計を求めましょう。合計はSum関数で求めます。

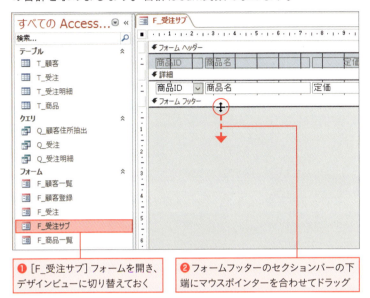

❶ [F_受注サブ] フォームを開き、デザインビューに切り替えておく

❷ フォームフッターのセクションバーの下端にマウスポインターを合わせてドラッグ

> **Memo　メインフォームで作業してもよい**
> ここではサブフォームを単体で開いて編集しますが、メインフォームを開いて、その中に表示されるサブフォームを編集してもかまいません。

> **Memo　フォームフッターの表示**
> 初期状態のフォームフッターは高さが「0」に設定されており非表示ですが、セクションバーの下端をドラッグすると表示できます。

❸ フォームフッターの領域が表示された

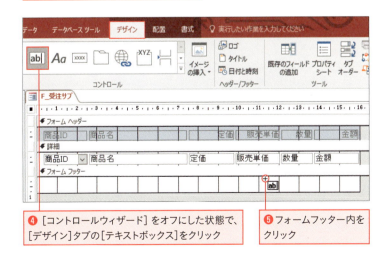

❹ [コントロールウィザード] をオフにした状態で、[デザイン]タブの[テキストボックス]をクリック

❺ フォームフッター内をクリック

> **Point　[コントロールウィザード]をオフにするには**
> [デザイン] タブで❶、[その他]ボタンをクリックし❷、[コントロールウィザードの使用]をオフにします❸。
>
>

❻ テキストボックスが配置されたら、位置とサイズを整えておく

> **Point**
> **Sum関数と通貨書式**
> Sum関数は、引数に指定したフィールドの合計を求める関数です。「=Sum([金額])」とすると、[金額]フィールドの値の合計が求められます。「金額」以外は半角で入力してください。また、[通貨]の書式を設定すると、計算結果に円記号が付きます。

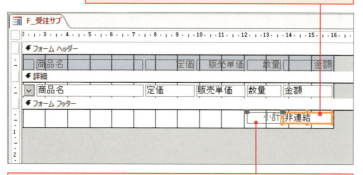

❼ ラベルに「小計」と入力して、[ホーム]タブの[右揃え]ボタンで右揃えにしておく

❽ テキストボックスを選択

❾ [デザイン]タブの[プロパティシート]をクリックしてプロパティシートを表示

❿ [すべて]タブの[名前]に「小計」と入力

⓫ [コントロールソース]に「=Sum([金額])」と入力

⓬ [書式]で[通貨]を選択

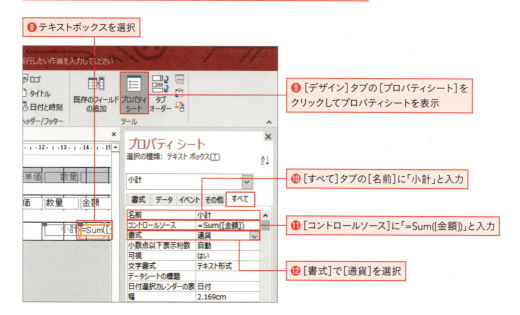

> **Point**
> **[金額]と[小計]の位置を揃えるには**
> [金額]と[小計]のテキストボックスを Ctrl +クリックで選択し❶、[配置]タブで❷、[サイズ/間隔]❸→[狭いコントロールに合わせる]を選び❹、続いて[配置]❺→[右]を選ぶと❻[小計]を[金額]と揃えて表示できます。

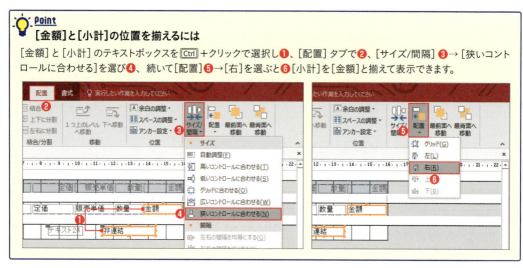

⓭ フォームビューに切り替えておく

⓮ [金額]フィールドの合計が表示された

> **Point**
> **表示されている
> レコードが合計される**
> Sum関数では、現在表示されているレコードが合計の対象となります。サブフォームを単独で開いたときは、[Q_受注明細]の全レコードが表示されるので、全レコードが合計対象です。メイン／サブフォームを開いたときは、1件の受注ごとにレコードが合計されます。

サブフォームの書式を設定する

続いて、サブフォームの書式を設定します。ルックアップで自動表示されるテキストボックスと計算結果のテキストボックスは参照専用なので、入力欄とは異なる見た目にします。

❶ デザインビューに切り替えておく

❷ フォームヘッダーとフォームフッターの色、およびラベルの文字の色を変更

❸ [商品名][定価][金額][小計]のテキストボックスの色をグレーに、枠線を透明に変える

> **Memo**
> **色の変更**
> 手順❷では、セクションバー(「フォームヘッダー」「フォームフッター」と書かれた横長のバー)をクリックしてセクションを選択し、[書式]タブの[図形の塗りつぶし]から色を変更します。次にラベルを選択し、[書式]タブの[フォントの色]から色を変更します。

> **Point**
> **システムで
> 書式を統一する**
> 手順❸では、Chapter 3の04で[顧客ID]に設定したのと同じ書式を設定します。

❹[詳細]のセクションバーをクリック　❺[書式]タブの[交互の行の色]をクリック

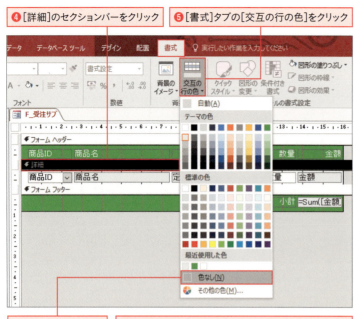

> **Point**
> **縞模様を解除する**
> 表形式のフォームでは、詳細セクションに自動で1行おきに色が付きます。しかし、背景が縞模様だと、手順❸でコントロールに設定した色が目立たなくなります。そこで、手順❻では縞模様を解除しました。

❻[色なし]をクリック　❼下表を参考に、プロパティシートでフォームやコントロールのプロパティを設定し、上書き保存しておく

設定対象	タブ	プロパティ	設定値
フォーム	書式	移動ボタン	いいえ
商品名、定価	データ	編集ロック	はい
	その他	タブストップ	いいえ
金額、小計	その他	タブストップ	いいえ

❽フォームビューに切り替える　❾縞模様が表示されなくなった

❿移動ボタンが非表示になった　⓫フォームを閉じておく

> **Point**
> **移動ボタンを非表示にする**
> サブフォームでは、移動ボタンを使う機会はあまりありません。メインとサブの両方にあると紛らわしいので、サブフォームの移動ボタンを非表示にします。サブフォームの行数が増えた場合、自動でスクロールバーが表示されるので、移動ボタンがなくても困りません。
>
>

サブフォームの小計をもとにメインフォームで計算する

サブフォームで計算した[小計]とメインフォームに表示されている[送料]を合計して[合計請求金額]を求めます。サブフォームのコントロールの値を使ってメインフォームで計算する場合、式が少々複雑になりますが、式ビルダーを利用すると簡単に入力できます。

❶ [F_受注]フォームを開き、デザインビューに切り替えておく

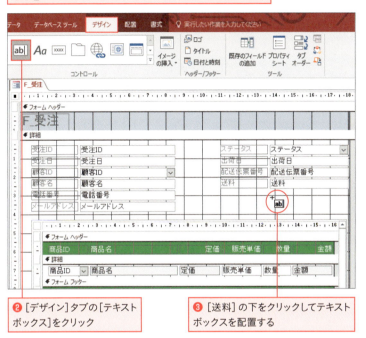

引き続き[コントロールウィザード]はオフにしておいてね。

❷ [デザイン]タブの[テキストボックス]をクリック

❸ [送料]の下をクリックしてテキストボックスを配置する

❹ ラベルの文字を「合計請求金額」に変えておく

❺ テキストボックスの位置とサイズを整えておく

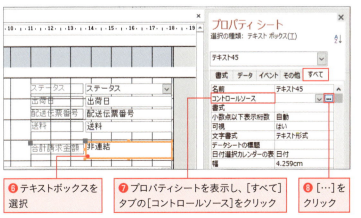

❻ テキストボックスを選択

❼ プロパティシートを表示し、[すべて]タブの[コントロールソース]をクリック

❽ […]をクリック

> **Point**
> **[すべて]タブ**
> プロパティシートの[すべて]タブには、[書式][データ][イベント][その他]の4つのタブにあるプロパティがすべて表示されます。[コントロールソース]プロパティは[すべて]タブと[データ]タブに表示されますが、どちらのタブを使用してもかまいません。

❾ [式ビルダー]が表示された

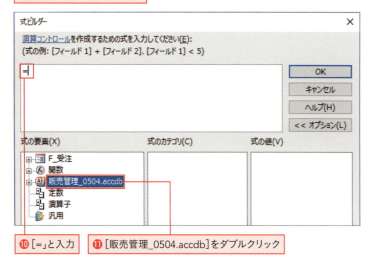

⓾ [=]と入力
⓫ [販売管理_0504.accdb]をダブルクリック

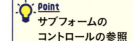

Point サブフォームのコントロールの参照

メインフォームからサブフォームのコントロールを参照するには、次の式を使用します。式ビルダーを使用すると、簡単に入力できます。手入力してもかまいません。

[サブフォーム名].[Form]![コントロール名]

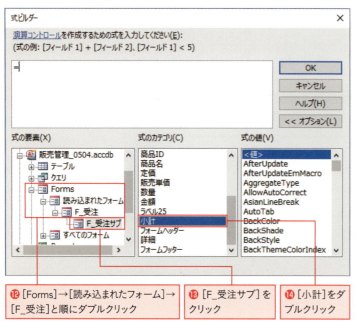

⓬ [Forms]→[読み込まれたフォーム]→[F_受注]と順にダブルクリック
⓭ [F_受注サブ]をクリック
⓮ [小計]をダブルクリック

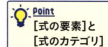

Point [式の要素]と[式のカテゴリ]

[式の要素]で[F_受注サブ]を選択すると、[式のカテゴリ]に[F_受注サブ]のコントロールが一覧表示されます。その中から[小計]をダブルクリックすると、[小計]を参照するための式が上の入力ボックスに入力されます。

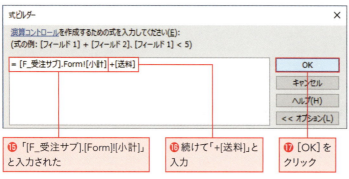

⓯ 「[F_受注サブ].[Form]![小計]」と入力された
⓰ 続けて「+[送料]」と入力
⓱ [OK]をクリック

Point 小計と送料を合計する

入力した式は以下のとおりです。

=[F_受注サブ].[Form]![小計]+[送料]

ここでは、メインフォームに配置したテキストボックスで計算を行います。[小計]はサブフォームにあるのでフォーム名を付けて指定します。[送料]は同じメインフォーム内にあるのでフォーム名を付ける必要はありません。

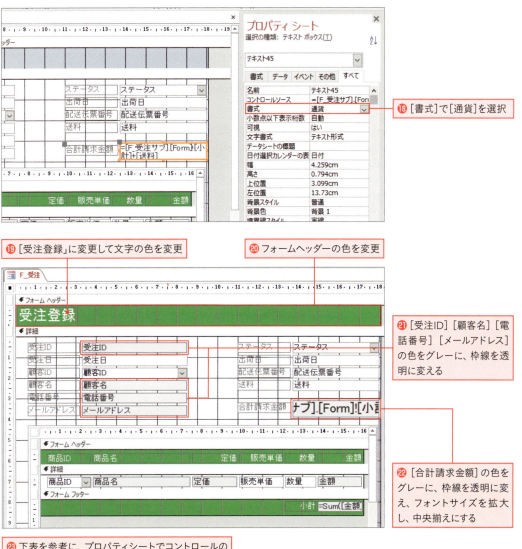

設定対象	タブ	プロパティ	設定値
顧客名、電話番号、メールアドレス	データ	編集ロック	はい
	その他	タブストップ	いいえ
受注ID、合計請求金額	その他	タブストップ	いいえ

> **Point**
> **編集ロックとタブストップ**
> ［顧客名］［電話番号］［メールアドレス］は参照用として使用したいので、誤ってデータを書き換えてしまわないように、［編集ロック］プロパティで［はい］を設定しました。また、これらのコントロール、およびオートナンバー型の［受注ID］、演算コントロールの［合計請求金額］を飛ばして入力欄だけを効率よく移動できるように、［タブストップ］プロパティに［いいえ］を設定しました。

メイン/サブフォームに入力してみる

作成したメイン/サブフォームに新しいレコードを入力し、期待どおりに計算が行われるかどうか、確認しましょう。

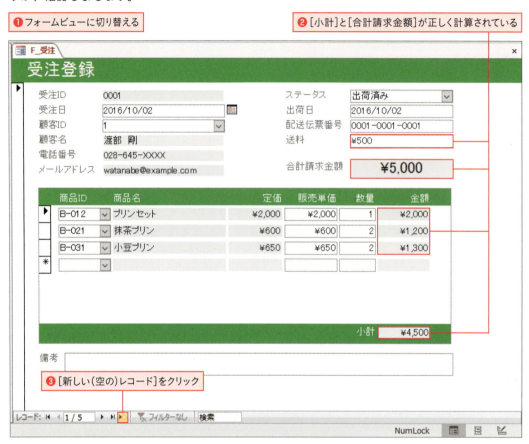

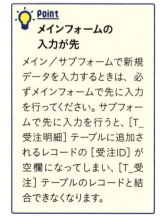

メインフォームの入力が先

メイン/サブフォームで新規データを入力するときは、必ずメインフォームで先に入力を行ってください。サブフォームで先に入力を行うと、[T_受注明細]テーブルに追加されるレコードの[受注ID]が空欄になってしまい、[T_受注]テーブルのレコードと結合できなくなります。

❺ いずれかのフィールドに入力すると、オートナンバーと既定値が表示される

❻ [顧客ID]を入力すると、[顧客名]などが表示される

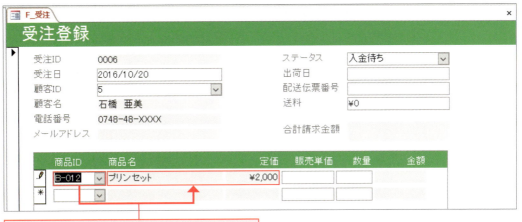

❼ [商品ID]を入力すると、[商品名]と[定価]が表示される

❽ [販売単価]と[数量]を入力すると、[金額] [小計][合計請求金額]が計算される

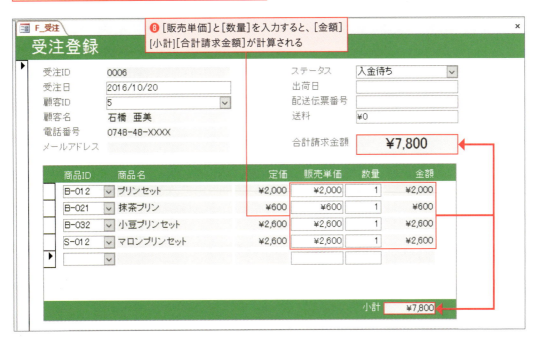

サブフォームに先に入力されるのを防ぐには

　メイン/サブフォームで新規の受注データを入力する際、メインフォームより先にサブフォームにデータを入力してしまうと、[受注ID]が空欄の受注明細レコードができてしまいます。これを防ぐために、先に入力されそうになったときに警告メッセージを表示するような仕組みを作りましょう。

Sample 販売管理_0504-S.accdb

▶ サブフォームに先に入力した場合の不具合を確認する

　[F_受注]フォームの新規レコードの画面を表示します❶。メインフォームに何も入力せずに❷、サブフォームにデータを入力します❸。

　続いて、メインフォームにデータを入力すると❹、手順❸でサブフォームに入力したデータが消えてしまいます❺。メインフォームより先にサブフォームに入力したデータは[受注ID]の値が空欄となり、メインフォームのレコードと結ばれないためです。

▶ サブフォームに先に入力できない仕組みを作る

　デザインビューに切り替えます❶。サブフォームをクリックして周囲がオレンジ色の枠で囲まれた状態にし❷、プロパティシートの[イベント]タブで❸、[フォーカス取得時]イベントの[…]をクリックし❹、マクロビルダーを表示します。「フォーカス取得時」とは、サブフォームがクリックされて、カーソルが移動するタイミングのことです。

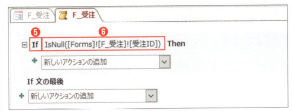

[新しいアクションの追加]から[If]を選択し❺、「IsNull([Forms]![F_受注]![受注ID])」と入力します❻。この式は、「[F_受注]フォームの[受注ID]が空欄である場合」という条件を表します。

[メッセージボックス]アクションを選択し❼、引数[メッセージ]に「受注日や顧客IDを先に入力してください。」と入力し❽、引数[メッセージの種類]から[警告]を選びます❾。続いて、[コントロールの移動]アクションを選択し❿、引数[コントロール名]に「受注日」と入力します⓫。上書き保存してマクロビルダーを閉じておきます。

フォームビューに切り替え、新規レコードの画面を表示します⓬。メインフォームに何も入力せずに⓭、サブフォームをクリックします⓮。すると、警告メッセージが表示されます⓯。[OK]をクリックすると⓰、メインフォームの[受注日]にカーソルが移動します⓱。[受注ID]が空欄の場合に、サブフォームにカーソルが移動できなくなるので、先に入力されることを防げます。

なお、この仕様では、既存のレコードの画面でサブフォームにカーソルがある状態で▶︎をクリックすると、新規レコードの画面に切り替わると同時にサブフォームが選択された状態となり、手順⓯の警告メッセージが表示されます。それが気になる場合は、メインフォームの[レコード移動時]イベントで[コントロールの移動]アクションを実行し、強制的に[受注日]にカーソルを移動するとよいでしょう。

ウィンドウモード、更新後処理、値の代入

Chapter 5
05 マクロを利用して使い勝手を上げる

　受注データを入力するときは、事前に顧客データを入力しておかなければなりません。しかし、受注登録フォームで入力しようとした[顧客ID]がドロップダウンリストに表示されず、はじめて新規顧客であることに気づくケースも少なくありません。そこで、受注登録フォームから顧客を登録できる仕組みを追加します。

　さらに、明細欄で[商品ID]を選択したときに、[販売単価]欄に初期値として[定価]と同じ金額が入力されるように設定し、登録作業の効率化を図ります。

Sample 販売管理_0505.accdb

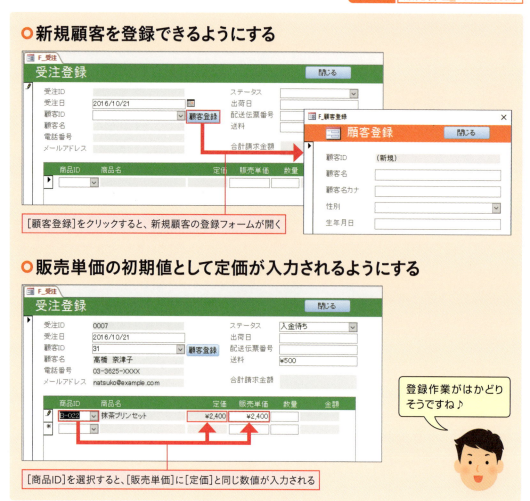

●新規顧客を登録できるようにする

[顧客登録]をクリックすると、新規顧客の登録フォームが開く

●販売単価の初期値として定価が入力されるようにする

[商品ID]を選択すると、[販売単価]に[定価]と同じ数値が入力される

登録作業がはかどりそうですね♪

メインフォームに顧客登録機能を追加する

　メインフォームにボタンを配置して、顧客登録機能を追加します。登録画面はChapter 3の04で作成した[F_顧客登録]フォームを利用します。ただし、[F_顧客登録]フォームをそのまま開くのではなく、ダイアログボックス形式で開くことにします。

❶[F_受注]フォームを開き、デザインビューに切り替えておく

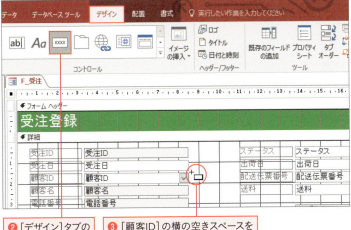

[コントロールウィザード]をオフにしてボタンを配置しましょう。

❷[デザイン]タブの[ボタン]をクリック

❸[顧客ID]の横の空きスペースをドラッグしてボタンを配置

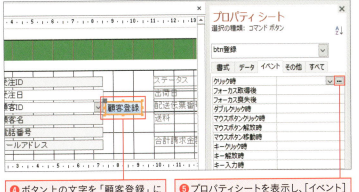

Memo
ボタン上の文字を変えるには

ボタンを選択した状態でクリックすると、カーソルが現れ、文字を編集できます。また、プロパティシートの[書式]タブにある[標題]を使用しても、ボタン上の文字を設定できます。

❹ボタン上の文字を「顧客登録」に変えておく

❺プロパティシートを表示し、[イベント]タブの[クリック時]の[…]をクリック

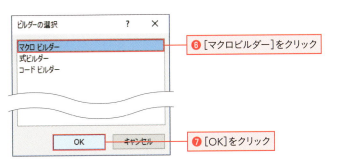

❻[マクロビルダー]をクリック

❼[OK]をクリック

❽ マクロビルダーが表示された

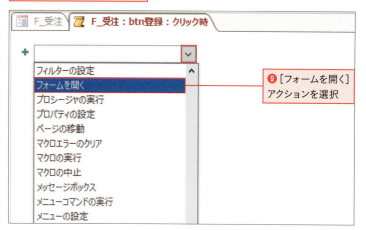

❾ [フォームを開く]アクションを選択

Point
データモード
フォームを開くと通常は既存のレコードが表示されますが、手順⓫の引数[データモード]で[追加]を選択すると、新規レコードの入力画面が開きます。なお、手順⓬の引数[ウィンドウモード]については次ページを参照してください。

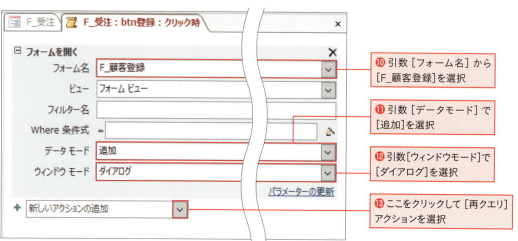

❿ 引数[フォーム名]から[F_顧客登録]を選択

⓫ 引数[データモード]で[追加]を選択

⓬ 引数[ウィンドウモード]で[ダイアログ]を選択

⓭ ここをクリックして[再クエリ]アクションを選択

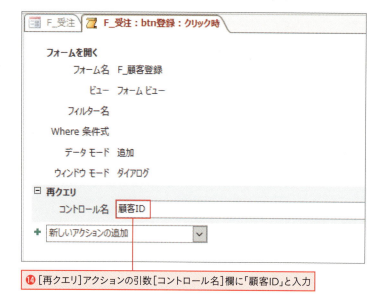

⓮ [再クエリ]アクションの引数[コントロール名]欄に「顧客ID」と入力

Point
再クエリ
再クエリとは、フォームやコントロールのソースとなるデータを更新することです。[F_顧客登録]フォームから新規顧客が追加されたときに、再クエリを実行しない場合、[顧客ID]コンボボックスのドロップダウンリストに新規顧客が表示されない場合があります。[顧客ID]コンボボックスをきちんと更新するために、再クエリを実行する必要があります。

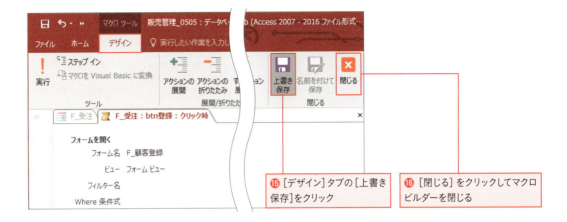

⓯ [デザイン]タブの[上書き保存]をクリック

⓰ [閉じる]をクリックしてマクロビルダーを閉じる

Point
ウィンドウモード

手順⓬の引数[ウィンドウモード]で[ダイアログ]を選択すると、フォームがダイアログボックスとして表示されます。ダイアログボックスとして開いたフォームは常に最前面に表示され、ダイアログボックスを閉じない限りほかのウィンドウでは作業できません。引数[ウィンドウモード]の既定値は[標準]で、その場合、フォームは上端にタブが付いたウィンドウに表示されます。この表示方法を「タブ付きドキュメント」と呼びます。

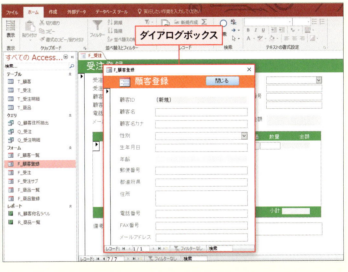

[販売単価]の初期値として[定価]を自動入力する

P.215で明細欄に[販売単価]を入力したときは、手入力でした。しかし、割引セールなどのイベントがない限り、[販売単価]は[定価]と同額です。そこで、[商品ID]を入力したときに、初期値として[販売単価]欄に[定価]の数値が自動入力されるようにしましょう。[商品ID]の[更新後処理]イベントと[値の代入]アクションを利用します。

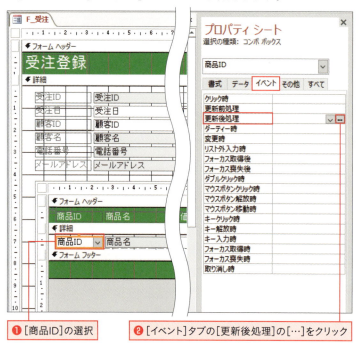

❶[商品ID]の選択
❷[イベント]タブの[更新後処理]の[…]をクリック
❸表示される画面で[マクロビルダー]を選択して[OK]をクリック
❹マクロビルダーが表示された
❺[デザイン]タブの[すべてのアクションを表示]をクリック

Point [商品ID]を選択するには
メインフォームが選択されている状態で[商品ID]をクリックすると、サブフォームが選択されます。もう一度[商品ID]をクリックすると、[商品ID]が選択されます。

Point すべてのアクションを表示
ここでは[値の代入]アクションを使用しますが、このアクションは初期状態ではアクションの一覧に表示されません。マクロビルダーでは、データベースの値や設定を変更するようなアクションを安易に選択できないようになっているからです。そのようなアクションを使用する場合は、事前に[デザイン]タブの[すべてのアクションを表示]をクリックします。

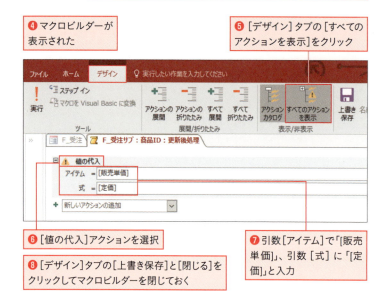

❻[値の代入]アクションを選択
❼引数[アイテム]で「[販売単価]」、引数[式]に「[定価]」と入力
❽[デザイン]タブの[上書き保存]と[閉じる]をクリックしてマクロビルダーを閉じておく

Point [値の代入]アクション
[値の代入]アクションの引数[アイテム]には、コントロール、フィールド、プロパティなどの名前を指定します。また、引数[式]には、代入する値や式を指定します。ここでは[アイテム]に[販売単価]、[式]に[定価]を指定したので、[販売単価]に[定価]の値が入力されます。

[閉じる]ボタンのマクロを作成する

最後に、仕上げとして[閉じる]ボタンを配置して、フォームを閉じる動作を割り付けましょう。

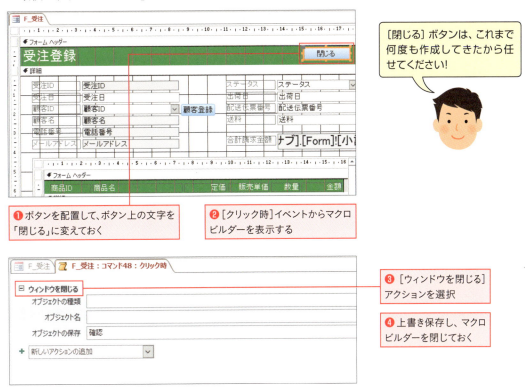

❶ ボタンを配置して、ボタン上の文字を「閉じる」に変えておく

❷ [クリック時]イベントからマクロビルダーを表示する

❸ [ウィンドウを閉じる]アクションを選択

❹ 上書き保存し、マクロビルダーを閉じておく

[閉じる]ボタンは、これまで何度も作成してきたから任せてください!

マクロの動作を確認する

以上で、メイン/サブフォームの作成は完了です。作成したマクロの動作を確認してみましょう。

❶ フォームビューに切り替え、新規レコードの画面を表示しておく

❷ [顧客登録]をクリック

新規の顧客は、事前に顧客登録フォームを開いて登録しておけば済むのに、[顧客登録]ボタンは必要でしょうか？

受注情報を入力しようとして、初めて新規の顧客であることに気付くケースも多いはず。そんなときに役立つボタンよ。

❸ [F_顧客登録]フォームの新規レコード画面がダイアログボックス形式で開いた

Point
顧客登録を誘導する
ダイアログボックス形式でフォームを開くと、ダイアログボックスでしか作業を行えません。ダイアログボックスを閉じるまでほかのフォームを使えないので、ユーザーに行ってもらいたい設定操作などを誘導するのにぴったりです。

❹ データを入力　❺ [閉じる]をクリック

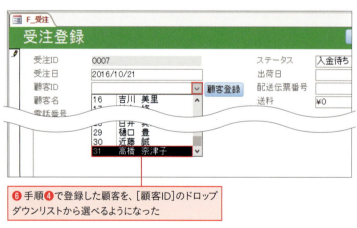

❻ 手順❹で登録した顧客を、[顧客ID]のドロップダウンリストから選べるようになった

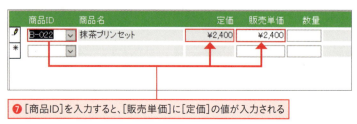

❼ [商品ID]を入力すると、[販売単価]に[定価]の値が入力される

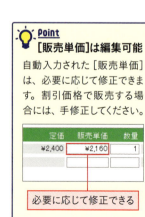

Point
[販売単価]は編集可能
自動入力された[販売単価]は、必要に応じて修正できます。割引価格で販売する場合には、手修正してください。

必要に応じて修正できる

StepUp
ダイアログボックスで顧客を選択できるようにするには

[F_受注]フォームでは顧客をコンボボックスから入力する仕様ですが、顧客の数が多い場合、コンボボックスで目的の顧客を探すのは大変です。そこで、顧客選択画面を用意し、顧客を検索して入力できる仕組みを作成してみましょう。

Sample 顧客管理_0505-S.accdb

▶ 完成目標

[F_受注]フォームで[顧客選択]ボタンをクリックすると❶、[F_顧客選択]ダイアログボックスが表示されます❷。[選択]ボタンをクリックすると❸、その行の顧客IDが[F_受注]フォームに自動入力されます❹。顧客が見つからないときは、顧客名の一部を入力して[検索]ボタンを使用して探します❺。新規顧客の場合は、[顧客登録]ボタンから登録できるようにします❻。

▶ [F_顧客一覧]フォームのコピーを利用して顧客選択画面を作成する

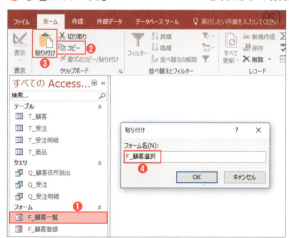

Chapter 3の07で作成した[F_顧客一覧]フォームを利用して、顧客選択画面を作成しましょう。まず、[F_顧客一覧]を選択し❶、[ホーム]タブにある[コピー]❷、[貼り付け]をクリックします❸。表示される画面で「F_顧客選択」と入力すると❹、[F_顧客一覧]フォームのコピーが[F_顧客選択]フォームとして貼り付けられます。

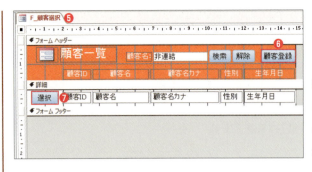

[F_顧客選択]フォームをデザインビューで開きます❺。[閉じる]ボタンの文字列を「顧客登録」に❻、[詳細]ボタンの文字列を「選択」に変更します❼。P.133のMemoを参考にこの2つのボタンのマクロを削除しておきます。

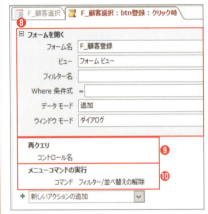

[顧客登録]ボタンのマクロを作りましょう。まず、[フォームを開く]アクションを指定します❽。続いて、[再クエリ]アクションを指定します❾。引数[コントロール名]を空欄にしておくと、フォームが再クエリされ、[F_顧客登録]フォームで登録された新規顧客が[F_顧客選択]フォームに表示されます。ただし、事前に抽出が行われている場合、新規顧客が表示されないことがあるので、それを防ぐために[フィルター/並べ替えの解除]アクションを実行します❿。

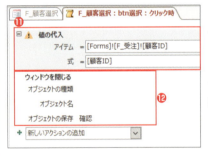

次に、[選択]ボタンのマクロを作ります。まず、[デザイン]タブの[すべてのアクションを表示]をクリックしてから、[値の代入]アクションを選択し、[アイテム]に「[Forms]![F_受注]![顧客ID]」、[式]に「[顧客ID]」を指定します⓫。続けて[ウィンドウを閉じる]アクションを選択します⓬。

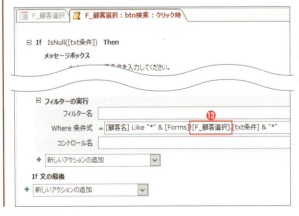

最後に、[検索]ボタンのマクロを修正します。[フィルターの実行]アクションで指定したフォーム名を「F_顧客選択」に変更します⓭。

▶ [F_受注]フォームの顧客登録機能を顧客選択機能に変える

[F_受注]フォームをデザインビューで表示し❶、[顧客登録]ボタンの文字列を「顧客選択」に変更します❷。

[顧客選択]ボタンのマクロを修正します。アクションは[フォームを開く]のまま、引数[フォーム名]を[F_顧客選択]に変更し❸、引数[データモード]に設定されていた「追加」の文字を削除します❹。

▶ マクロの動作を確認する

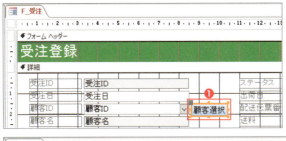

[F_受注]フォームのフォームビューを開き、[顧客選択]をクリックすると❶、[F_顧客選択]ダイアログボックスが開きます❷。顧客を検索して❸、検索結果から目的の顧客の[選択]をクリックします❹。

[F_顧客選択]ダイアログボックスが閉じ、手順❹で選択した顧客情報が[F_受注]フォームに反映されます❺。

集計クエリ

Chapter 5 06 受注一覧フォームを作成する

受注一覧フォームを作成し、[詳細]ボタンのクリックで受注情報が表示される仕組みを作成します。フォームを開く処理の部分は顧客一覧フォームと同じです。異なるのは、集計クエリを利用して、受注一覧フォームに集計値を表示するところです。

Sample 販売管理_0506.accdb

○ 受注ごとに金額を集計した一覧フォームを作成する

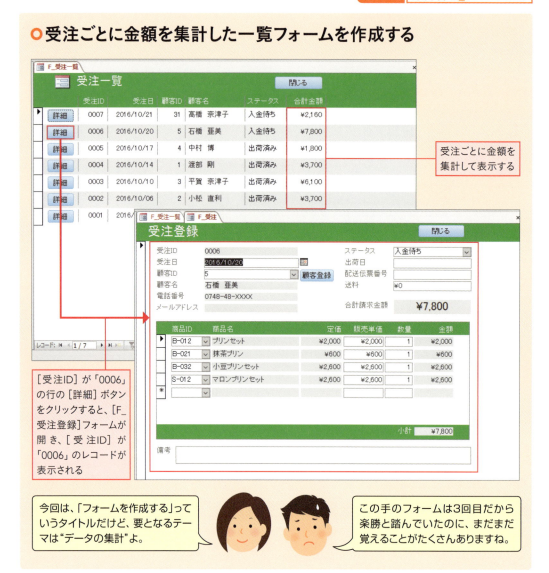

[受注ID]が「0006」の行の[詳細]ボタンをクリックすると、[F_受注登録]フォームが開き、[受注ID]が「0006」のレコードが表示される

今回は、「フォームを作成する」っていうタイトルだけど、要となるテーマは"データの集計"よ。

この手のフォームは3回目だから楽勝と踏んでいたのに、まだまだ覚えることがたくさんありますね。

受注情報を一覧表示するクエリを作成する

受注IDごとに金額を集計する準備として、まずは、集計前の金額を一覧表示する単純なクエリを作成しましょう。

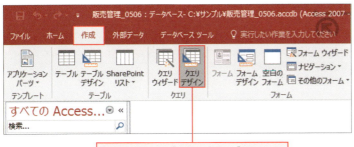

❶[作成]タブの[クエリデザイン]をクリック

> **Point**
> **クエリを基に クエリを作成する**
> Chapter 5の02で金額を計算するクエリを作成したので、ここではそれを利用してクエリを作成します。

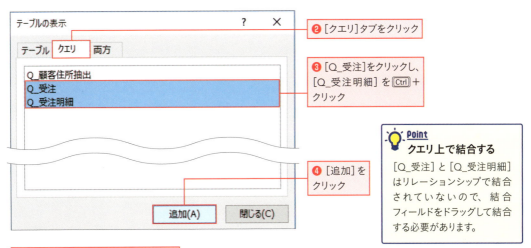

❷[クエリ]タブをクリック

❸[Q_受注]をクリックし、[Q_受注明細]を[Ctrl]+クリック

❹[追加]をクリック

> **Point**
> **クエリ上で結合する**
> [Q_受注]と[Q_受注明細]はリレーションシップで結合されていないので、結合フィールドをドラッグして結合する必要があります。

❺新規クエリが表示され、[Q_受注]と[Q_受注明細]が追加された

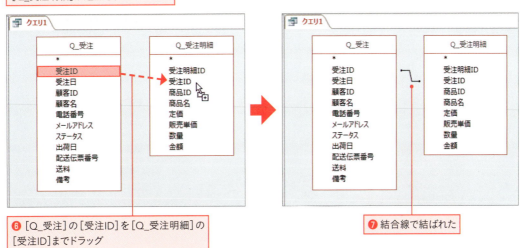

❻[Q_受注]の[受注ID]を[Q_受注明細]の[受注ID]までドラッグ

❼結合線で結ばれた

229

❽ [Q_受注]から[受注ID][受注日][顧客ID][顧客名][ステータス]を追加
❾ [Q_受注明細]から[金額]を追加
❿ [受注ID]フィールドの[並べ替え]欄で[降順]を選択

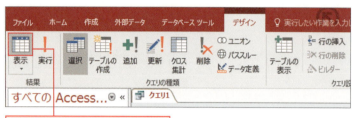

⓫ [デザイン]タブの[表示]をクリック

⓬ [受注ID]の降順に受注データが表示された

Point
最近のデータを見やすくする

受注データを[受注ID]の昇順に並べると、古いデータが先頭に表示されます。受注データが増えたときに、最新のデータを見るのにスクロールが必要になるのは面倒なので、ここでは降順に並べ替えました。

新しい受注データの方が需要があるから、先頭に表示させるのですね!

受注IDごとに受注金額を集計する

クエリのデザインビューの[デザイン]タブにある[集計]をオンにすると、クエリのデザイングリッドに[集計]行が追加され、集計の設定を行えます。ここでは、[受注ID]の値が同じレコードの[金額]フィールドを合計します。

❶ デザインビューに切り替えておく

❷ [デザイン]タブの[集計]をクリック

❸ [集計]行が追加された　❹ すべてのフィールドで[グループ化]が選択されている

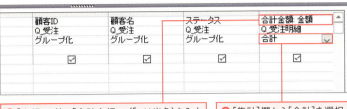

❺ 「金額」の前に「合計金額:」(「:」は半角)を入力　❻ [集計]欄から[合計]を選択

> **Memo**
> **[集計]の種類**
> [集計]欄からは[合計]のほか[グループ化][平均][最小][最大][カウント]などを選べます。

❼ データシートビューに切り替える　❽ [受注ID]ごとに[金額]フィールドの値が合計された

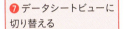

❾ クエリを「Q_受注一覧」の名前で保存して閉じておく

> **Memo**
> **クエリのデータを編集できない**
> 集計クエリは、データの編集を行えません。P.230の手順⓬のクエリには最終行に新規入力行が表示されていますが、左の手順❼のクエリには表示されません。

Keyword
グループ集計

特定のフィールドをグループ化して集計することを「グループ集計」と呼びます。グループ化とは、同じ値を持つレコードを1つのレコードにまとめることです。ここでは、同じ[受注ID]を持つレコードを1つのレコードにまとめて[金額]フィールドの合計を求めました。

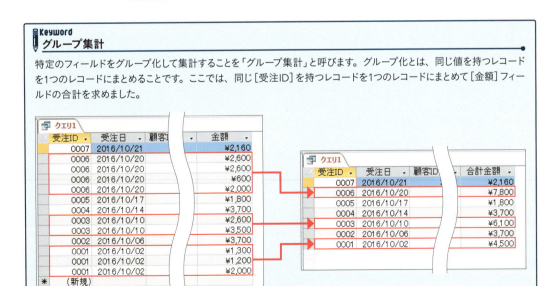

受注一覧フォームを作成する

［Q_受注一覧］クエリを基にオートフォーム機能で表形式のフォームを作成します。[F_商品一覧]フォームや[F_顧客一覧]フォームと同様の外観に仕上げます。

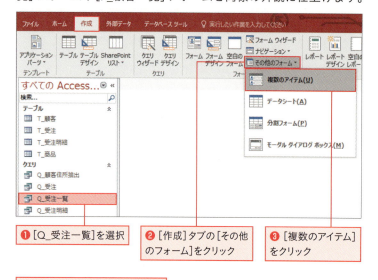

❶ [Q_受注一覧]を選択
❷ [作成]タブの[その他のフォーム]をクリック
❸ [複数のアイテム]をクリック

❹ 表形式のフォームが作成された

Point 自動調整機能が働く
オートフォーム機能でフォームを作成すると、表形式レイアウトが適用されるので、コントロールのサイズを調整するときに自動的にほかのコントロールの配置が調整されます。

❺ [F_受注一覧]の名前で保存しておく　　❻ コントロールの配置を整えておく

Point 新規入力行は表示されない
[F_受注一覧]フォームは、集計クエリから作成しているのでデータの編集を行えません。新規入力行も表示されません。

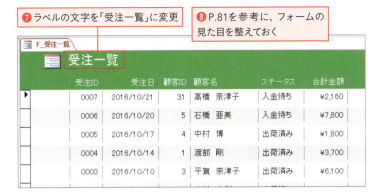

❼ ラベルの文字を「受注一覧」に変更

❽ P.81を参考に、フォームの見た目を整えておく

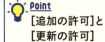

Point
[追加の許可]と
[更新の許可]

[F_商品一覧]フォームではフォームの[追加の許可]と[更新の許可]プロパティに[いいえ]を設定しましたが、[F_受注一覧]フォームではもともと追加も更新もできないのでこれらのプロパティを設定しなくてもかまいません。

詳細情報を表示するボタンを作成する

詳細セクションにボタンを配置して、[F_受注一覧]フォームから[F_受注]フォームを呼び出すマクロを作成します。作成方法は、[F_顧客一覧]フォームのマクロと同じです。詳しい説明は、P.130を参照してください。

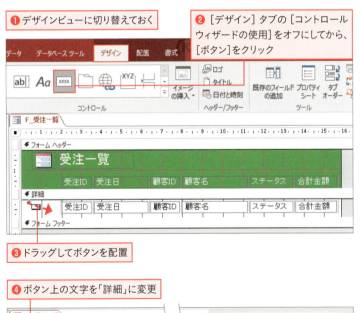

❶ デザインビューに切り替えておく

❷ [デザイン]タブの[コントロールウィザードの使用]をオフにしてから、[ボタン]をクリック

❸ ドラッグしてボタンを配置

❹ ボタン上の文字を「詳細」に変更

❺ プロパティシートを表示し、[イベント]タブの[クリック時]の[…]をクリックし、開く画面で[マクロビルダー]を指定する

StepUp
最近1週間のデータを抽出する

このシステムでは受注データを新しい順に並べて表示しますが、一般的な順序とは逆になるので違和感があるかもしれません。その場合、データを通常通り古い順に並べて、最近のデータを抽出するボタンを配置するのも1つの方法です。
特定の期間のデータを抽出するには、「[フィールド名] Between 開始日 And 終了日」という条件式を使います。例えば、本日からさかのぼって1週間分のデータを抽出するには、マクロビルダーでP.138を参考に[フィルターの設定]アクションを選び、引数[Where条件式]に「[受注日] Between Date()-7 And Date()」と指定します。「Date()」は本日の日付を求める関数です。

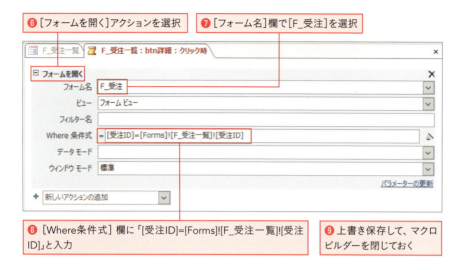

❻ [フォームを開く]アクションを選択
❼ [フォーム名]欄で[F_受注]を選択
❽ [Where条件式]欄に「[受注ID]=[Forms]![F_受注一覧]![受注ID]」と入力
❾ 上書き保存して、マクロビルダーを閉じておく

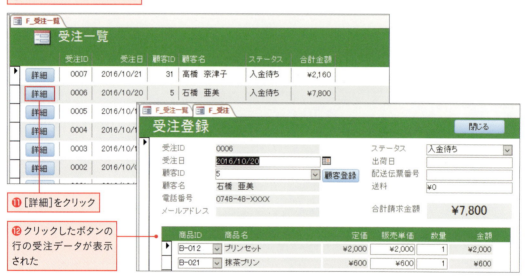

❿ フォームビューに切り替える
⓫ [詳細]をクリック
⓬ クリックしたボタンの行の受注データが表示された

[閉じる]ボタンのマクロを作成する

最後に、フォームヘッダーにボタンを配置して、フォームを閉じる機能を割り付けましょう。

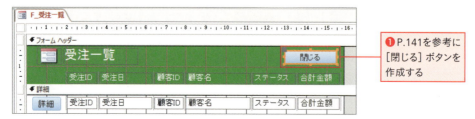

❶ P.141を参考に[閉じる]ボタンを作成する

StepUp 完成度を高める

細かいところまで気を配ると、フォームの完成度が高まります。例えば、[F_受注一覧][F_商品一覧][F_顧客一覧]フォームは入力用ではないので、テキストボックスの[タブストップ]プロパティを[いいえ]にしておくとよいでしょう。また、[F_受注一覧]フォームの[受注日]や[F_顧客一覧]フォームの[生年月日]も入力用ではないので、[日付選択カレンダーの表示]プロパティを[なし]にするとよいでしょう。

StepUp タブオーダーでカーソルを順序よく移動する

フォームビューで[Tab]キーを押したときにカーソルが次のコントロールに移動しますが、その移動順のことを「タブオーダー」と呼びます。タブオーダーを設定するには、デザインビューで[デザイン]タブの[タブオーダー]をクリックします❶。設定画面で[詳細]セクションを選択すると❷、コントロールのタブオーダーが表示されるので❸、行頭の四角形をドラッグして順序を変更します❹。もしくは、[自動]をクリックすると❺、コントロールの配置の順序でタブオーダーが設定されます。この節で作成したフォームは入力対象のコントロールがないので、タブオーダーを設定する意味はあまりありませんが、入力順を指定したいときに役立つので覚えておいてください。

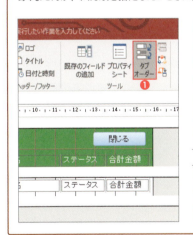 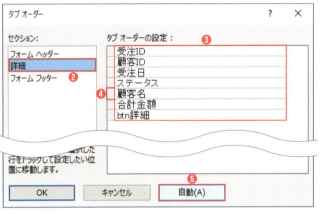

 受注登録フォームが完成したことだし、どんどん注文を取って、バンバン入力するぞ!

 次は、商品を送付するときに同梱する「納品書」作りにチャレンジよ。

 販売管理システム1つで、受注から納品まで一連の処理を管理できるようになるんですね。楽しみです♪

StepUp
SQLステートメントを利用してクエリが増えるのを抑える

　フォームやレポートを作成するためにクエリを作成していくと、クエリの数が増え、管理が面倒になります。クエリは、そもそも「SQL（エスキューエル）ステートメント」と呼ばれる文字列で定義されます。フォームやクエリのレコードソースに、クエリの代わりにSQLステートメントを設定すれば、クエリの数を抑えられます。この方法は、ルックアップフィールドやコンボボックスの[値集合ソース]プロパティでも利用できます。

▶ SQLステートメントとは

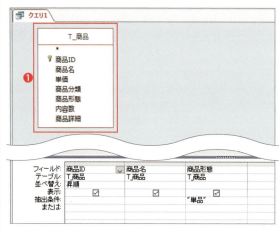

　SQLステートメントとは、リレーショナルデータベースの操作を行うための命令文です。一般的なリレーショナルデータベースではSQLステートメントを使用してテーブルのデータを取り出しますが、Accessではデザインビューというわかりやすい画面でクエリを定義できるので、SQLの知識は必要ありません。例えば、図のクエリは、[T_商品]テーブルからデータを取り出すためのクエリです❶。

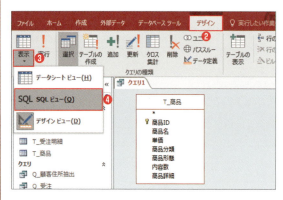

　Accessの内部では、クエリのデザインビューで行った設定から自動的にSQLステートメントが作成されます。それを確認するには、[デザイン]タブの❷、[表示]❸→[SQLビュー]をクリックします❹。

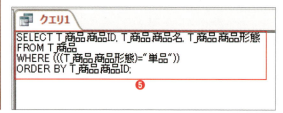

　SQLビューに切り替わり、手順❶のクエリを定義するSQLステートメントが表示されます❺。デザインビューで設定した内容がSQLステートメントでどのように記述されるのかを知ることができます。

クエリの代わりにSQLステートメントをレコードソースに使う

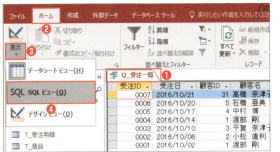

ここでは、[Q_受注一覧]クエリを基に作成した[F_受注一覧]フォームのレコードソースにSQLステートメントを指定する例を紹介します。まず、[Q_受注一覧]クエリを開き❶、[ホーム]タブの❷、[表示]❸→[SQLビュー]をクリックします❹。

SQLビューに切り替わります。表示されたSQLステートメント全体を選択して、Ctrl+Cキーを押してコピーし❺、[Q_受注一覧]クエリを閉じておきます。

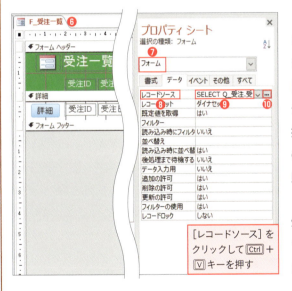

[F_受注一覧]フォームをデザインビューで開き❻、フォームのプロパティシートを表示します❼。[データ]タブの[レコードソース]をクリックし(プロパティ名をクリック)❽、Ctrl+Vキーを押すと、設定されていた「Q_受注一覧」の文字が消えて、SQLステートメントが貼り付けられます❾。以降は、[…]をクリックすると、クエリビルダーが起動し、SQLステートメントを簡単に修正できます❿。上書き保存してフォームを閉じておきます。

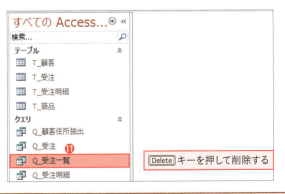

以上の操作で、SQLステートメントを基に[F_受注一覧]フォームが表示されるようになったので、[Q_受注一覧]クエリは削除しても問題ありません。ナビゲーションウィンドウで[Q_受注一覧]を選択し、Deleteキーで削除します⓫。

オブジェクトの依存関係を調べる

テーブルやフォームなどのオブジェクトは互いに、リレーションシップやルックアップ、フォーム／サブフォームなど、さまざまな関係性にあり、オブジェクトを不用意に削除すると、システムに不具合が生じる原因になります。事前に[オブジェクトの依存関係]を使用して、指定したオブジェクトに関係しているオブジェクトがないか確認しましょう。

ここでは、[Q_受注]クエリに関係しているオブジェクトを調べます。[Q_受注]をクリックして❶、[データベースツール]タブの❷、[オブジェクトの依存関係]をクリックします❸。

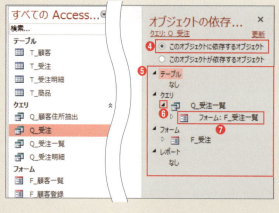

画面右にウィンドウが開きます。最初は、[このオブジェクトに依存するオブジェクト]が選ばれており❹、[Q_受注]クエリを基に作成したオブジェクトなど（[Q_受注一覧]と[F_受注]）が表示されます❺。[Q_受注一覧]の左の三角形をクリックすると❻、さらに[Q_受注一覧]を基に作成したオブジェクトを確認できます❼。

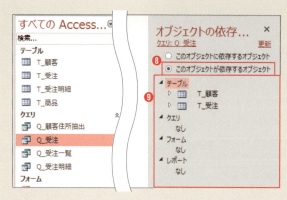

[このオブジェクトが依存するオブジェクト]を選択すると❽、[Q_受注]クエリの基になるテーブルを確認できます❾。

Chapter 6

データベース構築編

●

納品書発行の仕組みを作ろう

受注データをフォームで登録できるようになったら、次は、商品を納品するときに同梱する納品書発行の仕組みを作ります。客先に配布する書類なので、これまで以上に見た目や体裁にこだわりながら、レポート作りに取り組みましょう。

01	全体像をイメージしよう	240
02	納品書を作成する〈Step1〉	242
03	納品書を作成する〈Step2〉	254
Column	パスワードを使用して暗号化する	269

作成するレポート

Chapter 6
01 全体像をイメージしよう

納品書を作成する

受注した商品を発送するときに一緒に送る納品書を作りましょう。

印刷する書類だから、レポートを使用するんでしょうか。

ええ、そうよ。受注データをレポートに配置して印刷するのよ。

受注から納品まで、この販売管理システムで管理できるようになるわけですね。

見積書や請求書なども同じ要領で作成できるから、いろいろな実務用データベースシステムに応用できるわよ。

このChapterで作成するオブジェクト

このChapterでは、「納品書」として使用するレポートを作成します。納品書に表示するのは、[T_受注][T_受注明細][T_顧客][T_商品]の4つのテーブルのフィールドと、「販売単価×数量」の式で求めた金額です。金額の計算はChapter 5の02で作成した[Q_受注明細]クエリで行っており、また、[Q_受注明細]クエリには[T_受注明細]と[T_商品]のフィールドが含まれています。そこで、[T_受注][T_顧客][Q_受注明細]の3つのオブジェクトから、納品書を作成することにします。

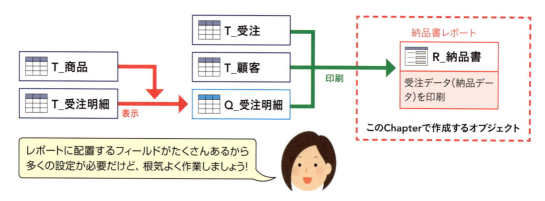

作成するオブジェクトを具体的にイメージする

どのようなレポートを作成するのか、概要をつかんでおきましょう。

▶ 納品書レポート（R_納品書）

受注日や出荷日などの受注情報、顧客名や住所の情報、納品する商品と金額の情報を印刷するレポート。受注テーブルの1件のレコードにつき、1枚の納品書を発行する。Chapter 6の02 〜 03の2つの節に渡って作成する

画面遷移を考える

Chapter 5で作成した「受注登録フォーム」に［納品書印刷］ボタンを追加します。ボタンのクリックで、フォームに表示されているレコードに対応する納品書の印刷プレビューが開きます。

受注登録フォーム

納品書を印刷したいとき

納品書レポート

グループ化、セクション

Chapter 6 02 納品書を作成する〈Step1〉

このSectionでは、納品書の骨格を作成します。レポートウィザードを使用すると、受注IDごとに1グループとして印刷されるように、簡単に設定できます。次のChapter 6の03でコントロールの配置や書式を変更して、納品書を仕上げます。

Sample 販売管理_0602.accdb

納品書の骨格を作成する

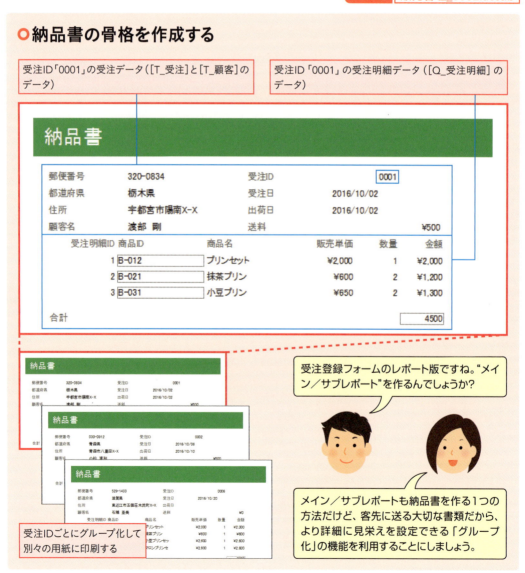

レポートのグループ化とセクション

納品書のような体裁のレポートを作成するには、グループとセクションの理解が不可欠です。下図を見て、各セクションが用紙のどこに何回印刷されるのかを確認してください。

▶ デザインビュー

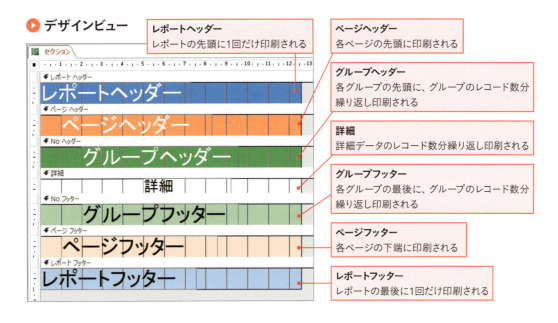

▶ 印刷物

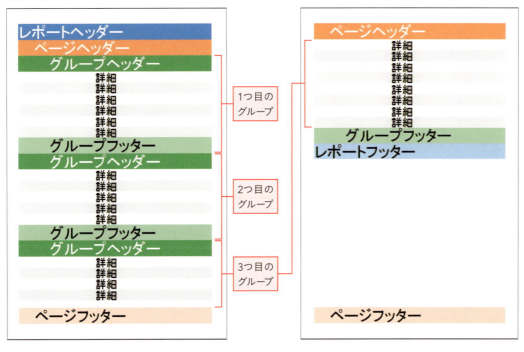

受注IDでグループ化したレポートを作成する

[T_受注]テーブル、[T_顧客]テーブル、およびChapter 5の02で作成した[Q_受注明細]クエリを基に、レポートウィザードを使用してレポートを作成します。ウィザードの中で、[受注ID]ごとにグループ化する設定と、グループごとに[金額]フィールドの合計を求める設定を行います。

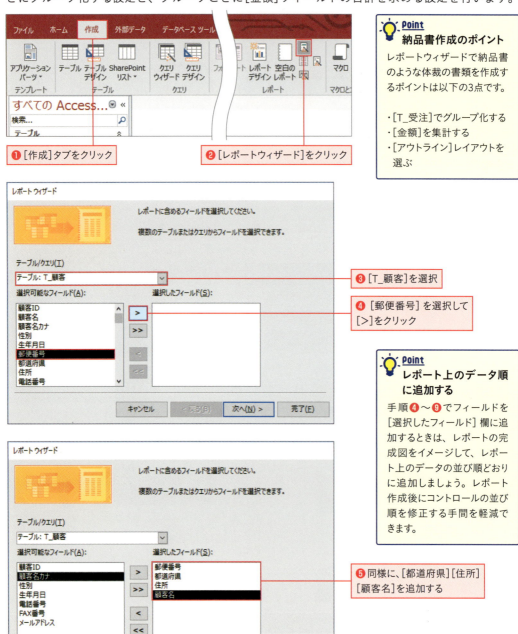

Point 納品書作成のポイント

レポートウィザードで納品書のような体裁の書類を作成するポイントは以下の3点です。

・[T_受注]でグループ化する
・[金額]を集計する
・[アウトライン]レイアウトを選ぶ

❶[作成]タブをクリック
❷[レポートウィザード]をクリック
❸[T_顧客]を選択
❹[郵便番号]を選択して[>]をクリック

Point レポート上のデータ順に追加する

手順❹〜❾でフィールドを[選択したフィールド]欄に追加するときは、レポートの完成図をイメージして、レポート上のデータの並び順どおりに追加しましょう。レポート作成後にコントロールの並び順を修正する手間を軽減できます。

❺同様に、[都道府県][住所][顧客名]を追加する

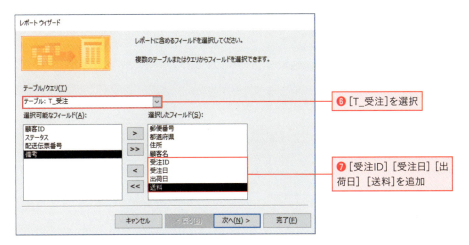

❻ [T_受注]を選択

❼ [受注ID] [受注日] [出荷日] [送料]を追加

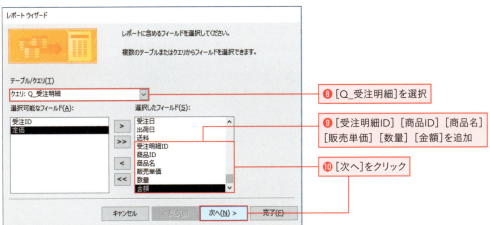

❽ [Q_受注明細]を選択

❾ [受注明細ID] [商品ID] [商品名] [販売単価] [数量] [金額]を追加

❿ [次へ]をクリック

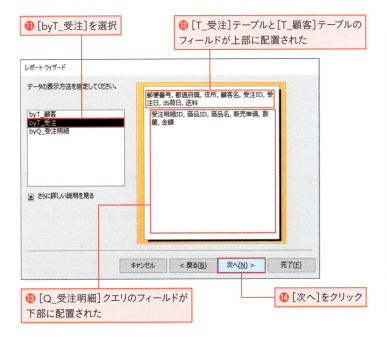

⓫ [byT_受注]を選択

⓬ [T_受注]テーブルと[T_顧客]テーブルのフィールドが上部に配置された

⓭ [Q_受注明細]クエリのフィールドが下部に配置された

⓮ [次へ]をクリック

Point
データの表示方法

手順⓫では、どのテーブル(またはクエリ)でグループ化を行うかを指定します。[byT_受注]を選択すると、[T_受注]の主キーである[受注ID]フィールドでグループ化されたレポートが作成されます。[受注ID]フィールドを結合フィールドとして、リレーションシップの一側のフィールドがレポートの上部に、多側のフィールドが下部に配置されます。なお、手順❸の画面で基になるテーブルを1つしか指定していない場合、この画面は表示されません。

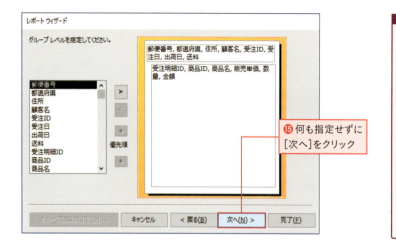

⑮ 何も指定せずに
［次へ］をクリック

Memo
グループレベルの指定

レポートウィザードでグループ化を設定するには、手順⑪の画面か手順⑮の画面を使います。手順⑪では複数のフィールドがレポートの上部に集められますが、手順⑮で設定する場合はグループ化するフィールドだけがレポートの上部に配置されます。ここでは手順⑪の画面でグループ化したので、手順⑮では何も指定しませんでした。

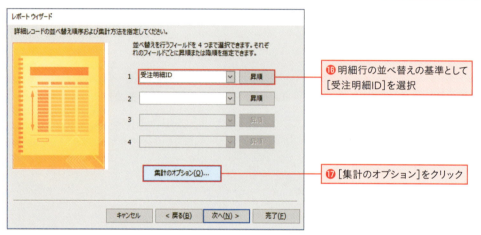

⑯ 明細行の並べ替えの基準として
［受注明細ID］を選択

⑰ ［集計のオプション］をクリック

⑱ ［金額］フィールドの［合計］にチェックを付ける

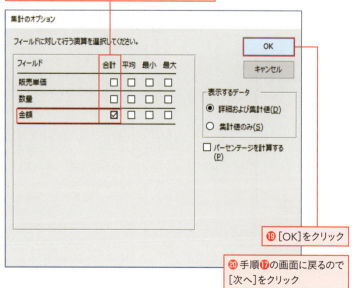

⑲ ［OK］をクリック

⑳ 手順⑰の画面に戻るので
［次へ］をクリック

Point
集計のオプション

手順⑱の設定を行うと、グループ化の単位である［受注ID］ごとに［金額］フィールドの合計値が求められます。

㉑ レイアウトとして[アウトライン]を選択

㉒ 印刷の向きとして[縦]を選択

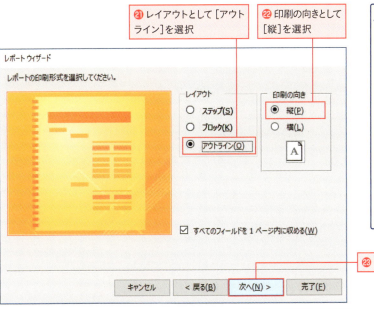

Point
レイアウト

手順㉑の[レイアウト]欄には3つの選択肢があります。[ステップ]と[ブロック]は、いずれもすべてのフィールドが表形式で表示されます。[アウトライン]では、[受注ID][受注日]などのグループ化のフィールドは単票のような形式で表示され、[受注明細ID][商品名][金額]など明細データのみが表形式で表示されます。

㉓ [次へ]をクリック

㉔ 次画面でレポート名として「R_納品書」と入力して[完了]をクリック

Point
[アウトライン]レイアウトとセクションの関係

手順㉑の[レイアウト]欄で[アウトライン]を選択すると、[受注ID][受注日]などのグループ化のフィールドは、単票形式のような体裁でグループヘッダーに配置されます。[受注明細ID][商品名][金額]など明細データは、ラベルがグループヘッダーに、テキストボックスが詳細セクションに表形式で配置されます。合計はグループフッターに配置されます。

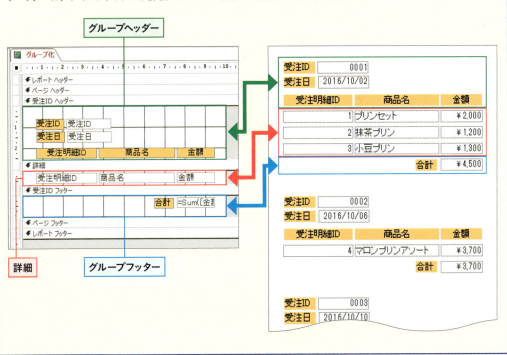

㉕ レポートが作成された　　㉖ [2ページ]をクリックすると、2ページ分のレポートを表示できる

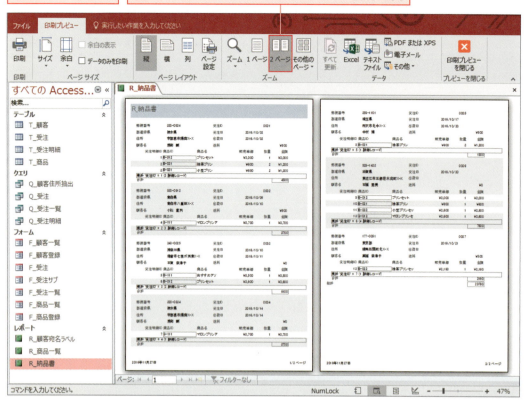

StepUp

単一フィールドでグループ化するには

P.246の手順⓯の画面では、単一のフィールドでグループ化する設定を行えます。レポートの基になるテーブルまたはクエリが1つの場合にでもグループ化の設定が行えるので便利です。以下のレポートでは、[T_商品]テーブルの[商品形態]フィールドでグループ化しており❶、商品レコードを[商品形態]（「単品」「セット」「アソートセット」）ごとに印刷できます❷。

印刷プレビューを確認し、修正箇所を検討する

作成したレポートの印刷プレビューを確認し、このあと、どこを修正すればよいのかを把握しておきましょう。

❶ このタイトルは1ページ目にしか表示されないので削除。各ページの先頭にタイトルが表示されるように設定し直す

❷ 受注IDごとに別の用紙に印刷されるように改ページを設定する

❸ 交互の行の色を解除する

❹ レコード数、日付、ページ番号、およびレポートの最終ページに表示される金額の総計を削除する

各セクションのサイズを整えて改ページを設定する

前ページで検討した修正箇所に基づいて、レポートを修正していきましょう。

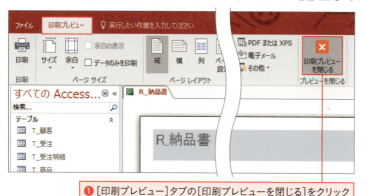

❶［印刷プレビュー］タブの［印刷プレビューを閉じる］をクリック

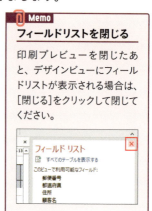

> **Memo**
> **フィールドリストを閉じる**
> 印刷プレビューを閉じたあと、デザインビューにフィールドリストが表示される場合は、［閉じる］をクリックして閉じてください。

❷ デザインビューに切り替わった

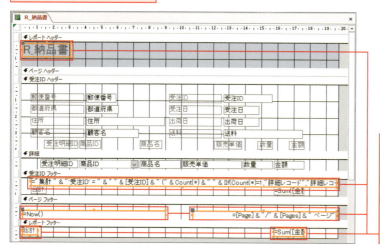

❸ レポートヘッダーにあるタイトルのラベル、［受注IDフッター］にあるレコード数のテキストボックス、ページフッターとレポートフッターにあるすべてのラベルとテキストボックスを選択して Delete キーを押して削除する

❹ レポートヘッダーの領域の下端にマウスポインターを合わせ、上方向にドラッグして高さを「0」にする

❺ 同様にページフッターとレポートフッターの高さも「0」にしておく

❻ レポートヘッダー、ページフッター、レポートフッターの表示領域がなくなった

❼ ページヘッダーのセクションバーの下端にマウスポインターを合わせ、下方向にドラッグして領域を広げる

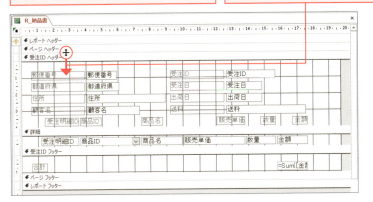

> **Memo**
> **[R_納品書]のセクション**
>
> レポートウィザードで[受注ID]フィールドをグループ化の単位として設定したことにより、「受注IDヘッダー」というグループヘッダーと、「受注IDフッター」というグループフッターがレポートに追加されます。

❽ ページヘッダーのセクションバーをクリック

❾ [書式]タブをクリック

❿ [図形の塗りつぶし]から色を選択

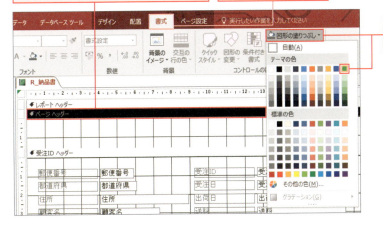

⓫ ページヘッダーに色が付いた

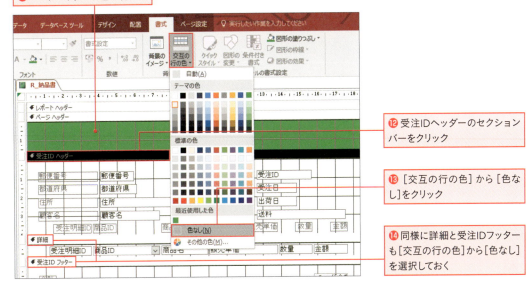

⓬ 受注IDヘッダーのセクションバーをクリック

⓭ [交互の行の色]から[色なし]をクリック

⓮ 同様に詳細と受注IDフッターも[交互の行の色]から[色なし]を選択しておく

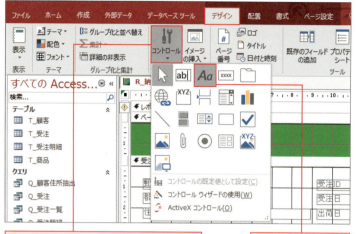

⑮ [デザイン]タブの[コントロール]をクリック

⑯ [ラベル]をクリック

> **Point**
> **タイトルは
> ページヘッダーに入れる**
>
> 「納品書」というタイトルは、すべてのページの先頭に入れたいのでページヘッダーに配置します。レポートヘッダーに配置してしまうと、1ページ目にしか印刷されないので注意しましょう。

⑰ ページヘッダーにラベルを配置して「納品書」と入力

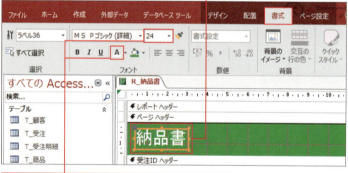

⑱ [書式]タブの[フォントサイズ]と[フォントの色]を使用して文字の書式を設定しておく

> **Memo**
> **プロパティシートの表示**
>
> プロパティシートを表示するには、[デザイン]タブの[プロパティシート]をクリックします。F4キーを押すか、セクションバーをダブルクリックしても表示できます。
> 項目名と設定欄の間の縦線は、ドラッグで移動できます。

ドラッグ

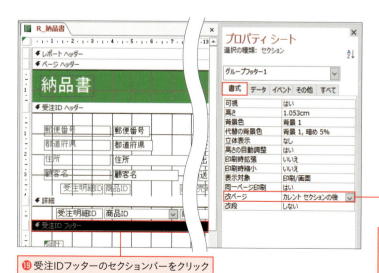

⑲ 受注IDフッターのセクションバーをクリック

⑳ プロパティシートを表示し、[書式]タブの[改ページ]から[カレントセクションの後]を選択

> **Point**
> **改ページ**
>
> [改ページ]プロパティを使用すると、セクションの前後に改ページを入れられます。ここでは受注IDフッターの後で改ページしたいので、受注IDフッターを選択して[改ページ]プロパティで[カレントセクションの後]を選択しました。「カレント」とは、「現在の」という意味です。

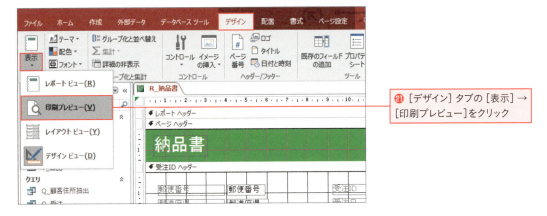

㉑ [デザイン] タブの [表示] → [印刷プレビュー] をクリック

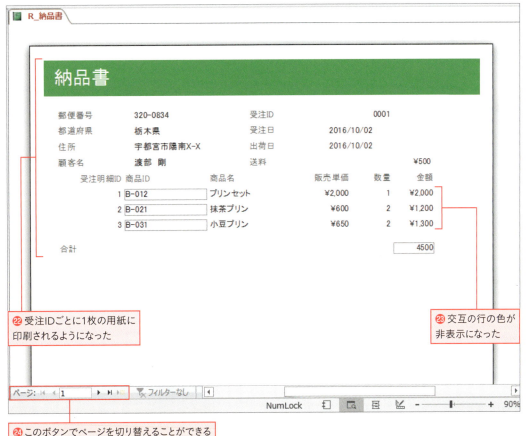

㉒ 受注IDごとに1枚の用紙に印刷されるようになった

㉓ 交互の行の色が非表示になった

㉔ このボタンでページを切り替えることができる

StepUp

[セクション繰り返し] プロパティ

明細データのレコード数が多くて納品書が複数ページに渡る場合に、2ページ目以降に表の見出しを表示するには、グループヘッダーの[セクション繰り返し]プロパティで[はい]を設定します。すると、2ページ目以降にも先頭にグループヘッダーを印刷できます。その場合、[デザイン]タブにある[ページ番号]ボタンを使用して、ページヘッダーまたはページフッターにページ番号を入れるとよいでしょう。

Chapter 6

集計実行、スペースの調整、余白の調整

03 納品書を作成する〈Step2〉

Chapter 6の02で作成した納品書の細部を調整して完成させましょう。表形式レイアウトを上手に利用すると、Excelで作成した表のように、キレイに仕上げられます。宛先欄も、お客様に送付する書類らしく、宛名を大きくしたり、「様」を付けたりします。

Sample 販売管理_0603.accdb

◯ 納品書を見栄えよく仕上げる

コントロールの色や枠線を整える

まずは、現在の納品書の印刷プレビューを確認して、修正箇所を把握しておきましょう。

❶ 印刷プレビューを確認する

❷ 表の見出しに色を付けたい

❸ 枠線を透明にしたい

❹ 納品書ごとに「1」から始まる連番を振りたい

❺ デザインビューに切り替える

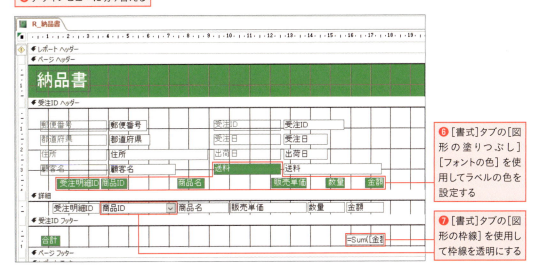

❻ [書式]タブの[図形の塗りつぶし][フォントの色]を使用してラベルの色を設定する

❼ [書式]タブの[図形の枠線]を使用して枠線を透明にする

宛先の体裁を整える

[都道府県]と[住所]を連結したり、[顧客名]に「様」を連結したりして、宛先の体裁を整えます。

❶ [郵便番号][都道府県][住所][顧客名]のラベルと[都道府県]のテキストボックスを選択して Delete キーを押して削除する

[都道府県]のテキストボックスを削除するなら、最初から追加しなくてもよかったのでは?

手順❹の式で[都道府県]を使うには、レポートのソースとして追加しておく必要があるのよ。

❷ [住所]のテキストボックスのサイズと配置を整え、選択しておく

❸ プロパティシートを表示し、[すべて]タブの[名前]に「宛先」と入力

❹ [コントロールソース]に「=[都道府県] & [住所]」と入力

> **Point**
> **コントロール名を変更する**
>
> 手順❷の[住所]フィールドのテキストボックスには元々「住所」という名前が付いていました。「=[都道府県] & [住所]」という式の中の「[住所]」はフィールド名を指していますが、テキストボックス名が「住所」のままだと「循環参照」というエラーが出てしまいます。それを防ぐために、手順❸で名前を変更しました。手順❻でテキストボックス名を変更するのも同様の理由です。

❺ [顧客名]のテキストボックスのサイズ、配置、フォントサイズを整え、選択しておく

❻ [名前]に「宛名」と入力

❼ [コントロールソース]に「=[顧客名] & " 様"」と入力

明細行に「1」から始まる連番を振る

［受注明細ID］フィールドはオートナンバー型で、テーブルの全レコードを通した連番が割り振られるため、納品書の明細行の番号が「1」から始まらなかったり、飛び飛びの値になったりします。それでは見た目が悪いので、ここでは「1」から始まる連番が表示されるように設定しましょう。［集計実行］というプロパティを使用します。

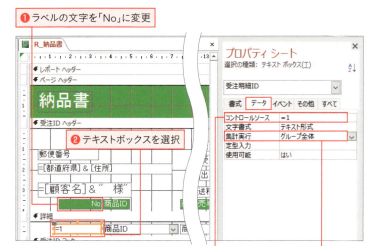

Point　［集計実行］プロパティ

［集計実行］で［グループ全体］を選択すると、グループごとに［コントロールソース］に指定した値の累計を計算できます。ここでは「=1」と指定したので「1」の累計が計算され、結果として「1」「2」「3」と連番を表示できます。

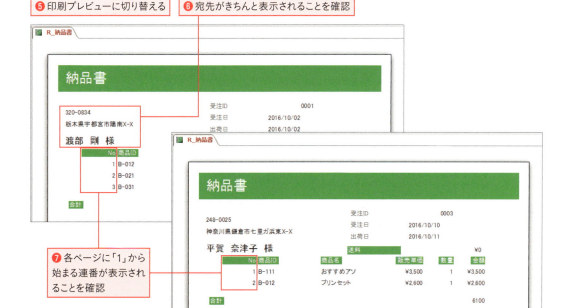

請求金額を計算する

受注IDフッターにテキストボックスを追加し、明細行の合計金額と送料を足して、「ご請求金額」として表示しましょう。

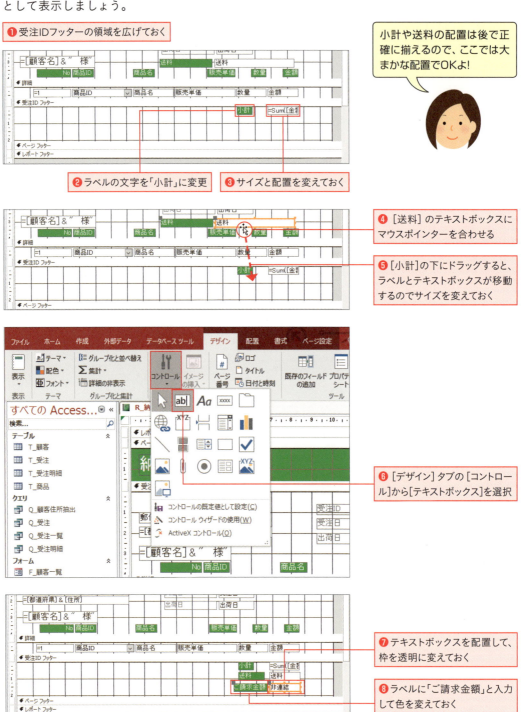

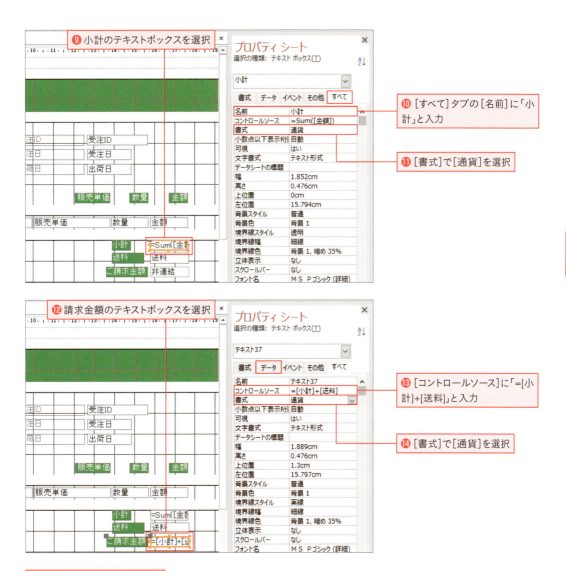

コントロールレイアウトを適用する

コントロールの配置を正確に揃えるには、コントロールレイアウトを設定するのが早道です。明細行に表形式、合計欄に集合形式のレイアウトを適用しましょう。

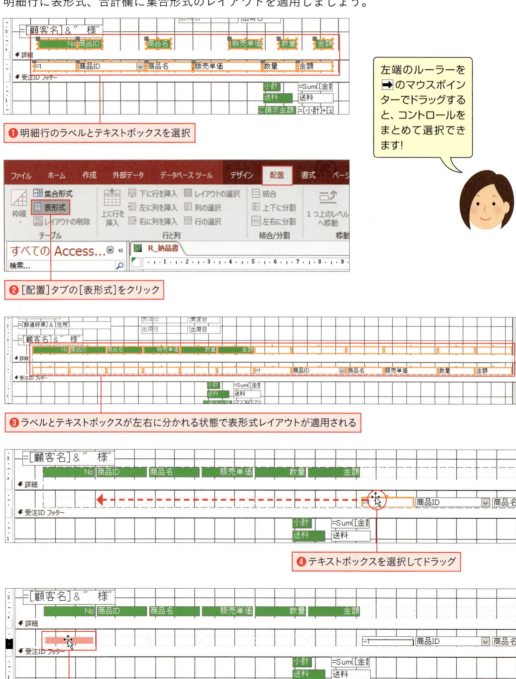

❶ 明細行のラベルとテキストボックスを選択

左端のルーラーを ➡ のマウスポインターでドラッグすると、コントロールをまとめて選択できます！

❷ [配置]タブの[表形式]をクリック

❸ ラベルとテキストボックスが左右に分かれる状態で表形式レイアウトが適用される

❹ テキストボックスを選択してドラッグ

❺ 配置場所のセルの色が変わったのを確認してドロップする

❻ ほかのテキストボックスも同様に移動しておく

❼ 空白のセルをすべて選択して Delete キーを押して削除する

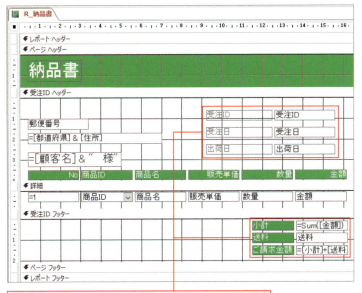

❽ それぞれ集合形式のコントロールレイアウトを設定しておく

> **Memo**
> **空白セルコントロール**
>
> コントロールレイアウトの適用の際にラベルとテキストボックスの対応が認識できない場合、前ページ手順❸のようにラベルとテキストボックスが左右に分かれ、それぞれの上下に空白セルが表示されます。テキストボックスをドラッグしてラベルと対応させると、右側に空白セルが残るので削除してください。

> 💡 **Point**
> **集合形式レイアウトの適用**
>
> 合計欄（小計、送料、請求金額）のコントロールに集合形式レイアウトを設定すると、小計のテキストボックスがラベルの下に配置される場合があります。その場合、小計のテキストボックスを選択して、ラベルの右の空白セルまでドラッグし❶、残った空白セルを削除します❷。
>
>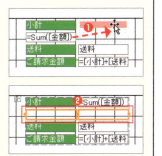

コントロールレイアウトの書式を整える

コントロールレイアウトを適用したコントロールのスペースの調整や枠線の設定を行い、見栄えを整えます。

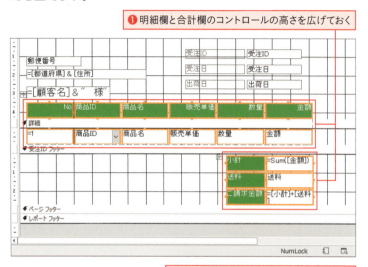

❶ 明細欄と合計欄のコントロールの高さを広げておく

❷ 明細欄と合計欄のコントロールを選択（手順❾の操作までずっと選択しておく）

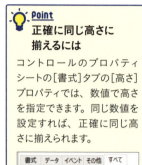

> **Point**
> **正確に同じ高さに揃えるには**
>
> コントロールのプロパティシートの[書式]タブの[高さ]プロパティでは、数値で高さを指定できます。同じ数値を設定すれば、正確に同じ高さに揃えられます。

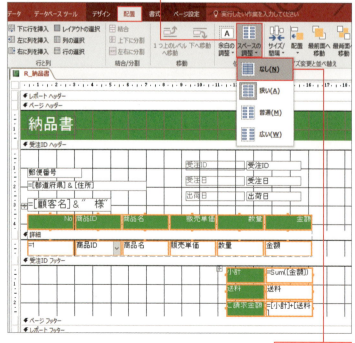

❸ [配置]タブの[スペースの調整]をクリック

❹ [なし]を選択

> **Point**
> **スペースを0にする**
>
> 手順❸で[スペースの調整]から[なし]を選択すると、コントロールレイアウト内のコントロールがすき間なくぴったりとくっつきます。先頭行や先頭列のラベルに設定した色がつながり、行全体や列全体に色を塗ったように見せられます。

> **Memo**
> **スペースと余白**
>
> 手順❸の[スペースの調整]では、コントロールとコントロールの間の距離が調整されます。手順❺の[余白の調整]では、コントロール内の文字とコントロールの枠の間の距離が調整されます。

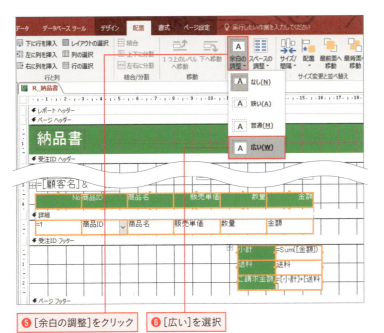

❺ [余白の調整]をクリック　❻ [広い]を選択

> **Point**
> **余白でバランスを調整**
>
> テキストボックスの横方向の文字揃えは、[書式]タブにある[中央揃え]などのボタンで設定できますが、縦方向の文字揃え用のボタンはありません。通常はプロパティシートの[書式]タブにある[上余白]で、テキストボックスの上端から文字までの距離を指定して文字の位置を調整します。ここでは手っ取り早く[余白の調整]からサイズを選びましたが、きちんと指定したい場合は[上余白]プロパティを使用しましょう。

❼ [枠線]をクリック

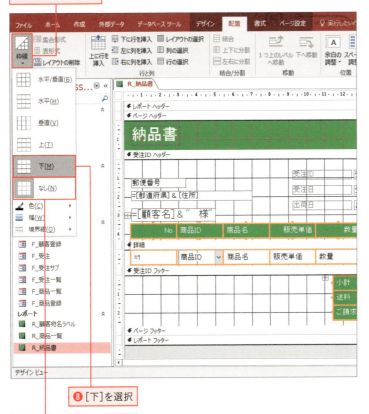

❽ [下]を選択
❾ [色]から枠線の色を選択

手順❾までは明細欄と合計欄のコントロールを選択したまま操作してね!

> **Memo**
> **枠線を解除するには**
>
> あらかじめコントロールを選択しておき、[配置]タブの[枠線]をクリックし、[なし]を選択すると、枠線を非表示にできます。

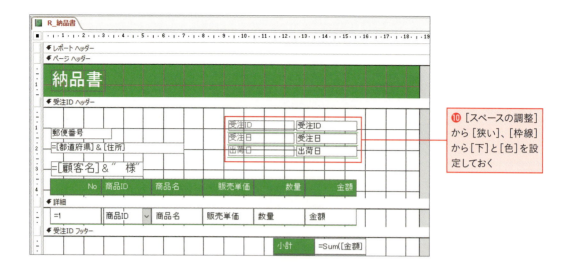

用紙にバランスよく配置調整して仕上げる

　ページ設定とそれに合わせたコントロールの配置の調整を行います。また、ラベルを追加して、会社名などを入れて、納品書を仕上げます。

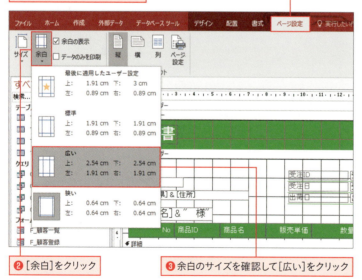

> **Point**
> **印刷領域の幅**
>
> A4用紙の横幅が21cm、手順❷で設定した左右の余白がそれぞれ1.91cmなので、印刷領域の幅は約17cmになります。レポートの幅を17cm以内にしないと、余分なページが印刷されてしまうので注意しましょう。

> **Memo**
> **レポートの左右中央印刷**
>
> Accessには、Excelの左右中央印刷のような機能はありません。用紙サイズと余白からレポートの幅を計算し、計算した幅の中でコントロールをバランスよく配置することで、用紙の中央に印刷します。もしくは、用紙の幅に合わせて左余白を個別に調整してもよいでしょう。デザインビューの[ページ設定]タブにある[ページ設定]ボタンをクリックし、表示される画面の[印刷オプション]タブで左余白のサイズを設定できます。

❹ 幅を17cm以内に縮める

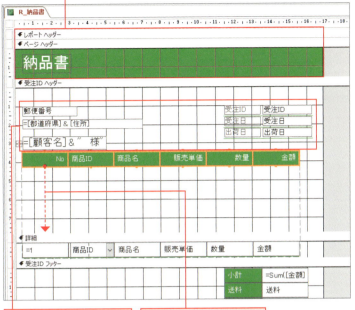

> **Point ラベル内で改行するには**
> 手順❼では、ラベルに文字を入力し、Ctrlキーを押しながらEnterキーを押すと、ラベル内で改行できます。

❺ 各コントロールをバランスよく配置する

❻ 受注IDヘッダーの高さを広げてラベルを下端に移動

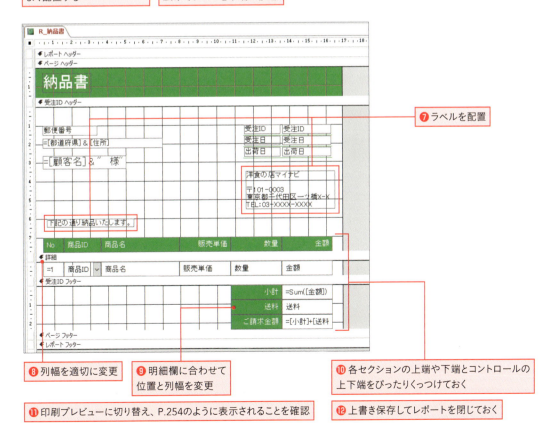

❼ ラベルを配置

❽ 列幅を適切に変更

❾ 明細欄に合わせて位置と列幅を変更

❿ 各セクションの上端や下端とコントロールの上下端をぴったりくっつけておく

⓫ 印刷プレビューに切り替え、P.254のように表示されることを確認

⓬ 上書き保存してレポートを閉じておく

Point
明細欄に合わせて合計欄を配置するには

［数量］のラベルと［小計］のラベルを選択し、［配置］タブの［配置］ボタンと［サイズ／間隔］ボタンを使用すると、簡単に位置とサイズを揃えることができます。［小計］に合わせて、自動的に［送料］や［ご請求金額］も揃います。同様に、［金額］のラベルと［小計］のテキストボックスを選択してサイズを揃えておきましょう。

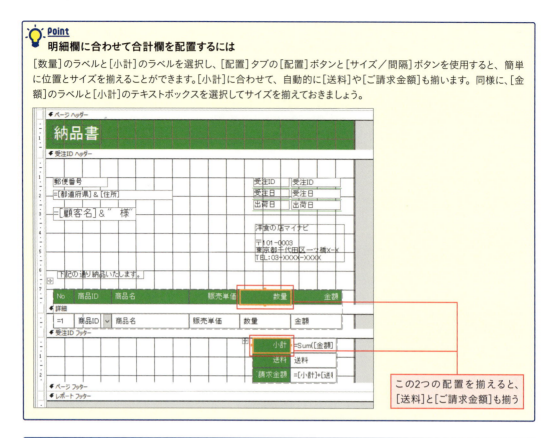

Point
セクションとコントロールの余白をなくす

明細欄と合計欄のコントロールの高さを揃えても、コントロールの上下端とセクションの上下端にすき間があると、行高がムダに広がってしまいます。それを避けるために、手順❿でセクションとコントロールの上下端をくっつけました。

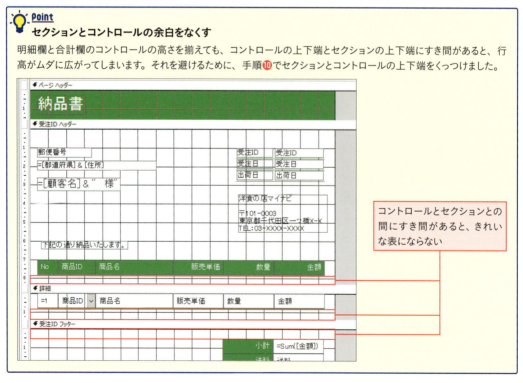

[F_受注]フォームに[納品書印刷]ボタンを作成する

最後に、[F_受注]フォームに[納品書印刷]ボタンを作成しましょう。出荷日や配送伝票番号などのデータを入力した直後に印刷する場合に備えて、レコードをきちんと保存してから[R_納品書]レポートの印刷プレビューを開きます。印刷するレコードの抽出条件は、[レポートを開く]アクションの引数[Where条件式]に、P.132で紹介したマクロと同じ構文で指定します。

❶ [F_受注]フォームのデザインビューを表示しておく

❷ ボタンを配置し、「納品書印刷」と入力。[クリック時]イベントからマクロビルダーを起動する

Memo
直接印刷するには

手順❻[印刷プレビュー]の代わりに[印刷]を選択すると、[納品書印刷]ボタンのクリックで即座に印刷を行えます。ただし、新規レコードの画面で印刷を実行してしまうと、見出しだけの納品書が印刷されてしまい無駄になります。それを避けるには、P.283で紹介する[空データ時]イベントのマクロを設定してください。

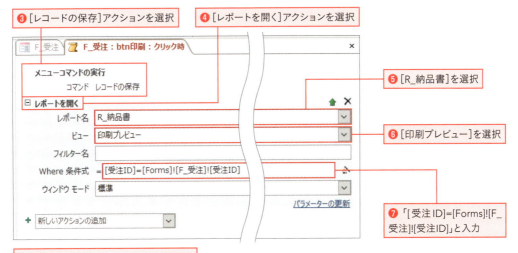

❸ [レコードの保存]アクションを選択
❹ [レポートを開く]アクションを選択
❺ [R_納品書]を選択
❻ [印刷プレビュー]を選択
❼ 「[受注ID]=[Forms]![F_受注]![受注ID]」と入力
❽ 上書き保存してマクロビルダーを閉じる

Point
[Where条件式]の構文

引数[Where条件式]の左辺の[フィールド名]には、開くレポートのフィールド名を指定します。右辺には、条件が入力されているフォーム名とコントロール名を指定します。なお、「Forms」を囲む角カッコは手入力しなくても、マクロを開き直すと自動で挿入されます。

[フィールド名] = [Forms]![フォーム名]![コントロール名]
[受注ID] = [Forms]![F_受注]![受注ID]

❾ フォームビューに切り替えて[受注ID]が「0006」のレコードを表示する
❿ [出荷日]を入力
⓫ [納品書印刷]をクリック

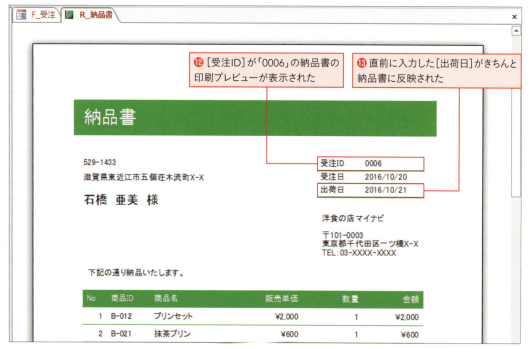

⓬ [受注ID]が「0006」の納品書の印刷プレビューが表示された
⓭ 直前に入力した[出荷日]がきちんと納品書に反映された

これで、受注から納品までの一連の作業を販売管理システムで管理できるようになったわね。

出荷日などの情報を入力したときに一緒に納品書を印刷できるから、納品の作業がスムーズになりますね!

いよいよ次は、販売管理システムの総仕上げ。メニュー画面の作成よ。

パスワードを使用して暗号化する

　データベースの情報を不正に使用されないようにするには、[パスワードを使用して暗号化]を設定するとよいでしょう。データベースが暗号化され、パスワードを知らない第三者はファイルを開けなくなります。設定するには、データベースを「排他モード」で開く必要があります。排他モードとは、ほかの人が同じデータベースを同時に開けなくすることです。

　通常は複数の人が同時に同じデータベースを開けますが、パスワードの設定をするときは自分だけがファイルを開いている状態で設定する必要があります。P.28を参考に[ファイルを開く]ダイアログボックスを表示し、パスワードを設定するデータベースファイルを選択します❶。[開く]の右にある[▼]をクリックし❷、[排他モードで開く]をクリックします❸。

ファイルが開いたら、[ファイル]タブをクリックします。[情報]をクリックし❹、[パスワードを使用して暗号化]をクリックします❺。なお、パスワードが設定されているファイルの場合は、同じ位置に[データベースの解読]ボタンが表示され、パスワードの解除を行えます。

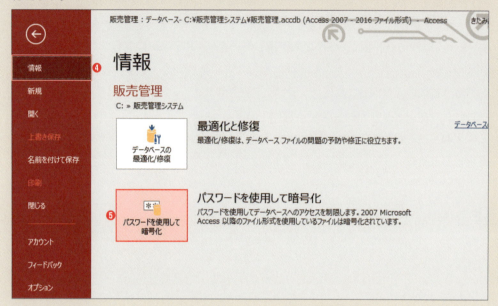

　パスワードの設定画面が開くので、パスワードを設定して❻、[OK]をクリックし❼、表示される確認メッセージで[OK]をクリックします。次回からファイルを開くときにパスワードの入力を求められます。パスワードを忘れると、ファイルを開けなくなるので注意してください。

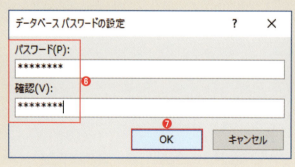

Chapter 7

データベース構築編

●

販売管理システムを仕上げよう

これまでのChapterで、販売管理システムに必要な一通りのオブジェクトが揃いました。最後にメニュー画面を追加して、画面遷移を整えましょう。メニューから各オブジェクトへアクセスできるようになるので、システムの使いやすさが格段に上がります。

01　全体像をイメージしよう 272
02　宛名ラベルの印刷メニューを作成する 274
03　メインメニューを作成する 287
Column　誤操作でデザインが変更されることを防ぐ 293

Chapter 7
01 全体像をイメージしよう

画面遷移の全体像

● メニュー画面を作成する

受注登録から納品書の作成まで、販売管理システムで一通りの業務を行えるようになったので、試験運用を始めました。

うまくいっている?

それが、Accessに不慣れなスタッフがいて、受注登録用のフォームを探すのにも一苦労だそうです。

ナビゲーションウィンドウには似た名前のオブジェクトが並んでいるから、確かにわかりづらいわね。ナビゲーションウィンドウを使わなくても済むように、メニュー画面を用意しましょう。

作成するオブジェクトを具体的にイメージする

ここでは、以下の2つのメニュー画面を作成します。

▶ 顧客宛名ラベル印刷メニュー（F_顧客宛名メニュー）

宛名ラベルを印刷する顧客を指定するための画面。「全顧客」「指定した誕生月の顧客」「指定した都道府県の顧客」の3通りの指定が行える（Chapter 7の02）

▶ メインメニュー（F_メインメニュー）

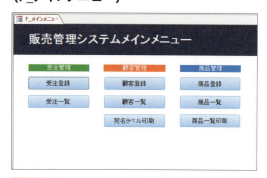

販売管理の起点となるフォーム。この画面からシステム内のあらゆる機能にアクセスできる。データベースファイルの起動時に自動表示する（Chapter 7の03）

システム全体の画面遷移

このChapterで作成するメニュー画面からの画面遷移と、これまで作成してきた画面遷移をまとめると、下図のようになります。

▶ F_メインメニュー

システム内のすべてのフォームとレポートがつながりましたね！

Ⓐ F_受注

Ⓓ F_顧客登録

Ⓗ F_商品登録

Ⓔ F_顧客一覧

Ⓑ F_受注一覧

Ⓘ F_商品一覧

Ⓕ F_顧客宛名メニュー

Ⓒ R_納品書

Ⓙ R_商品一覧

Ⓖ R_顧客宛名ラベル

Chapter 7
02 宛名ラベルの印刷メニューを作成する

コンボボックス、フィルター、空データ時

　Chapter 3の06で[R_宛名ラベル]レポートを作成したことを覚えているでしょうか。このレポートは、元々は東京近郊の顧客に案内状を送付するために作成したものです。このままでは用途が限られるので、印刷メニューの画面を作成して、印刷対象を「全顧客」「指定した誕生月の顧客」「指定した都道府県の顧客」から選べるように改良しましょう。誕生月や都道府県はコンボボックスから選択できるようにします。また、指定した条件に該当する顧客がいない場合に、メッセージ画面を表示する仕組みも作成します。

Sample 販売管理_0702.accdb

◯ 顧客宛名ラベル印刷メニューを作成する

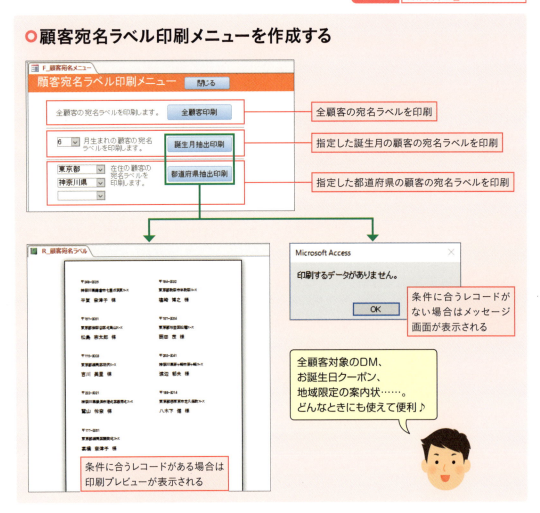

宛名ラベルのレコードソースを修正する

　Chapter 3の06で作成した［R_宛名ラベル］レポートは、「東京都」「埼玉県」「千葉県」「神奈川県」を抽出条件とする［Q_顧客住所抽出］クエリを基に作成したので、これら1都3県の顧客の宛名しか印刷できません。ここでは、全顧客の宛名を印刷できるように「レコードソース」を修正します。

❶ ［R_宛名ラベル］レポートを開きデザインビューを表示する

❷ レポートセレクターをクリックしてレポートを選択

> **Point**
> **レポートセレクター**
> 手順❷のようにレポートセレクターをクリックすると、レポート全体が選択されます。

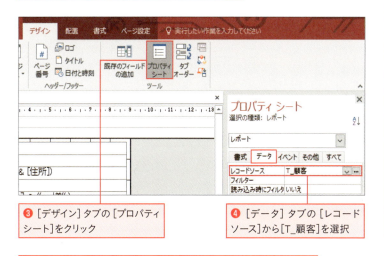

❸ ［デザイン］タブの［プロパティシート］をクリック

❹ ［データ］タブの［レコードソース］から［T_顧客］を選択

> **Point**
> **レコードソース**
> レコードソースとは、フォームやレポートに表示するレコードの取得元を指定するためのプロパティです。［R_宛名ラベル］レポートの元々のレコードソースは［Q_顧客住所抽出］ですが、▽ボタンをクリックして一覧から［T_顧客］を選択すると、レポートに［T_顧客］テーブルのレコードが表示されるようになります。

❺ 印刷プレビューに切り替え、全顧客の宛名が印刷されることを確認

❻ 上書き保存して閉じておく

メニュー画面を作成する

テーブルのレコードを表示するフォームはオートフォームやフォームウィザードで作成できますが、メニュー画面の場合は白紙のフォームにコントロールを配置して自作します。

❶[作成]タブをクリック　❷[フォームデザイン]をクリック

❸白紙のフォームのデザインビューが表示された

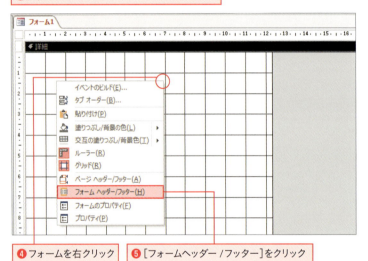

❹フォームを右クリック　❺[フォームヘッダー/フッター]をクリック

Point フォームヘッダー/フッター

[作成]タブの[フォームデザイン]からフォームを作成すると、詳細セクションのみのフォームが表示されます。右クリックメニューから[フォームヘッダー/フッター]を選択すると、フォームヘッダーとフォームフッターを表示できます。ここではフォームヘッダーだけを使用したいので、フォームフッターは高さを「0」にしてください。

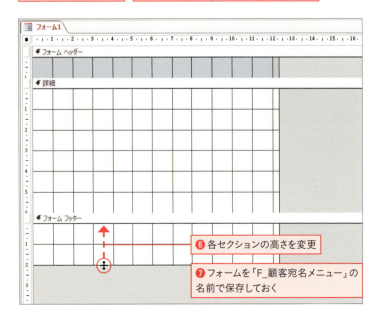

❻各セクションの高さを変更
❼フォームを「F_顧客宛名メニュー」の名前で保存しておく

Point コンボボックスと直線

次ページの手順❽で配置するコンボボックスと直線は、テキストボックスやラベルと同様に[デザイン]タブのコントロールの一覧から配置できます。

❽ 下図を参考にコントロールを配置し、色や文字を設定しておく。名前は
プロパティシートの[その他]タブか[すべて]タブで設定する。

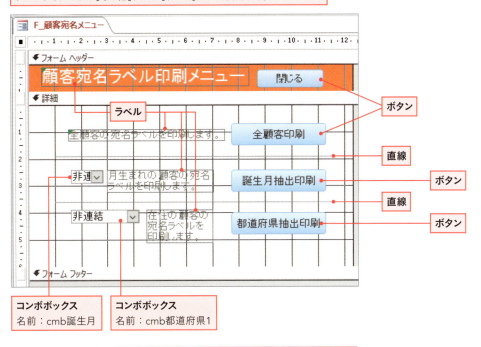

❾ 下表を参考にフォームのプロパティを設定してからフォームビューに切り替える

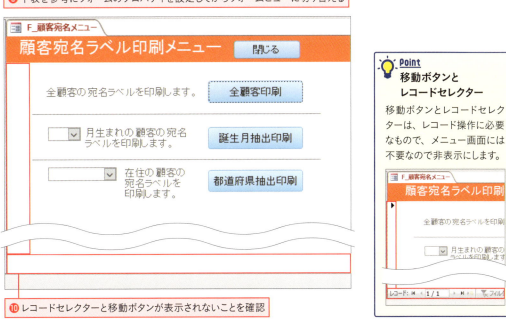

❿ レコードセレクターと移動ボタンが表示されないことを確認

Point
移動ボタンとレコードセレクター

移動ボタンとレコードセレクターは、レコード操作に必要なもので、メニュー画面には不要なので非表示にします。

設定対象	タブ	プロパティ	設定値
フォーム	書式	レコードセレクタ	いいえ
		移動ボタン	いいえ

⓫ [cmb誕生月]を選択

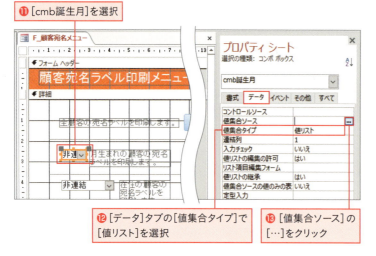

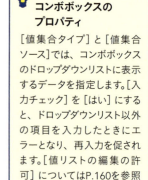

Point
コンボボックスのプロパティ

[値集合タイプ]と[値集合ソース]では、コンボボックスのドロップダウンリストに表示するデータを指定します。[入力チェック]を[はい]にすると、ドロップダウンリスト以外の項目を入力したときにエラーとなり、再入力を促されます。[値リストの編集の許可]についてはP.160を参照してください。

⓬ [データ]タブの[値集合タイプ]で[値リスト]を選択

⓭ [値集合ソース]の[…]をクリック

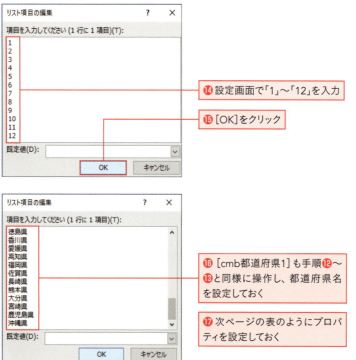

⓮ 設定画面で「1」～「12」を入力

⓯ [OK]をクリック

⓰ [cmb都道府県1]も手順⓬～⓭と同様に操作し、都道府県名を設定しておく

⓱ 次ページの表のようにプロパティを設定しておく

Point
作成するコンボボックス

ここでは、下図のコンボボックスを作成します。

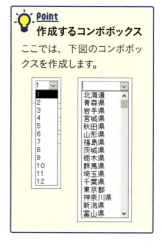

Point
[cmb誕生月]の既定値

誕生月の顧客の宛名ラベルは誕生月の前月に使用する可能性が高いので、現在の日付から前月の数値を求める式を[既定値]プロパティに指定することにします。現在の日付を求めるDate関数と日付から月を取り出すMonth関数を組み合わせて、「Month(Date())」とすると「今月」が求められます。IIf関数を使用して、今月が12月の場合は「1」、それ以外の場合は「今月+1」を計算します。設定する式は、以下のようになります。

IIf(Month(Date())=12,1,Month(Date())+1)

設定対象	タブ	プロパティ	設定値
cmb誕生月	データ	入力チェック	はい
		値リストの編集の許可	いいえ
		既定値	IIf(Month(Date())=12,1,Month(Date())+1)
	その他	IME入力モード	オフ
cmb都道府県1	データ	入力チェック	はい
		値リストの編集の許可	いいえ
	その他	IME入力モード	ひらがな

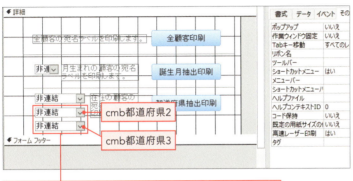

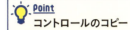

Point
コントロールのコピー

[cmb都道府県1]を選択したまま、[ホーム]タブの[コピー][貼り付け][貼り付け]と順にクリックすると、[cmb都道府県1]の真下に2つのコンボボックスを貼り付けできます。

⓲ [cmb都道府県1]をコピー／貼り付けして名前を設定しておく

StepUp
タブオーダーを設定しよう

タブオーダーとは、フォームビューで Tab キーを押したときに選択されるコントロールの順序のことです。フォームのデザインビューで[データ]タブの[タブオーダー]をクリックすると、[タブオーダー]ダイアログボックスが開きます❶。[詳細]を選択すると❷、詳細セクションのコントロールが一覧表示されます。コントロール名の先頭の四角形をドラッグして❸、コントロールを順序よく並べ替えます。フォームビューを表示すると、タブオーダーの先頭のコントロールが選択された状態になります❹。 Tab キーを押すと、選択されるコントロールがタブオーダーの順に移動します❺。

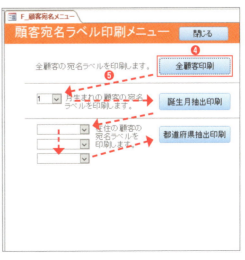

各ボタンのマクロを作成する

メニュー画面に配置したボタンのマクロを作成します。

❶［全顧客印刷］ボタンをクリック

❷［イベント］タブの［クリック時］の［…］をクリック

❸ 表示される画面で［マクロビルダー］を選択し［OK］をクリック

❹ マクロビルダーが表示される　❺［レポートを開く］アクションを選択

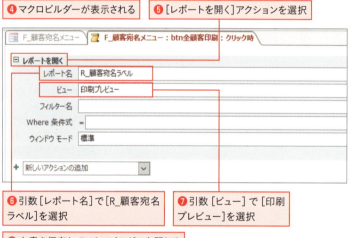

❻ 引数［レポート名］で［R_顧客宛名ラベル］を選択

❼ 引数［ビュー］で［印刷プレビュー］を選択

❽ 上書き保存してマクロビルダーを閉じる

> **Point**
> **レポートがそのまま表示される**
>
> ［レポートを開く］アクションの引数［フィルター名］と［Where条件式］を空欄にしておくと、［レポート名］で指定した［R_顧客宛名ラベル］レポートがそのまま開き、全顧客の宛名ラベルが表示されます。

❾［誕生月抽出印刷］ボタンを選択し、手順❷〜❼と同様に操作しておく

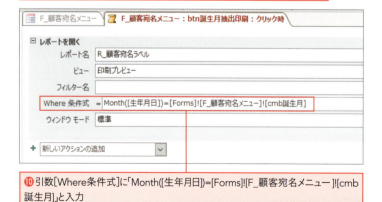

❿ 引数［Where条件式］に「Month([生年月日])=[Forms]![F_顧客宛名メニュー]![cmb誕生月]」と入力

⓫ 上書き保存してマクロビルダーを閉じる

> **Point**
> **誕生月の抽出条件**
>
> 手順❿の「Month([生年月日])」では、［T_顧客］テーブルの［生年月日］フィールドの日付から月の数値を求めています。全体の式は、「［生年月日］の月が、［F_顧客宛名メニュー］フォームの［cmb誕生月］の数値に等しい」という条件を表します。

⓬[都道府県抽出印刷]ボタンを選択し、手順❷～❼と同様に操作しておく

⓭引数［フィルター名］に「Q_顧客住所抽出」と入力

⓮上書き保存してマクロビルダーを閉じる

⓯[閉じる]ボタンを選択し、手順❷～❸と同様に操作しておく

⓰[ウィンドウを閉じる]アクションを選択

⓱上書き保存してマクロビルダーを閉じる

⓲フォームビューに切り替える

⓳ここをクリックすると、全顧客の宛名ラベルが表示される。ボタンの作成完了

⓴ここをクリックすると、コンボボックスで指定した月の宛名ラベルが表示される。ボタンの作成完了

㉑ここをクリックすると、コンボボックスの指定にかかわらず、「東京都」「埼玉県」「千葉県」「神奈川県」の顧客の宛名ラベルが表示される。次ページで改良する

㉒フォームを上書き保存して閉じておく

Point
引数[フィルター名]

開くレポートに表示するレコードの抽出条件は、手順❿のように引数[Where条件式]で指定できますが、条件が複雑な場合は1つの式で表すのが大変です。そのようなときは、抽出条件を指定するクエリを作成し、そのクエリ名を引数[フィルター名]に指定します。

Memo
[Q_顧客住所抽出]クエリ

手順⓭で指定した[Q_顧客住所抽出]クエリは、「東京都」「埼玉県」「千葉県」「神奈川県」の顧客を抽出するクエリです。したがって、現時点では[都道府県抽出印刷]ボタンをクリックしたときに「東京都」「埼玉県」「千葉県」「神奈川県」の顧客の宛名が表示されます。

Memo
条件に合うレコードがない場合

指定した誕生月の顧客がいない場合、[誕生月抽出印刷]ボタンをクリックすると、ラベルにエラー記号が表示されます。これを回避するために、P.283でレポートを改良します。

[Q_顧客住所抽出]クエリの抽出条件を修正する

前ページの手順⓭で指定した[Q_顧客住所抽出]クエリは、抽出条件が「東京都」「埼玉県」「千葉県」「神奈川県」に固定されています。抽出条件を[F_顧客宛名メニュー]で指定できるように、クエリを修正しましょう。

❶[Q_顧客住所抽出]クエリのデザインビューを開いておく

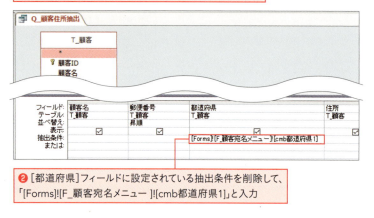

❷[都道府県]フィールドに設定されている抽出条件を削除して、「[Forms]![F_顧客宛名メニュー]![cmb都道府県1]」と入力

❸「[Forms]![F_顧客宛名メニュー]![cmb都道府県2]」と入力

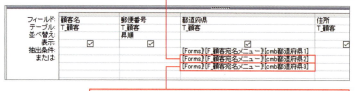

❹「[Forms]![F_顧客宛名メニュー]![cmb都道府県3]」と入力

❺上書き保存してクエリを閉じておく

❻[F_顧客宛名メニュー]フォームを開く

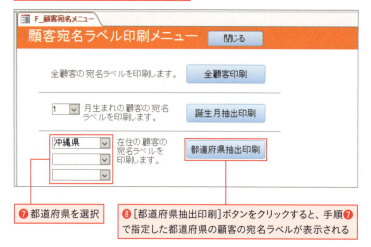

❼都道府県を選択

❽[都道府県抽出印刷]ボタンをクリックすると、手順❼で指定した都道府県の顧客の宛名ラベルが表示される

Memo
抽出条件の入力

クエリの[抽出条件]にフォームのコントロール名を指定すると、コントロールの値を条件に抽出できます。フォーム名やコントロール名は、「!」の入力直後に自動表示されるリストから入力できます。

Point
条件の列だけでもよい

[Q_顧客住所抽出]クエリには[顧客名][郵便番号][住所]フィールドがありますが、これらのフィールドは削除してもかまいません。クエリの中に抽出条件となる[都道府県]フィールドが存在すれば、[レポートを開く]アクションのフィルターとして利用できます。

Memo
Or条件に変わる

クエリを保存して開き直すと、複数の抽出条件が「Or」でつながれて1つの条件として表示されます。

条件に合うレコードがないときに印刷をキャンセルする

指定した誕生月の顧客が存在しない場合や都道府県を指定せずに[都道府県抽出印刷]ボタンをクリックした場合、エラー記号が印刷されます。これを避けるために、印刷するデータがないときに印刷が(今回の例では印刷プレビューが)キャンセルされる仕組みを作成します。

❶ [R_顧客宛名ラベル]レポートをデザインビューで開いておく

❷ プロパティシートを開き、[イベント]タブの[空データ時]の[…]をクリックし、表示される画面で[マクロビルダー]を選択

Point
印刷の取り消し

レポートの[空データ時]イベントで[イベントの取り消し]アクションを実行すると、レポートで印刷するレコードが存在しない場合に印刷や印刷プレビューの実行を取り消すことができます。

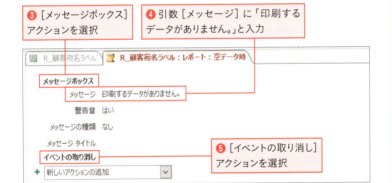

❸ [メッセージボックス]アクションを選択

❹ 引数[メッセージ]に「印刷するデータがありません。」と入力

❺ [イベントの取り消し]アクションを選択

❻ マクロビルダー、レポートを上書き保存して閉じておく

StepUp
レコードの並べ替え

レポートで並べ替えの設定をしておくと、[F_顧客宛名メニュー]でどのボタンをクリックした場合でもレコードの並び順を統一できます。レポートのデザインビューで[デザイン]タブの[グループ化と並べ替え]をクリックし、開く画面で[並べ替えの設定]をクリックして並べ替えの基準のフィールドを指定してください。

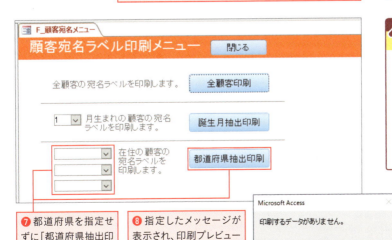

❼ 都道府県を指定せずに[都道府県抽出印刷]ボタンをクリック

❽ 指定したメッセージが表示され、印刷プレビューの表示が取り消される

StepUp
納品書も同様に設定しよう

[R_納品書]も[空データ時]イベントに同様のマクロを設定しておくと、[F_受注]フォームの新規レコードで[納品書印刷]ボタンがクリックされたときに印刷をキャンセルできます。

顧客が存在する都道府県だけをリストに表示するには

[F_顧客宛名メニュー]の都道府県選択用のコンボボックスに、顧客が存在する都道府県だけを表示するには、[T_顧客]テーブルから[都道府県]フィールドの値を取り出して表示します。ただし、単純に取り出しただけでは都道府県の並び順がバラバラになり、目的の都道府県が探しにくくなります。順序よく表示するには、都道府県の順序を指定するためのテーブルを用意します。

Sample 販売管理_0702-S.accdb

▶ [T_都道府県]テーブルを作成する

まずは、都道府県の並び順を指定するためのテーブルを用意しましょう。オートナンバー型の[都道府県ID]フィールドと短いテキスト型の[都道府県]フィールドからなるテーブルを作成し、「T_都道府県」という名前を付けます❶。データシートビューで都道府県を順序よく入力しておきます❷。

▶ [Q_顧客都道府県]クエリを作成する

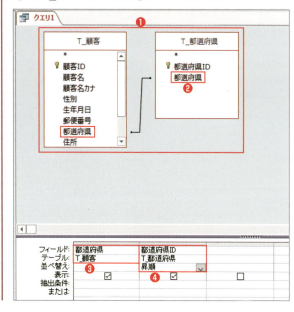

次に、コンボボックスのデータの取得元となるクエリを用意しましょう。新規クエリに[T_顧客]テーブルと[T_都道府県]テーブルを追加し❶、[都道府県]フィールドで結びます❷。[T_顧客]テーブルから[都道府県]フィールドを追加します❸。続いて、[T_都道府県]フィールドから[都道府県ID]フィールドを追加し、[並べ替え]欄で[昇順]を選択します❹。

　いったん、データシートビューを確認しましょう。[T_顧客] テーブルに含まれる、つまり顧客がいる都道府県名が、[都道府県ID] の昇順に表示されます❺。複数の顧客がいる都道府県は、複数回表示されます❻。顧客がいない都道府県は表示されません。

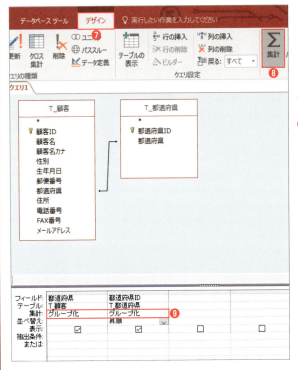

　複数の都道府県を1つにまとめるには、デザインビューに切り替え、[デザイン] タブの❼、[集計] をクリックします❽。すると、各フィールドの [集計] 行に [グループ化] が設定されます❾。

　データシートビューを確認しましょう。重複する複数のデータがグループ化されるため、各都道府県が1回ずつ表示されます❿。「Q_顧客都道府県」という名前を付けてクエリを保存しておきます⓫。

▶ [F_顧客宛名メニュー]フォームを修正する

　最後に、コンボボックスの設定を修正しましょう。[F_顧客宛名メニュー]フォームのデザインビューを開き❶、3つのコンボボックスを選択します❷。プロパティシートの[データ]タブを表示し❸、[値集合タイプ]で[テーブル/クエリ]を選択してから❹、[値集合ソース]で[Q_顧客都道府県]を選択します❺。

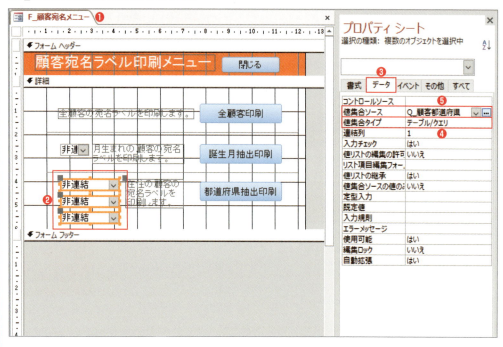

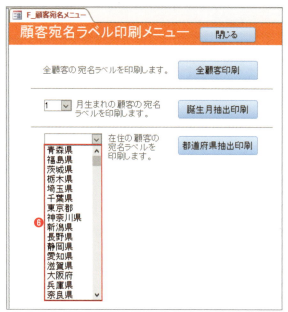

フォームビューに切り替えて、コンボボックスのドロップダウンリストを開き、顧客が存在する都道府県だけが表示されることを確認します❻。

レコードの移動、起動時の設定

Chapter 7
03

メインメニューを作成する

販売管理システムのメインメニューを作成し、起動時に自動表示されるようにします。システムのあらゆる機能にアクセスするためのメニューです。メインメニューがあると、システムの完成度が格段に上がります。

Sample 販売管理_0703.accdb

●販売管理システムのメインメニューを作成する

メニュー画面を用意して、本格的なシステムに仕上げましょう！

メニュー画面を作成する

販売管理システムのメインメニューを作成しましょう。新規フォームをデザインビューで表示して、ラベルやボタンを配置します。

❶ [作成]タブの[フォームデザイン]をクリック

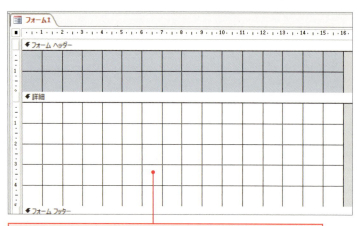

❷ 白紙のフォームのデザインビューが表示されるので、フォームヘッダーを追加し、セクションのサイズを整えておく

Point フォームヘッダーを表示するには

P.276を参考に、詳細セクションを右クリックして、[フォームヘッダー/フッター]を選択すると、フォームヘッダーとフォームフッターが表示されます。フォームフッターは使わないので、高さを「0」にしてください。

❸ 下図を参考にコントロールを配置し、色や文字を設定しておく

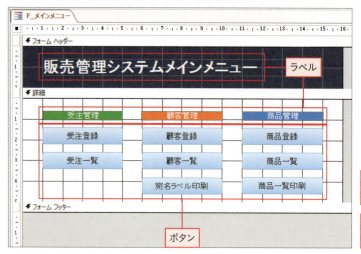

❹ 下表を参考にフォームのプロパティを設定しておく

❺ フォームを「F_メインメニュー」の名前で保存しておく

設定対象	タブ	プロパティ	設定値
フォーム	書式	レコードセレクタ	いいえ
		移動ボタン	いいえ

各ボタンのマクロを作成する

メニュー画面に配置したボタンのマクロを作成します。

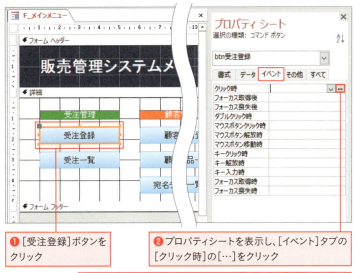

❶ [受注登録]ボタンをクリック

❷ プロパティシートを表示し、[イベント]タブの[クリック時]の[…]をクリック

❸ 表示される画面で[マクロビルダー]を選択し[OK]をクリック

❹ マクロビルダーが表示される

❺ [フォームを開く]アクションを選択　❻ 引数[フォーム名]で[F_受注]を選択

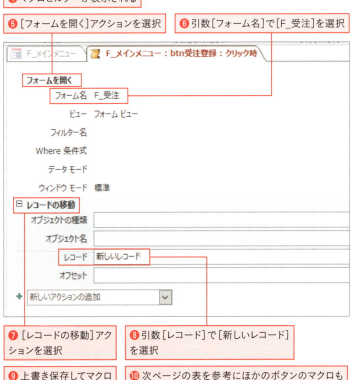

❼ [レコードの移動]アクションを選択

❽ 引数[レコード]で[新しいレコード]を選択

❾ 上書き保存してマクロビルダーを閉じる

❿ 次ページの表を参考にほかのボタンのマクロも作成し、上書き保存してフォームを閉じておく

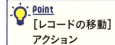

[レコードの移動]アクション

[レコードの移動]アクションを使用すると、画面上のレコードを切り替えることができます。どのレコードに切り替えるかは、引数[レコード]で指定します。引数[オブジェクトの種類]と[オブジェクト名]を空欄のままにしておくと、現在前面に表示されているオブジェクトのレコードが切り替えられます。

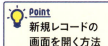

新規レコードの画面を開く方法

P.220で紹介したように、[フォームを開く]アクションの引数[データモード]で[追加]を選択すると新規レコードの画面を表示できますが、その場合、既存のレコードに移動できません。ここで紹介するように[フォームを開く]アクションと[レコードの移動]アクションを使用して、フォームを開いたあとで新しいレコードに移動すれば、新規レコードの入力時に前のレコードに移動してデータを確認するといった操作が行えます。

▶ [受注一覧]ボタン

アクション	引数	設定値
フォームを開く	フォーム名	F_受注一覧

▶ [顧客登録]ボタン

アクション	引数	設定値
フォームを開く	フォーム名	F_顧客登録
レコードの移動	レコード	新しいレコード

▶ [顧客一覧]ボタン

アクション	引数	設定値
フォームを開く	フォーム名	F_顧客一覧

▶ [宛名ラベル印刷]ボタン

アクション	引数	設定値
フォームを開く	フォーム名	F_顧客宛名メニュー

▶ [商品登録]ボタン

アクション	引数	設定値
フォームを開く	フォーム名	F_商品登録
レコードの移動	レコード	新しいレコード

▶ [商品一覧]ボタン

アクション	引数	設定値
フォームを開く	フォーム名	F_商品一覧

▶ [商品一覧印刷]ボタン

アクション	引数	設定値
レポートを開く	レポート名	R_商品一覧
	ビュー	印刷プレビュー

起動時の設定を行う

ファイルを開いたときに、[F_メインメニュー]フォームが自動表示されるように設定します。併せて、Accessのタイトルバーに「販売管理システム」と表示されるように設定します。

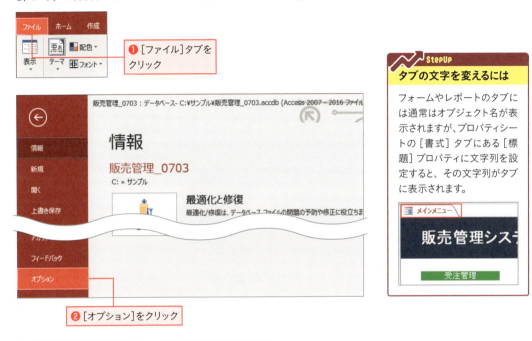

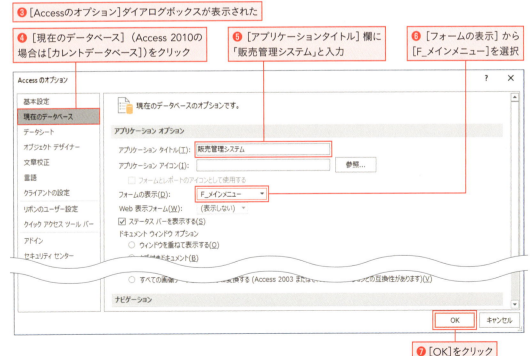

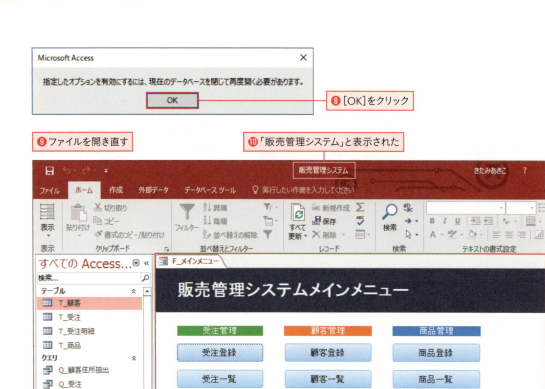

❽ [OK]をクリック

❾ ファイルを開き直す

❿ 「販売管理システム」と表示された

⓫ [F_メインメニュー]フォームが自動表示された

以上で、販売管理システムは完成よ。

ボタンのクリックであらゆる機能にアクセスできるから、Accessを知らないスタッフでも使いこなせそうです!

Accessの機能は奥が深いから、よりよいシステムに改良する余地があるわ。これからも勉強を重ねてステップアップを図ってね。

誤操作でデザインが変更されることを防ぐ

　Accessに不慣れな人が使用するデータベースシステムでは、データベースの構造やフォームのデザインなどが誤操作で変更される心配があります。それを防ぐために、ナビゲーションウィンドウやリボンを非表示にする方法を紹介します。

　P.291を参考に[Accessのオプション]ダイアログボックスの[現在のデータベース]を表示し❶、[ナビゲーションウィンドウを表示する]と❷、[すべてのメニューを表示する]のチェックを外します❸。

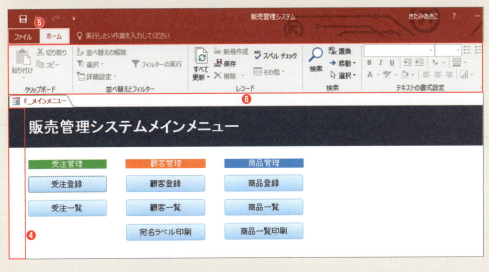

　ファイルを開き直すと、ナビゲーションウィンドウが表示されず❹、リボンにも[ファイル]タブと[ホーム]タブしか表示されません❺。編集関連のボタンが淡色表示になり使えるボタンも限られるため❻、誤操作でテーブルの構造やフォームのデザインが変更される心配がなくなります。

［ファイル］タブの機能も、制限されます❼。なお、こうした設定を無視してデータベースを開くには、Shiftキーを押しながらファイルアイコンをダブルクリックします。データベースにパスワードを設定している場合は、パスワードの入力画面でShiftキーを押しながら［OK］をクリックしてください。ナビゲーションウィンドウやすべてのタブが表示され、［Accessのオプション］ダイアログボックスから設定を元に戻すことも可能になります。

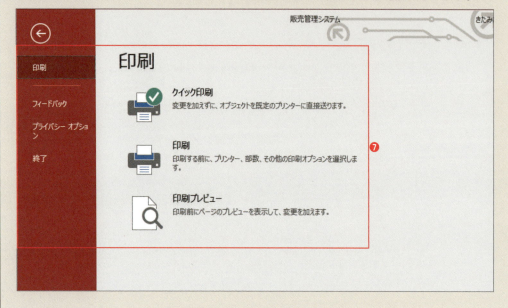

Chapter 8

データ分析編

販売データを分析しよう

販売管理システムに蓄積された売上データは、1つ1つは単なる数値でも、月ごとや商品ごとに集計すれば、売上の動向や売れ筋商品が浮き彫りになり、価値のある情報に変わります。集計のテクニックを身に付けて、データをトコトン利用しましょう。

01	毎日の売上高を集計する	296
02	特定の期間の売上高を集計する	298
03	毎月の売上高を集計する	299
04	売れ筋商品を調べる	300
05	特定の期間の売れ筋商品を調べる	301
06	分類と商品の2階層で集計する	302
07	お買上金額トップ5の顧客を抽出する	304
08	顧客の最新注文日や注文回数を調べる	305
09	年齢層ごとに平均購入額を調べる	306
10	月別商品別にクロス集計する	309
Column	Excelにエクスポートして分析する	313

集計クエリ

Chapter 8 01 毎日の売上高を集計する

売上を日単位で集計すると、日々の売上の動向がわかります。集計クエリを作成し、[受注日]フィールドでグループ化して、「単価×数量」を合計すれば、売上を日単位で集計できます。

Sample データ分析.accdb

クエリを新規作成して集計行を追加する

集計の準備として、クエリを作成し、集計行を追加します。Chapter 8の02～09でさまざまな集計クエリを作成しますが、ここで紹介する手順は各節に共通する基本的な操作です。

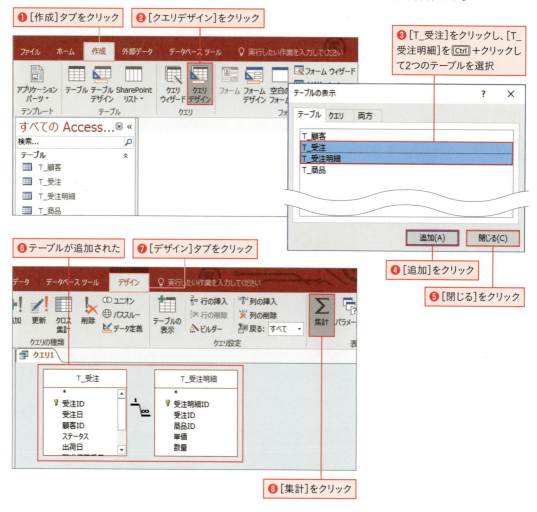

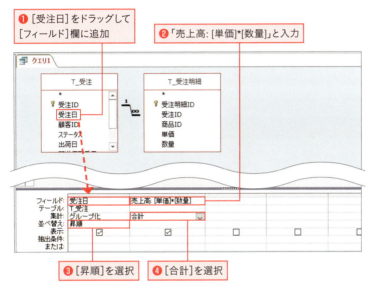

受注日別に売上高を集計する

受注日ごとに売上高を集計しましょう。売上高は、「単価×数量」を求めて集計します。

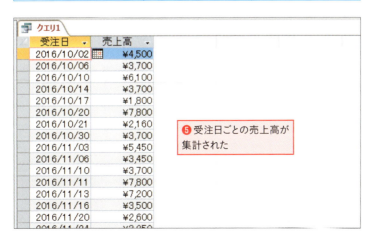

フィールド	集計	並べ替え
受注日	グループ化	昇順
売上高: [単価]*[数量]	合計	―

Point 演算フィールドの集計

演算フィールドの[集計]行で[合計]を選択した場合、クエリを保存して開き直すと、式は「売上高: Sum([単価]*[数量])」に変わり、[集計]行の設定は[演算]になります。[平均]や[カウント]など、そのほかの集計方法を選択した場合も、それぞれ対応する関数の式に変わります。

集計の種類	関数
合計	Sum
平均	Avg
最小	Min
最大	Max
カウント	Count

毎日の売上が一目でわかる！

Chapter 8 02 特定の期間の売上高を集計する

Between And演算子

データベースに蓄積した売上データの中から、「○月の売上」「○年の売上」というように、特定の期間だけの売上を集計したいことがあります。そのようなときは、Between And演算子を使用して、[受注日]フィールドで抽出条件を指定します。

Sample データ分析.accdb

Between And 演算子を使用して抽出条件を指定する

ここでは、[受注日] フィールドで「Between #2017/03/01# And #2017/03/31#」という抽出条件を指定して、2017年3月の毎日の売上高を集計します。

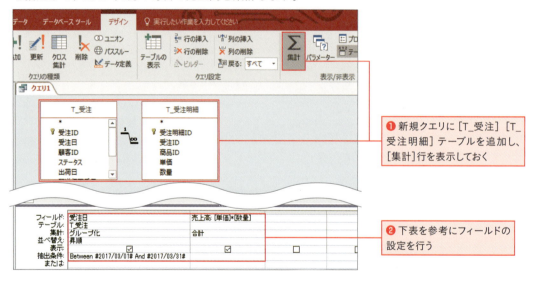

❶ 新規クエリに [T_受注] [T_受注明細] テーブルを追加し、[集計]行を表示しておく

❷ 下表を参考にフィールドの設定を行う

フィールド	集計	並べ替え	抽出条件
受注日	グループ化	昇順	Between #2017/03/01# And #2017/03/31#
売上高: [単価]*[数量]	合計	―	―

❸ 3月の売上高が集計された

Between And演算子は、○以上△以下を表す演算子です。

Format関数

Chapter 8 03 毎月の売上高を集計する

売上データを月ごとに集計するには、受注日から「年月」を取り出してグループ化します。複数年のデータが蓄積されている場合に、「月」だけを取り出すと、異なる年の同じ月が1グループになってしまうので注意しましょう。

Sample データ分析.accdb

Format関数で年月を求めて集計する

Format関数を使用して、[受注日]フィールドから「2017/01」形式で年月データを取り出します。それをグループ化すると、売上高を月別で集計できます。

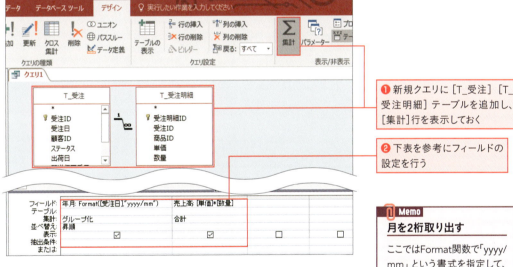

❶ 新規クエリに[T_受注][T_受注明細]テーブルを追加し、[集計]行を表示しておく

❷ 下表を参考にフィールドの設定を行う

フィールド	集計	並べ替え
年月: Format([受注日],"yyyy/mm")	グループ化	昇順
売上高: [単価]*[数量]	合計	―

❸ 毎月の売上高が集計された

Memo
月を2桁取り出す

ここではFormat関数で「yyyy/mm」という書式を指定して、4桁の「年」と2桁の「月」を取り出しました。その場合、1桁の月は「01」「02」のように先頭に「0」が補われ、昇順で並べ替えたときに日付の古い順に並びます。「yyyy/m」とすると「0」が補われず、並べ替えたときに「2017/1、2017/10、2017/11、2017/12、2017/2、2017/3…」の順となるので注意してください。

Chapter 8 04 売れ筋商品を調べる

降順の並べ替え

売れ筋商品を分析するには、集計が欠かせません。商品ごと売上高を集計し、金額の高い順に並べましょう。並べ替えることで、売れ筋の商品や売れ行きのよくない商品が一目瞭然になります。

Sample データ分析.accdb

商品ごとに集計して降順に並べ替える

[商品名]フィールドでグループ化して、売上高を集計します。売上高は「単価×数量」で求められますが、[単価]フィールドは[T_受注明細]と[T_商品]の両方のテーブルにあるので、区別するためにフィールド名の前にテーブル名を忘れずに入力してください。

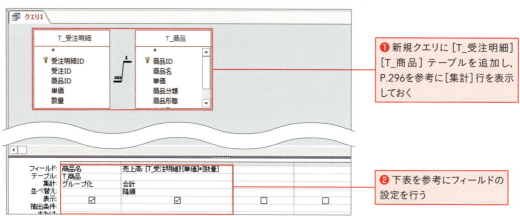

❶ 新規クエリに[T_受注明細] [T_商品]テーブルを追加し、P.296を参考に[集計]行を表示しておく

❷ 下表を参考にフィールドの設定を行う

フィールド	集計	並べ替え
商品名	グループ化	ー
売上高: [T_受注明細]![単価]*[数量]	合計	降順

❸ 各商品の売上高が高い順に表示された

> **Point テーブル名を明記する**
>
> 演算フィールドの式でフィールド名を指定する場合、通常はフィールド名だけを指定しますが、同じ名前のフィールドが複数ある場合は、「[テーブル名]![フィールド名]」のようにテーブル名を付けて指定する必要があります。

Where条件

Chapter 8 05 特定の期間の売れ筋商品を調べる

商品ごとの売れ行きを調べる際に、過去のデータ全体ではなく、最近のデータだけを集計したいことがあります。集計項目の[商品][売上高]だけでは日付の条件を指定できないので、抽出条件を指定するための[受注日]フィールドを追加します。

Sample　データ分析.accdb

商品ごとに集計して降順に並べ替える

抽出条件を指定するためだけに使用するフィールドでは、[集計]行で[Where条件]を選択します。選択すると、自動的に[表示]のチェックが外れるため、集計表には表示されません。ここでは、3月の売れ筋商品を調べます。

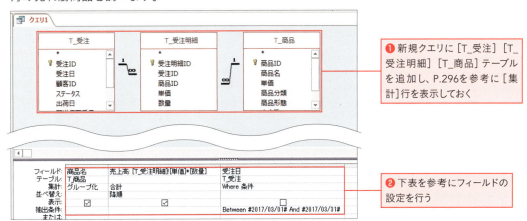

❶ 新規クエリに[T_受注][T_受注明細][T_商品]テーブルを追加し、P.296を参考に[集計]行を表示しておく

❷ 下表を参考にフィールドの設定を行う

フィールド	集計	並べ替え	抽出条件
商品名	グループ化	－	－
売上高: [T_受注明細]![単価]*[数量]	合計	降順	－
受注日	Where条件	－	Between #2017/03/01# And #2017/03/31#

❸ 各商品の3月の売上高が集計された

[Where条件]は、抽出結果のデータを集計したいときに使用するのよ！

複数列の並べ替え

Chapter 8 06 分類と商品の2階層で集計する

「大分類→中分類→小分類」という具合に、データを分類ごとに集計したいときは、上位の分類を左、下位の分類を右の列に配置して集計します。ここでは、商品の売上高を商品形態ごとに分けて集計します。さらに、自由な順序で並べ替えるテクニックも紹介します。

Sample データ分析.accdb

2階層でグループ化して集計する

商品形態ごとに各商品の売上高を集計しましょう。[商品形態] [商品名] の順に左から配置すると、分類わけできます。

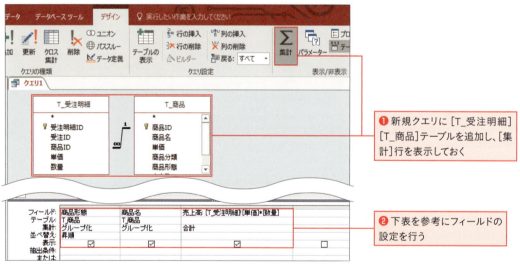

❶ 新規クエリに [T_受注明細] [T_商品] テーブルを追加し、[集計] 行を表示しておく

❷ 下表を参考にフィールドの設定を行う

フィールド	集計	並べ替え
商品形態	グループ化	昇順
商品名	グループ化	―
売上高: [T_受注明細]![単価]*[数量]	合計	―

❸ 商品形態別、商品別に売上高が集計された

> **Memo**
> **長い式を入力するには**
> [フィールド] 欄にカーソルを置いて、[デザイン] タブの [ビルダー] をクリックすると、[式ビルダー] が起動し、広い画面で入力できます。

自由な順序で並べ替える

［商品形態］フィールドのデータを「セット」「アソートセット」「単品」の順序で並べ、同じ商品形態の中では［商品ID］の昇順に並べ替えてみましょう。自由な順序を指定するには、Switch関数を使用します。

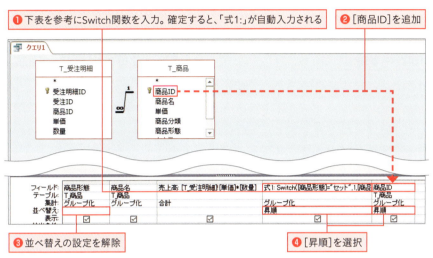

❶ 下表を参考にSwitch関数を入力。確定すると、「式1:」が自動入力される
❷ ［商品ID］を追加
❸ 並べ替えの設定を解除
❹ ［昇順］を選択

フィールド	集計	並べ替え
商品形態	グループ化	ー
商品名	グループ化	ー
売上高: [T_受注明細]![単価]*[数量]	合計	ー
Switch([商品形態]="セット",1,[商品形態]="アソートセット",2,[商品形態]="単品",3)	グループ化	昇順
商品ID	グループ化	昇順

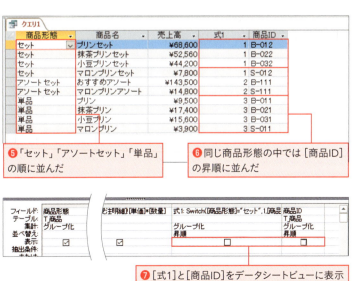

❺ 「セット」「アソートセット」「単品」の順に並んだ
❻ 同じ商品形態の中では［商品ID］の昇順に並んだ
❼ ［式1］と［商品ID］をデータシートビューに表示しないようにするには、［表示］のチェックを外す

> **Point**
> **Switch関数**
>
> Switch関数は、「Switch(式1,値1,式2,値2,…)」の構文で、条件に合う式に対応する値を返す関数です。ここでは、「セット」に「1」、「アソートセット」に「2」、「単品」に「3」を割り当てて並べ替えを行いました。なお、データの種類が多い場合は、別途「商品形態テーブル」を作成して、並べ替え順序を指定するためのフィールドを用意するほうがよいでしょう。

トップ値

Chapter 8
07 お買上金額トップ5の顧客を抽出する

[トップ値]の機能を使用すると、データシートの上から「〇行分」のレコードを抽出できます。数値の大きい順にレコードを並べれば「トップ〇」、小さい順にレコードを並べれば「ワースト〇」の抽出を行えます。

Sample データ分析.accdb

降順に並べ替えてトップ値を指定する

お買上金額トップ5の顧客を抽出します。金額を集計して降順に並べ替え、[トップ値]欄で「5」と指定すると、トップ5のレコードを抽出できます。

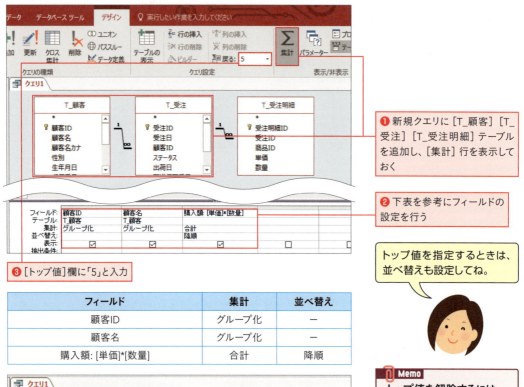

❶ 新規クエリに[T_顧客][T_受注][T_受注明細]テーブルを追加し、[集計]行を表示しておく

❷ 下表を参考にフィールドの設定を行う

❸ [トップ値]欄に「5」と入力

フィールド	集計	並べ替え
顧客ID	グループ化	─
顧客名	グループ化	─
購入額: [単価]*[数量]	合計	降順

❹ お買上金額の高い順に5位までの顧客が抽出された

トップ値を指定するときは、並べ替えも設定してね。

Memo
トップ値を解除するには
トップ値を解除してすべてのレコードを表示するには、[デザイン]タブの[トップ値]から[すべて]を選択します。

Chapter 8 08 顧客の最新注文日や注文回数を調べる

最小、最大、カウント

集計クエリでは、合計のほかに最小、最大、カウント、平均などの集計方法を指定できます。集計方法を上手に利用して、蓄積したデータをさまざまな角度から分析しましょう。

Sample データ分析.accdb

最小値、最大値、データ数を求める

各顧客の初回注文日、最新注文日、注文回数を調べましょう。[受注日]フィールドの最小値と最大値を求めると、初回注文日と最新注文日がわかります。また、[顧客ID]をカウントすると、注文回数が求められます。

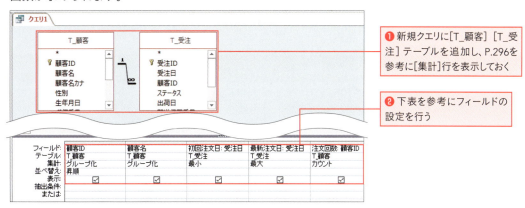

❶ 新規クエリに[T_顧客][T_受注]テーブルを追加し、P.296を参考に[集計]行を表示しておく

❷ 下表を参考にフィールドの設定を行う

フィールド	集計	並べ替え
顧客ID	グループ化	昇順
顧客名	グループ化	―
初回注文日: 受注日	最小	―
最新注文日: 受注日	最大	―
注文回数: 顧客ID	カウント	―

❸ 各顧客の注文状況が表示された

StepUp 購入金額も表示するには

最新注文日や注文回数と一緒に購入金額も集計するには[T_受注明細]テーブルの[単価]と[数量]の値が必要ですが、クエリに[T_受注明細]テーブルを追加すると[注文回数]欄で明細行のレコード数がカウントされてしまい、正確な回数が求められません。別途、受注IDごとに金額を集計するクエリを作成し、そのクエリを追加して金額の合計を求めましょう。

Partition関数、平均

Chapter 8
09 年齢層ごとに平均購入額を調べる

顧客の年齢層ごとに1回の注文の平均購入額を求めるには、2段階の集計を行います。まず、受注IDごとに顧客の年齢と購入額を求めるクエリを作成し、次に、そのクエリを基に年齢を10歳刻みでグループ化して購入額の平均を求めます。

Sample　データ分析.accdb

受注IDごとに顧客の年齢と購入額を求める

受注IDごとにグループ化して、顧客の年齢と注文1回あたりの金額を求めましょう。年齢は、P.109で紹介した式を使用して[生年月日]フィールドから計算します。

❶ 新規クエリに[T_顧客][T_受注][T_受注明細]テーブルを追加し、[集計]行を表示しておく

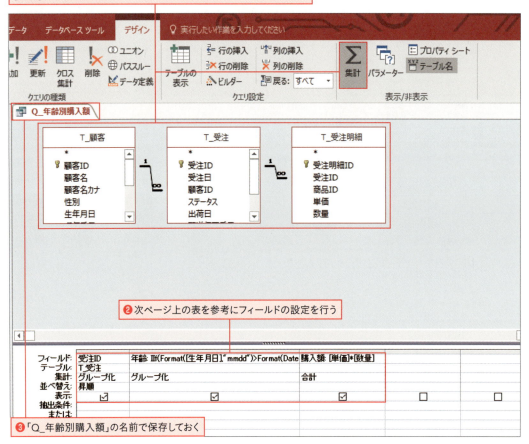

❷ 次ページ上の表を参考にフィールドの設定を行う

❸「Q_年齢別購入額」の名前で保存しておく

フィールド	集計	並べ替え
受注ID	グループ化	昇順
年齢: IIf(Format([生年月日],"mmdd")>Format(Date(),"mmdd"),DateDiff("yyyy",[生年月日],Date())-1,DateDiff("yyyy",[生年月日],Date()))	グループ化	—
購入額: [単価]*[数量]	合計	—

❹ 受注IDごとに顧客の年齢と購入額が求められた

10歳ごとにグループ化して平均購入額を求める

数値を一定の幅で区切ってグループ化するには、Partition関数を使用します。ここでは10歳ごとに区切ってグループ化して、購入額の平均を求めます。

❶ 新規クエリに[Q_年齢別購入額]クエリを追加し、[集計]行を表示しておく

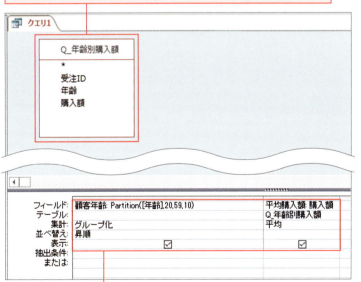

❷ 下表を参考にフィールドの設定を行う

Point
Partition関数
Partition関数の構文は、「Partition(数値,最小値,最大値,間隔)」です。「最小値」から「最大値」までの範囲を「間隔」の幅で区切った中で、「数値」がどの区分に含まれるかを調べます。例えば、「Partition([年齢],20,59,10)」の場合、[年齢]が24の結果は「20:29」(20以上29以下)、39の結果は「30:39」(30以上39以下)になります。

フィールド	集計	並べ替え
顧客年齢: Partition([年齢],20,59,10)	グループ化	昇順
平均購入額: 購入額	平均	—

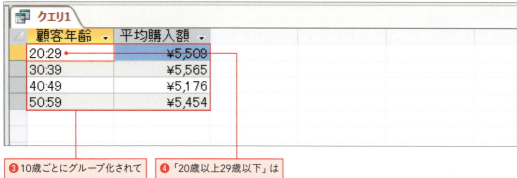

❸ 10歳ごとにグループ化されて平均購入額が求められた

❹「20歳以上29歳以下」は「20:29」と表示される

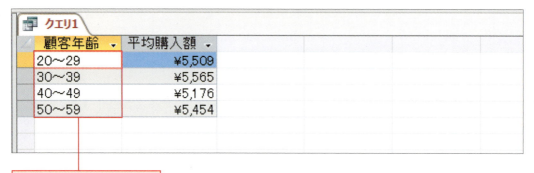

❺ 式を「顧客年齢: Replace(Partition([年齢],20,59,10),":"," ～ ")」に修正する

❻「20:29」が「20 ～ 29」のように表示され、わかりやすくなった

> **Point**
> **Replace関数**
> Partition関数の結果は「20:29」のように表示されますが、「20 ～ 29」とした方が年齢の範囲をわかりやすく伝えられます。Replace関数を「Replace(文字列,検索文字列,置換文字列)」のように使用すると、「文字列」の中の「検索文字列」を「置換文字列」で置き換えられます。「文字列」としてPartition関数を指定し、「検索文字列」に「:」、「置換文字列」に「～」を指定すると、「20:29」を「20 ～ 29」と表示できます。

クロス集計クエリ

Chapter 8 10 月別商品別にクロス集計する

これまでの節では単純な集計クエリを紹介してきましたが、Accessには表の縦横に項目名を並べて集計する「クロス集計クエリ」という種類のクエリもあります。ここではクロス集計クエリを利用して、月別商品別に売上高を集計します。

Sample データ分析.accdb

月別商品別に売上高を集計する

クロス集計クエリを作成する方法はいくつかありますが、ここでは集計クエリからクロス集計クエリを作成する方法を紹介します。まずは、月別商品別に売上高を集計する集計クエリを作成しましょう。

❶ 新規クエリに [T_顧客] [T_受注] [T_受注明細] [T_商品]テーブルを追加し、[集計]行を表示しておく

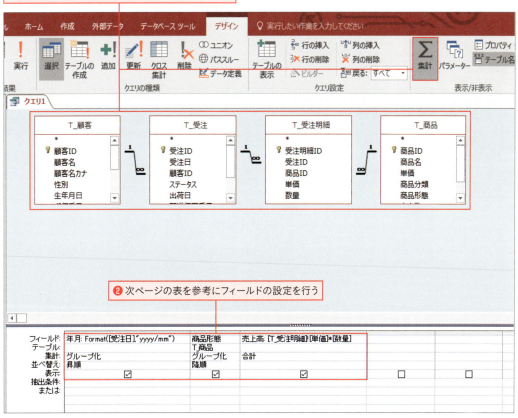

❷ 次ページの表を参考にフィールドの設定を行う

フィールド	集計	並べ替え
年月: Format([受注日],"yyyy/mm")	グループ化	昇順
商品形態	グループ化	降順
売上高: [T_受注明細]![単価]*[数量]	合計	－

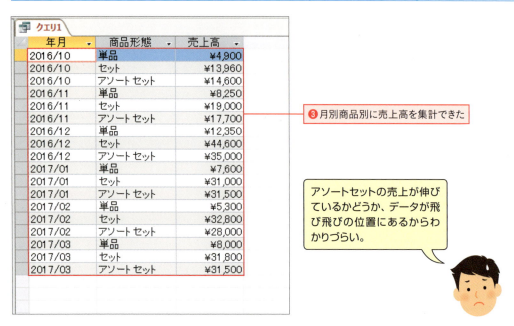

❸月別商品別に売上高を集計できた

アソートセットの売上が伸びているかどうか、データが飛び飛びの位置にあるからわかりづらい。

Keyword
クロス集計表

「クロス集計クエリ」は、縦横に見出しを並べた集計クエリです。一般的な集計クエリで2フィールドをグループ化すると、グループ化した項目が2つとも縦方向に並びます。そのうちの一方を縦に並べたまま、もう一方を横に並べて表を組み替えると、クロス集計表になります。

●集計クエリ

●クロス集計クエリ

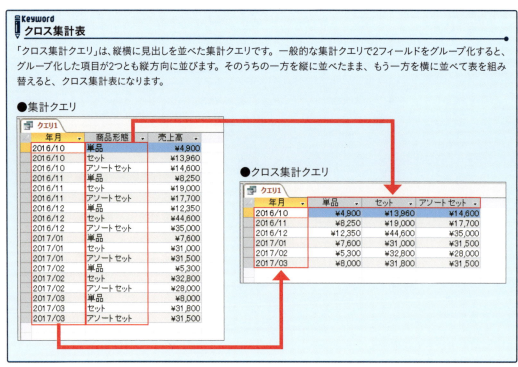

クロス集計クエリに変更する

クエリの種類をクロス集計クエリに変更すると、デザインビューに[行列の入れ替え]行が表示され、各フィールドをクロス集計表のどの位置に配置するかを指定できます。集計結果をイメージしながら指定しましょう。

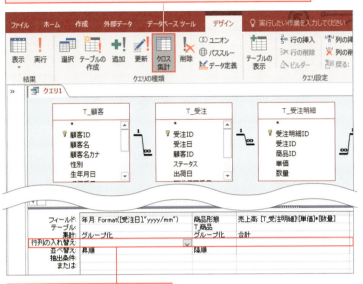

Point
[行列の入れ替え]の設定値

[行列の入れ替え]行で[行見出し]を設定したフィールドは、集計表の先頭列(左端列)に表示されます。[列見出し]を設定したフィールドは、集計表の先頭行(上端行)に表示されます。また、[値]を設定したフィールドは、集計値の数値となります。

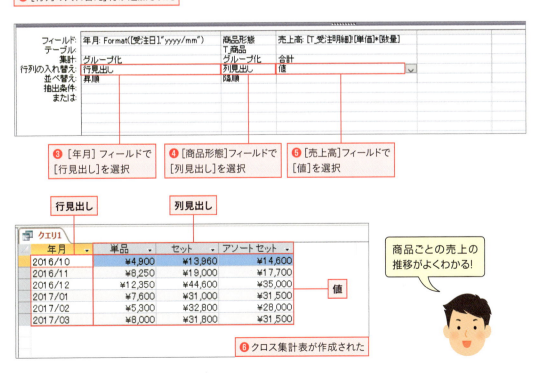

行ごとの合計値を求める

クロス集計クエリで、行ごとの合計を求めてみましょう。[値]を設定したフィールドと同じフィールドを追加して[行見出し]を設定すれば、行ごとの合計が表示されます。データシートビューでは行見出しは表の左端に表示されるので、ドラッグして右端に移動しましょう。

❶デザインビューに切り替え、[フィールド]欄に「合計: [T_受注明細]![単価]*[数量]」と入力

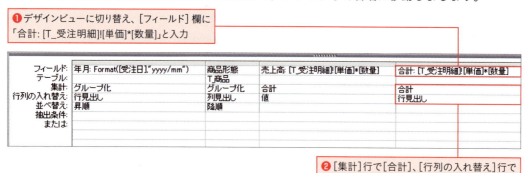

❷[集計]行で[合計]、[行列の入れ替え]行で[行見出し]を選択

❸合計が表示された

❹[合計]フィールドのフィールド名をクリックして選択し、右端までドラッグ

> **Memo**
> **列ごとの合計は表示できない**
> クロス集計クエリには、列ごとの合計を求める機能はありません。

❺[合計]フィールドが表の右端に移動した

フィールド	集計	行列の入れ替え	並べ替え
年月: Format([受注日],"yyyy/mm")	グループ化	行見出し	昇順
商品形態	グループ化	列見出し	降順
売上高: [T_受注明細]![単価]*[数量]	合計	値	—
合計: [T_受注明細]![単価]*[数量]	合計	行見出し	—

Column

Excelにエクスポートして分析する

AccessのデータをExcelにエクスポートすると、Excelのグラフやピボットテーブルなどの機能を利用できるので、データ分析の幅が広がります。あらかじめ分析対象のデータをまとめたクエリを用意しておき、それをエクスポートするとよいでしょう。

エクスポートするクエリを選択し❶、[外部データ] タブの❷、[Excel] をクリックします❸。

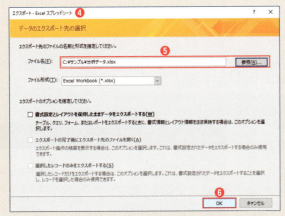

設定画面が表示されます❹。[参照]ボタンをクリックして、エクスポート先のファイルの場所とファイル名を指定し❺、[OK]をクリックすると❻、指定したファイル名のExcelファイルが作成され、データがエクスポートされます。エクスポートの確認画面が表示されるので閉じておきましょう。

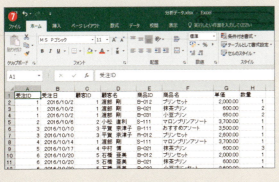

エクスポート先のExcelのファイルを開き❼、必要に応じて列幅や書式を調整します。

INDEX

記号、A～Z

&演算子 138
Access 2016の入手方法 32
And条件 116
Between And演算子 298
CSVファイルのインポート 96
DateDiff関数 109
Date関数 109
Excelからインポート 90
Excelにエクスポート 313
Format関数 109,299
IIF関数 109
Or条件 116
Partition関数 306
POSAカード 32
Replace関数 308
SQLステートメント 236
Sum関数 208
Switch関数 303
Where条件 301
Where条件式の構文 132,267
Yes／No型 41

あ

アウトラインレイアウト 247
アクション 129
アクションの引数 132
値集合ソース 55
値の代入アクション 222

値リスト編集の許可プロパティ 160
宛名ラベルウィザード 120
宛名ラベルを作成する 120
暗号化 269

い

一側テーブル 169
移動ボタン 65
イベント 129
印刷のずれの調整 124
印刷の取り消し 283
印刷プレビューの表示 125
印刷領域の幅 264
インポート 91,155

う・え

ウィンドウモード 221
ウィンドウを閉じるアクション 141
埋め込みマクロの削除 133
売上高の集計 296,298,299,309
売れ筋商品 300,301
上書き保存 45
永続ライセンス 32
エクスポート 314
演算フィールド 194

お

オートナンバー型 41

オートナンバーを1から始める 167
オートフォーム機能 59
オートルックアップクエリ 192
オブジェクトの依存度 238
オブジェクトのインポート 154
オブジェクトの関係 24
オブジェクトの名前の変更と削除 65

か・き

改ページの設定 250,252
画面遷移用のボタン 74
空のデータベース 26
完全一致検索 139
キー列の表示 162
既定値プロパティ 54
起動 26

く・け

クイックアクセスツールバー 30
空白セルコントロール 261
クエリ上で結合 229
クエリとは 112
クエリの作成 112
グループ化 243
グループ集計 231
グループフッター 243
グループレベルの指定 246
グループレベルの設定 69
クロス集計クエリ 309

結合線 172
検索機能の追加 136

こ

更新の許可 80
顧客宛名ラベル印刷メニュー 272
顧客一覧フォーム 88
顧客管理システムの全体像 86
顧客テーブル 87
顧客登録フォーム 87
顧客登録フォームの作成 104
コンテンツの有効化 29
コントロール 59
コントロールウィザード 75
コントロールソース 107
コントロールの移動 137
コントロールの種類の変更 80
コントロールレイアウト 66
コントロールレイアウトの枠線 81
コンボボックスのプロパティ 278
コンボボックスの枠線を消す 72

さ

最近1週間のデータを抽出 233
最新注文日 305
サブシステム 154
サブスクリプション 32
サブデータシート 179
サブフォーム 196

| サブフォームに先に入力されるのを防ぐ 216
| 左右中央印刷 264
| 参照整合性 172,175

し

| 式のカテゴリ 212
| 式の要素 212
| 集計クエリ 228,296
| 集計実行プロパティ 257
| 集計の種類 231
| 集合形式のコントロールの移動 197
| 集合形式レイアウト 105
| 集合形式レイアウトの適用 261
| 住所抽出クエリ 88
| 住所入力支援ウィザード 100
| 住所の自動入力 98
| 主キー 42
| 受注一覧クエリ 185
| 受注一覧フォーム 186
| 受注一覧フォームの作成 228
| 受注管理用フォームの全体像 184
| 受注クエリ 185
| 受注登録フォーム 186
| 受注明細クエリ 185
| 条件が未入力の場合に入力を促す 142
| 詳細 243
| 詳細セクション 75
| 詳細ボタンの作成 78
| 昇順と降順 117
| 商品一覧フォーム 36

| 商品一覧フォームの作成 62
| 商品一覧レポート 36,88
| 商品一覧レポートの作成 68
| 商品管理システムの全体像 34
| 商品テーブル 35
| 商品登録フォーム 35
| 使用不可（IME入力モード） 53
| 書式プロパティ 123
| 新規レコードは最下行に追加 50

す・せ

| 数値型 41
| ステータスバー 30
| スペースの調整 262
| 正規化 153
| 整数型 41
| セキュリティの警告 29
| セキュリティの設定 29
| セクション 73
| セクション繰り返しプロパティ 253
| セクションの色の変更 157
| 選択クエリの作成 113

た

| ダイアログボックスで顧客を選択 225
| タイトルバー 30
| ダウンロード版 32
| 多側テーブル 169
| タブオーダー 235,279

タブストップ	110
単一フィールドでグループ化	248
誕生月の抽出条件	280
単精度浮動小数点数型	41
単体のコントロールの移動	197

ち・つ

抽出条件の指定	115
抽出条件の設定例	118
注文回数	305
長整数型	41
追加の許可	80
通貨型	41
通貨書式	208

て

定型入力プロパティ	164
データ型	41
データシートビューへの切り替え	47
データベースアプリケーション	25
データベースオブジェクトの操作	144
データベースの最適化	182
データモード	220
データを入力	48
テーブル	21
テーブルの画面構成	38
テーブルの構成	38
テーブルのコピー	98
テーブルの設計	148

テーブルのビュー	39
テーブルの表示ダイアログボックス	171
テーブルの保存	51
テーブルの命名	45
テーブルを開く	46
テキスト型(Access 2010)	41
テキストボックス	106
デザインビューへの切り替え	47
添付ファイル(データ型)	41
テンプレート	27

と

ドキュメントウィンドウ	30,31
トップ5	304
トップ値	304
ドロップダウンリスト	55,204

な・に

長いテキスト	41
ナビゲーションウィンドウ	30
ナビゲーションウィンドウの操作	84
ナビゲーションウィンドウを非表示	293
並べ替え	117
入力パターンの設定	164
入力モードのオン/オフ	53
入力や編集を取り消す	50

ね・の

- 年齢の計算 109
- 納品書作成の全体像 240
- 納品書レポート 241

は

- 倍精度浮動小数点数型 41
- 排他モードで開く 269
- バイト型 41
- ハイパーリンク型 41
- はがき宛名の印刷 125
- パスワード 269
- 販売管理システムの全体像 146

ひ

- 日付／時刻型 41
- ビューの切り替えボタン 30,31,38
- ビューの見分け 60
- ビューを切り替える 47
- 表形式レイアウト 62
- 表示コントロール 56
- 標題プロパティ 130
- ひらがな(IME入力モード) 53
- 開く 28
- ヒントテキスト 137

ふ

- フィールド 38
- フィールドサイズ 44
- フィールドセレクター 38,44
- フィールドの移動 193
- フィールドの削除 193
- フィールドの選択 44
- フィールドプロパティ 52
- フィールド名の変更 194
- フィールドリスト 113
- フォーム 21
- フォームウィザード 127
- フォームで金額を計算 206
- フォームの作成 58
- フォームの幅 74
- フォームのプロパティの設定 80
- フォームヘッダー 75
- 複数のボタンのレイアウトを揃える 77
- 複数列の並べ替え 302
- プリインストール 32
- ふりがなウィザード 99
- ふりがなの自動入力 98
- プロパティシート 80

へ・ほ

- 平均購入額 306
- ページフッター 243
- 編集ロックプロパティ 129
- ボタンの名前 76

ま・み

項目	ページ
マクロ	21,129
マクロの修正	139
マクロの保存先	133
マクロビルダー	219
短いテキスト	41

め・も

項目	ページ
メイン/サブフォームの作成	196
メインフォーム	196
メインメニュー	272
メインメニューの作成	287
メニュー画面の全体像	272
メモ型(Access 2010)	41
モジュール	21

ゆ・よ

項目	ページ
郵便番号の定型入力	101
郵便番号のハイフン	100
余白の調整	262

ら・り・る

項目	ページ
ラベル内で改行	265
リストから入力	160
リボン	30
リボンを非表示	293
リレーショナルデータベース	20
リレーションシップの作成	168
リレーションシップの設定変更	173
リレーションシップの保存	173
リンク	157
ルックアップ	55
ルックアップウィザード	161

れ

項目	ページ
レコード	38
レコード移動ボタン	38
レコードセレクター	38
レコードセレクターの記号	48
レコードソース	275
レコードの移動アクション	289
レコードの削除	51
レコードの並べ替え	283
レコードの保存	50
レポート	21,240
レポートウィザード	68,244
レポートのセクション	73
レポートフッター	243
連結主キー	181

著者紹介

きたみ あきこ

お茶の水女子大学理学部化学科卒。プログラマー、パソコンインストラクターを経て、現在はフリーのテクニカルライターとして、パソコン関連の雑誌や書籍の執筆を中心に活動中。主な著書に『できるAccessパーフェクトブック 困った！＆便利ワザ大全 2016/2013対応』『できるAccessクエリ データ抽出・分析・加工に役立つ本 2016/2013/2010/2007対応』（共著、インプレス刊）、『Excel VBA 誰でもできる「即席マクロ」でかんたん効率化』（マイナビ出版刊）などがある。

著者ホームページ：http://www.office-kitami.com/

STAFF

装丁・本文デザイン	吉村 朋子
イラスト	あおの なおこ
DTP	富 宗治

お問い合わせ

本書の内容に関する質問は、下記のメールアドレスまで、書籍名を明記のうえ書面にてお送りください。電話によるご質問には一切お答えできません。また、本書の内容以外についてのご質問についてもお答えすることができませんので、あらかじめご了承ください。なお、質問への回答期限は本書発行日より2年間（2019年7月まで）とさせていただきます。

メールアドレス：pc-books@mynavi.jp

自分でつくる
Access 販売・顧客・帳票管理システム かんたん入門
2016/2013/2010対応

2017年 7月28日 初版第1刷発行
2019年 7月15日　　　第3刷発行

著者	きたみ あきこ
発行者	滝口 直樹
発行所	株式会社 マイナビ出版
	〒101-0003　東京都千代田区一ツ橋2-6-3　一ツ橋ビル 2F
	TEL：0480-38-6872（注文専用ダイヤル）
	TEL：03-3556-2731（販売部）
	TEL：03-3556-2736（編集部）
	編集部問い合わせ先：book_mook@mynavi.jp
	URL：http://book.mynavi.jp
印刷・製本	株式会社 大丸グラフィックス

© 2017 AKIKO KITAMI
ISBN978-4-8399-6151-0

- 定価はカバーに記載してあります。
- 乱丁・落丁についてのお問い合わせは、TEL：0480-38-6872（注文専用ダイヤル）、電子メール：sas@mynavi.jpまでお願いいたします。
- 本書は著作権法上の保護を受けています。
本書の一部あるいは全部について、著者、発行者の許諾を得ずに、無断で複写、複製することは禁じられています。